TECNOLOGIAS
EMERGENTES

CEZAR TAURION

TECNOLOGIAS EMERGENTES

Mudança de atitude e diferenciais competitivos nas empresas

Presidente
Henrique José Branco Brazão Farinha
Publisher
Eduardo Viegas Meirelles Villela
Editora
Cláudia Elissa Rondelli Ramos
Preparação de texto
Gabriele Fernandes
Revisão
Renata da Silva Xavier
Hamilton Fernandes
Projeto gráfico de miolo e editoração
Daniele Gama
Capa
Felipe Marciano
Impressão
Gráfica Paym

Copyright © 2015 *by* Cezar Taurion
Todos os direitos reservados à Editora Évora.
Rua Sergipe, 401 – Cj. 1.310 – Consolação
São Paulo – SP – CEP 01243-906
Telefone: (11) 3562-7814/3562-7815
Site: http://www.editoraevora.com.br
E-mail: contato@editoraevora.com.br

DADOS INTERNACIONAIS PARA CATALOGAÇÃO NA PUBLICAÇÃO (CIP)

T225t

Taurion, Cezar

Tecnologias emergentes : criando diferenciais competitivos / Cezar
Taurion. - São Paulo : Évora, 2014.

368 p. ; 16 x 23 cm.

Inclui bibliografia.

ISBN 978-85-8461-002-0

1. Inovações tecnológicas – Brasil. 2. Tecnologia da informação -
Brasil. II. Título.

CDD- 607.281

JOSÉ CARLOS DOS SANTOS MACEDO – BIBLIOTECÁRIO – CRB7 N. 3575

Para Aninha (*in memoriam*, 1951-2004).

Agradecimentos

Este livro saiu de uma conversa despretensiosa com Eduardo Villela, *publisher* da Évora. A ideia do projeto acabou se materializando, e devo a ele o incentivo para colocar o que fervilhava na minha cabeça em ordem e, posteriormente, em palavras. Também agradeço ao Sylvio, jornalista que me ajudou a traduzir os temas e textos para uma linguagem menos tecnológica, e à equipe da Évora, minuciosa, às vezes me exasperando com detalhes, mas que fazem a diferença.

Prefácio

A primeira vez que ouvi o título evangelista de TI, ri. Achei graça. Com o passar dos anos, comecei a admirar essas personalidades capazes de dirigirem-se simultaneamente a uma plateia de técnicos e de leigos para traduzir as questões centrais deste, quase sempre, hermético mundo das Tecnologias da Informação e da Comunicação.

É o que faz, com maestria, Cezar Taurion. Há anos e cada vez melhor, sem cair em visões estereotipadas ou tecnicistas.

Invejo sua capacidade de por em perspectiva passado, presente e futuro das inovações tecnológicas e, consequentemente, sociais, em uma narrativa clara e, ao mesmo tempo, esclarecedora e divertida, de quem conhece os aspectos práticos dessa evolução que afeta a todos nós.

Já dizia Roland Barthes: "Há uma idade em que se ensina o que se sabe, mas em seguida vem outra idade em que se ensina o que não sabe". Como um bom evangelista, Taurion navega bem entre elas, desaprendendo o previsível, deixando-se trabalhar pelo imprevisível. Seu silêncio sobre determinados desdobramentos da tecnologia também fala. É quase proposital, sabedor que o autor pode se propor a dizer uma coisa, mas é o leitor que constrói sua leitura segundo suas carências e desejos de conhecimento.

Taurion escreve como quem desenha: definindo horizontes, refletindo, rebatendo, destacando. A maioria das pessoas não se arrisca na arte do desenho porque acredita que é preciso ter dom. Bom para nós, que o nosso Cezar não tenha se deixado levar por esse pensamento.

Desenhando cenários, Taurion se comunica, se expressa e, não raro, exerce alguma influência, mantendo um discurso coerente, sem o impor. Diria que fiel à ideia de que desenhar não é apenas buscar a perfeição das formas, mas também transmitir emoção e sentimento através de linhas, texturas e volumes.

Está singularmente bem-preparado para esta tarefa. Principalmente, porque tem a base técnica necessária para avaliar a real importância das coisas, nessa área onde cada vez mais o marketing prima por criar miragens.

Assim, com olhar curioso e crítico, de diferentes pontos de vista, percorre as Tecnologias Emergentes da Informação – a Internet, a Computação em Nuvem, as Redes Sociais, o Big Data –, seus efeitos colaterais e as mudanças que começam a provocar nos perfis dos profissionais da área e na sociedade como um todo.

Neste livro, no qual aprofunda temas que aborda regularmente nos artigos que publica há anos em várias publicações especializadas em TI, Taurion nos convida a pensar sobre a revolução tecnológica social que estamos vivenciando, de forma aberta, transparente e autêntica, como prega a nova ordem.

Se me permite um conselho, aceite o convite para entrar no mundo das Tecnologias Emergentes, mesmo que você não seja um profissional ou um estudante de TI. O que você tem em mãos é um trabalho admirável, obra de referência não apenas para veteranos da área, mas também para leigos que querem compreender os novos tempos.

Cristina de Lucca,
jornalista e editora *at large* das
revistas *Computerworld* e *CIO*

Sumário

Introdução 1

PARTE 1
As Tecnologias Emergentes da Informação (TEI) 19

As Leis de Moore, Metcalfe e Maxwell e a evolução
da tecnologia 36

As Tecnologias Emergentes da Informação: plataformas de redes
sociais, Mobilidade, Computação em Nuvem, Internet das Coisas
e Inteligência Artificial 55

Mobilidade como estratégia de negócios 77

Computação em nuvem: transformando a TI 87

Internet das Coisas: integrando o mundo físico ao digital 101

Big Data como diferenciador competitivo 120

Inteligência Artificial: a nova fronteira da computação 127

A convergência e a integração entre as TEI 136

PARTE 2
O impacto das tecnologias nas diferentes esferas
da vida humana 145

O impacto das Tecnologias da Informação na gestão
e nos negócios 167

A educação atual em xeque 188

Inovação como necessidade de sobrevivência empresarial 203

O impacto das TEIs na política e no governo 226

Impacto das tecnologias na sustentabilidade e meio ambiente 249

PARTE 3
As tecnologias como meio de inovação nas empresas 275

EPÍLOGO
Onde está a saída? Quem tem a saída?...329

BIBLIOGRAFIA COMENTADA 346

Introdução

Por causa de minha atividade profissional, tenho muitos contatos com executivos, tanto de TI como das áreas de negócio. Também leio muito sobre inovações e os impactos das tecnologias da informação nas empresas. Assim, observei um fenômeno: mudanças estão ocorrendo em todos os setores de negócio e em ritmo cada vez mais acelerado.

Muitas vezes, não percebemos, mas um simples olhar para os últimos dez anos, nos mostra que o mundo de hoje mudou significativamente. E tudo indica que, nos próximos anos, as mudanças serão ainda mais expressivas.

Em setembro de 2011, quando começava a pensar em escrever este livro, ao assistir a alguns documentários de televisão que abordavam o atentado às Torres Gêmeas, em Nova York, no fatídico 11 de setembro de 2001, me lembrei de que certas tecnologias, tais como iPod, iPhone e iPad, não estavam presentes no nosso dia a dia em 2001. Do mesmo modo, o YouTube, o Facebook e o Twitter também não. O Google, por exemplo, era apenas um novo buscador que poucos conheciam. Após essas constatações, me surgiu, então, o questionamento: que impactos essas tecnologias estão trazendo para as empresas, para nós e para a sociedade em geral?

Os efeitos transformacionais destas inovações são impactantes. Por exemplo: à medida que as fontes mais antigas e tradicionais de crescimento econômico, baseadas na sociedade industrial, vão diminuindo, as perspectivas de dinamismo e prosperidade dependerão muito mais do empreendedorismo que explore e estenda as fronteiras tecnológicas.

Surge uma questão: para sustentar o progresso da sociedade, precisamos por fim ao "velho", dar espaço e estar aberto ao "novo"? Na verdade, é a constatação prática formulada por Joseph Schumpeter, em seu conceito de destruição criativa. Suas ideias estão perfeitamente alinhadas com o momento atual. Estamos diante de um cenário onde as fronteiras da inovação tecnológica e social estão sendo cada vez mais ampliadas. As inovações tecnológicas estão aí, palpáveis e produzem quase diariamente novas ideias e paradigmas. A rápida disseminação, em âmbito mundial, de mídias sociais e dispositivos móveis estimula a tomada de decisões descentralizadas, porém mais engajadas e conectadas. Estas mudanças afetam todas as empresas. Seus modelos organizacionais e de gestão devem ser repensados. Até mesmo as empresas mais bem estabelecidas, para terem chance de sucesso neste novo mundo, precisam estar plenamente dispostas a envolver-se em destruição criativa e reinventar-se de cima a baixo.

Em 2011, o Google comprou a Motorola Mobility, empresa que durante décadas foi sinônimo de telefonia celular. Recentemente, o *The Wall Street Journal*[1] analisou a compra da Motorola pelo Google e foi atestado que, realmente, há dez anos, seria impossível imaginar que uma então pequena empresa de buscas da internet compraria um gigante da tecnologia, como a Motorola.

Inovação sempre existiu no mundo. Se um indivíduo que vivesse na Terra, na virada do século XIX para o XX, viajasse

---

[1] THE WALL STREET JOURNAL. O que a Google fará com a Motorola, seu brinquedo de US$ 12 bilhões?. Disponível em: < http://online.wsj.com/article/SB10001424052702304 44460457733984360381810.html>. Acesso em: 17 dez. 2013.

pelo tempo e caísse de supetão em 1950, ficaria espantado com as tecnologias à sua volta. Em vez de carruagens puxadas por cavalos, veria ruas e estradas apinhadas de carros, caminhões e ônibus. Veria imensos edifícios de dezenas de andares, pontes gigantescas em rios e baías, e aviões levando centenas de passageiros de um continente ao outro, em uma viagem de poucas horas e não mais de longos dias. Teria contato com maravilhas como aparelhos de TV, refrigeradores, máquinas de lavar roupa, e assim por diante. Também se impressionaria com a eficiência dos supermercados e tomaria conhecimento de que doenças anteriormente fatais eram controladas com simples injeções ou comprimidos.

O que temos de diferente hoje são os meios de comunicação, a colaboração e a velocidade com que as inovações aparecem. Tais elementos possuem ligação com o conhecimento e a informação. O conhecimento é um recurso infinito e dinâmico, gerado e potencializado pelas atividades de colaboração, sejam estas internas ou externas à empresa. Cabe ressaltar que conhecimento e informação têm significados distintos. Conhecimento é uma informação validada e aplicada em algo prático. Ele pode ser gerado, por exemplo, quando equipes de trabalho se engajam em um problema e geram uma solução. Além disso, o conhecimento aumenta de valor quando é usado, compartilhado e incrementado por novas interações. A colaboração é a base para tornar o conhecimento vivo. A troca de informações entre pessoas leva à inovação e à geração de novas ideias. Inovação não floresce em um ambiente isolado e fechado!

O resultado destas rápidas transformações e inovações se refletem em números. Um exemplo é o tempo médio que uma empresa permanece no S&P 500[2]. Em 1920, era de 67 anos e passou a meros 15 anos atualmente.

---

[2] WEBINSIDER. O que você vai destruir hoje? Disponível em: <http://webinsider.com.br/2013/02/08/o-que-voce-vai-destruir-hoje/>. Acesso em: 17 dez. 2013.

Tecnologias Emergentes

Podemos, por exemplo, analisar um setor extremamente dinâmico, como o da Tecnologia da Informação. Este mercado vive um dos melhores momentos de sua história. A despeito da instabilidade econômica internacional, a previsão é de que os gastos em TI deverão aumentar nos próximos anos. Em 2012, o mercado brasileiro de TIC (Tecnologia da Informação e Comunicação)[3] já era o quarto do mundo. Mas apesar deste cenário positivo, algumas das maiores empresas, que inclusive já foram líderes em seus setores, estão lutando arduamente para se manterem em suas posições de liderança, e nem todas estão conseguindo. O motivo é que elas não têm conseguido lidar com a velocidade das inovações, que impõe projetos mais arriscados para conquistar o mercado, e, ao mesmo tempo, agradar seus acionistas. O resultado é uma crise na gestão que culmina na troca de seus principais executivos. Adequar-se a novos cenários é um desafio para qualquer setor de negócios, mas, em TI, o esforço é muito maior, porque é um mercado extremamente volátil, onde as decisões precisam ser tomadas rapidamente.

O desempenho dos gestores dos fundos de ações é comparado ao de seus pares em períodos curtos (trimestrais), e os administradores tendem a eliminar de suas carteiras de ações aquelas empresas que, mesmo mostrando bom potencial, naquele momento, estão tendo um desempenho abaixo do esperado.

Assim, a comunidade de investimento exerce uma pressão irracional sobre as empresas, para que elas tenham um desempenho melhor a curto prazo, penalizando aquelas que têm boas perspectivas a longo prazo, mas não geram resultados imediatos.

---

[3] SIMBER TECNOLOGIA. Brasil já é o quarto maior mercado de TICs do mundo, segundo a IDC. Disponível em: <http://www.simber.com.br/erp/noticia-217-Brasil%20j%-C3%A1%20%C3%A9%20o%20quarto%20maior%20mercado%20de%20TICs%20do%20mundo,%20segundo%20a%20IDC>. Acesso em: 17 dez. 2013.

Os funcionários são avaliados quase exclusivamente pelas vendas e lucros destes períodos curtos. O risco é que os gestores das empresas tendem a se concentrar tanto no curtíssimo prazo que perdem de vista o longo prazo, não percebem eventuais sinais de fraqueza e ficam sem reação às inevitáveis mudanças no cenário de negócios. As empresas acabam saindo do mercado ou sendo adquiridas por outras companhias.

A obsessão por resultados de curto prazo é destrutiva e os gestores das empresas pouco podem fazer. A pressão vem dos investidores e eles acreditam que o curto prazo lhes é vantajoso.

Assim, o "curto-prazismo" faz com que os gestores fiquem tão concentrados em atingir as metas do trimestre, que muitas vezes acabam por destruir valor em vez de criá-lo. Este padrão tem que ser mudado, caso contrário a taxa de sobrevivência empresarial será cada vez menor.

A solução pode ser algo como o publicado em um artigo[4] muito interessante no *The Wall Street Journal*, de JC Spender e Bruce Strong, chamado "A chave para inovação está nos empregados".

Para eles, as empresas que tornaram a inovação parte da sua estratégia habitual aprenderam a aproveitar a energia criativa e as ideias de funcionários em todos os níveis e funções. Mas como elas conseguiram isso? Eles dizem que a resposta está nas comunidades de inovação.

As comunidades de inovação são um meio de dar nova forma e propósito ao conhecimento que seus empregados já possuem. As discussões detalhadas que costumam acontecer, lideradas pelos gerentes de alto escalão, muitas vezes representam o motor mais produtivo e econômico para uma empresa aumentar seu lucro.

---

[4] THE WALL STREET JOURNAL. Who Has Innovative Ideas? Employees. Disponível em: <http://online.wsj.com/article/SB10001424052748704100604575146083310500518.html>. Acesso em: 17 dez. 2013.

6 | Tecnologias Emergentes

Segundo eles, os sete pontos mais importantes para criar uma comunidade de inovação bem-sucedida são:

1) Criar espaço para inovações. Geralmente executivos e funcionários não têm tempo para sentar e trocar experiências. As empresas devem abrir espaço nas agendas para que todos compartilhem ideias.
2) Garantir pontos de vista variados. É essencial envolver pessoas de funções, localizações e níveis diferentes, por causa de suas perspectivas únicas, mas também para garantir que as ideias sejam aceitas pela empresa inteira.
3) Criar um diálogo entre a diretoria e os participantes.
4) Convidar os funcionários a participarem da comunidade de inovação, sem fazer uso de pressões.
5) Aproveitar talentos e energias ociosas ajuda a diminuir o custo de desenvolvimento de um produto.
6) Entender que os benefícios colaterais podem ser tão importantes quanto as próprias inovações.
7) Medir os resultados.

Portanto, novos tempos, novas maneiras de pensar. Talvez estejamos às portas de uma nova revolução de tanto impacto na sociedade como foi a industrial, no século XIX. Só que em vez de máquinas a vapor, teremos informação e conhecimento como molas propulsoras. E a internet como plataforma de conexão da sociedade.

Em um mundo cada vez mais digitalizado, temos que nos acostumar com a capacidade que essa ferramenta tem para construir e descontruir coisas tão rapidamente. Por exemplo, podemos analisar a rapidez do sucesso do Instagram, vendido para o Facebook por um bilhão de dólares 18 meses após seu lançamento, e que parecia ser uma tecnologia insuperável. Mas, no mundo digital, os recordes têm vida curta. Um aplicativo lançado em fevereiro de 2012 para smartphones e tablets, o Draw Something, virou sensação global quase que instantaneamente e atingiu um milhão de usuários em apenas nove dias. E alcançou 50 milhões de usuários em 50 dias. Foi vendido para o Zynga por 210 milhões de dólares[5]. Mas em poucos meses perdeu quase tudo. Dos seus antigos milhões de usuários, hoje apenas uns 10% continuam ativos.

Isso nos faz pensar: será que sucessos como o Google e o Facebook estarão entre nós daqui a meros dez anos? Há décadas, as gerações viviam mais ou menos de forma similar. Hoje, em poucos anos, as mudanças tecnológicas afetam a maneira de ser e pensar de uma geração para outra. E as empresas tecnológicas que fazem sucesso em uma geração não necessariamente sobrevivem aos desejos e expectativas da próxima. Entre 1994 e 2001, as empresas líderes no mundo da internet eram Yahoo, Netscape e AOL. O Google estava nascendo. Atualmente, essas pioneiras são simples sombra do que foram. A partir de 2005, as mídias sociais começaram a ser o foco de atenção da internet e vimos surgirem empresas como Twitter e Facebook. As empresas da geração anterior não conseguiram se adaptar ao mundo da internet social, o próprio Google não conseguiu chegar perto do sucesso do Facebook com suas iniciativas próprias como Orkut e Google+. E agora vemos a era da mobilidade e com ela novos negócios surgindo a uma velocidade tal, que empresas de sucesso de poucos anos atrás, como o Facebook, estão tendo dificuldades de acompanhar. O impressionante é que tudo isto aconteceu em pouco mais de uma década.

Neste ritmo, as empresas, mesmo as bem-sucedidas, desejam se renovar constantemente. Vejamos, mais uma vez, o exemplo do Google. Em meados de 2012, ele anunciou a eli-

---

[5] ZD NET. Draw Something draws in 50 million downloads and $210 million from Zynga. Disponível em:<http://www.zdnet.com/blog/feeds/draw-something-draws-in-50-million--downloads-and-210-million-from-zynga/4712>. Acesso em17 dez. 2013.

minação de cinco serviços, entre eles o conhecido iGoogle. No ano anterior, já havia eliminado outros tantos. Desde sua criação, em 1998, o número de produtos que não deram certo e foram descartados ultrapassa os sessenta, ou seja, pelo menos uns cinco por ano. O que isto significa? No mundo volátil da internet e na cultura empreendedora do Vale do Silício, a estratégia de descartar produtos não é sinal de problemas, mas, sim, de que a empresa está aproveitando as lições dos seus próprios erros. Ou seja, de cada leva de fracassos, haverá algo para se aprender que trará muito sucesso e gerará bilhões de dólares. Os fracassos devem ser encarados como lições aprendidas e não erros crassos. Thomas Edison costumava transmitir a ideia de que não se pode dizer que foi um fracasso, e sim uma lição, pois desse modo sabe-se o que não funciona[6].

A proposta deste livro é instigar, proporcionar um momento de questionamento e explanar situações de mudanças. Quando comecei a escrever, não tinha todas as ideias prontas e concatenadas. Elas evoluiram paulatinamente, principalmente à medida que ia escrevendo e debatendo os temas com amigos e colegas. O que pretendo é dissecar a evolução tecnológica, cada vez mais rápida e impactante, e abrir linhas de pensamento, para vocês, leitores, chegarem às suas próprias conclusões.

Para navegarmos neste mundo de mudanças tão rápidas, divido o livro em três partes. Na primeira, abordo de uma forma bem ampla as Tecnologias Emergentes da Informação (TEI). As TEI estão em todas as áreas da economia. Nos bancos, nas operadoras do mercado financeiro, nos pregões das Bolsas de Valores, no mercado automobilístico, nas empresas de logística, no varejo. Enfim, não há quem não esteja de olho no potencial das novas tecnologias de informação e não as utilize para conseguir vantagens competitivas em um mercado cada vez mais acirrado.

---

[6] EDISON apud Warren, Rick. *Poder para mudar sua vida*. São Paulo: Editora Vida, 2007.

Estamos vivendo mais uma revolução nas tecnologias com uma rapidez que deixa qualquer desavisado tonto, sem direção. Há anos, os *chips* eram visíveis. Atualmente, num processador, há bilhões de transistores "invisíveis" a olho nu. À medida que a tecnologia avança, os custos diminuem, sinônimo de mais conquista de mercado. Este rápido avanço tecnológico abre espaço para novos e inovadores modelos de negócio. O mesmo pode-se dizer do armazenamento de dados. Hoje, podemos colocar um bit em um milhão de átomos. Nos laboratórios de pesquisa da IBM, conseguiu-se chegar a protótipos que armazenam este mesmo bit em apenas 12 átomos. A implicação futura é que em breve conseguiremos ter um dispositivo de armazenamento de um terabyte tão pequeno quanto a ponta de um alfinete.

Assim, no início do livro, abordarei a evolução tecnológica e a mobilidade e debaterei novas maneiras de usarmos a tecnologia, como a computação social ou as tecnologias de redes sociais (Facebook, WordPress, Twitter e YouTube), que vem despertando muita atenção na mídia. Espera-se que até 2015 mais de 80% de toda a população do planeta tenha um equipamento de comunicação móvel em mãos, grande parte com acesso à internet. Em 2011, a soma de smartphones e tablets vendidos no mundo inteiro ultrapassou em número a venda de PCs.

Uma notícia recente informa: "A previsão da consultoria IDC é de que o Brasil feche 2013 como o quinto maior mercado de smartphones, com 28,9 milhões de aparelhos vendidos e uma participação de 3,1%. A IDC projeta que o país registrará a venda de 66,3 milhões de smartphones em 2017, o que corresponderá a uma participação de 4,4% no mercado mundial e um crescimento de 129,4%[7]".

---

[7] G1 GLOBO.COM. Vendas de smartphones devem superar as de celulares básicos em 2013. Disponível em: <http://m.g1.globo.com/economia/noticia/2013/03/vendas-de-smartphones-devem-superar-as-de-celulares-basicos-em-2013.html>. Acesso em: 17 dez. 2013.

Além disso, tratarei ainda da Computação em Nuvem (Cloud Computing), da Internet das Coisas, da Inteligência Artificial e de Big Data.

Estamos dando os primeiros passos em direção ao mundo do *Personal Cloud* onde não mais o PC, mas a "nuvem" será o centro das informações e serviços de computação. Saímos do mundo dos equipamentos para o mundo dos serviços. A Computação em Nuvem é, em última instância, *IT as a Service* (ITaaS) ou TI como serviço. Para a TI do mundo corporativo, isso significa que cada usuário, seja ele funcionário ou cliente, vai demandar acesso aos seus sistemas de qualquer dispositivo, em qualquer lugar. Neste cenário, o papel da área de TI e do próprio CIO (*Chief Information Officer*) mudam de forma significativa. A longo prazo, o modelo de Computação em Nuvem vai gerar uma contribuição fundamental para melhoria da eficiência de empresas privadas e públicas, bem como impulsionará a criação e o crescimento de novos negócios.

Em relação à Internet das Coisas, ela pode ser definida como uma infraestrutura de rede global, baseada em padrão IP (Internet Protocol), onde coisas físicas (objetos) ou virtuais, com suas identidades únicas, interoperam entre si e com sistemas de informação. Basicamente, são objetos interagindo com outros objetos ou com seres humanos via internet. Na Internet das Coisas, os objetos participam ativamente dos processos sociais e de negócios, compartilhando dados e informações sobre o ambiente em que se encontram, reagindo de forma autônoma aos eventos do mundo físico, influenciando ou modificando os próprios processos, sem necessidade de intervenção humana. A Internet das Coisas vai criar uma rede de bilhões de objetos identificáveis e que poderão interoperar uns com os outros e com os *data centers* e suas nuvens computacionais. Ela irá aglutinar o mundo digital com o mundo físico, permitindo que os objetos façam parte dos sistemas de informação. Com a Internet das Coisas, podemos adicionar inteligência à infraestrutura física que molda nossa sociedade. Podemos repensar nossas cidades e melhorar a eficiência dos sistemas que constituem a sociedade como um todo.

Outro assunto da área digital que começa a despertar atenção é o Big Data. Seu uso começa a se mostrar como um fator diferenciador no cenário de negócios. No dia a dia, a sociedade gera cerca de 15 petabytes de informações, sobre as suas operações comerciais e financeiras, bem como sobre clientes e fornecedores. Capturar, manusear e analisar este imenso volume de dados é um grande desafio. Alguns casos concretos mostram que empresas conseguiram substanciais vantagens competitivas explorando de forma analítica e em tempo hábil tais informações. Além disso, há também um volume impressionante de dados que circula nas redes sociais e dispositivos móveis e outros tantos que são gerados pelo número cada vez maior de sensores e outros equipamentos embutidos no mundo físico, como em rodovias, automóveis, aeronaves e máquinas robóticas. Por exemplo, um único segundo de vídeo em alta definição gera 2 mil vezes mais bytes que uma página de texto.

Há muito tempo, o homem vem falando de Inteligência Artificial. A ideia, em resumo, seria a de que um computador fosse capaz de dar respostas muito parecidas com as dos seres humanos, a ponto de causar certa confusão à primeira vista. Hoje, os jogos virtuais, os programas de computador, a robótica e os programas de diagnósticos médicos utilizam as técnicas da Inteligência Artificial. Mas aqueles que trabalham com IA querem muito mais. Trabalham para que o computador seja "humanizado" de tal forma que ele seja capaz de simular ou se igualar à capacidade humana de raciocinar, tomar decisões e alcançar o sonho tecnológico mais importante de todos – o de resolver problemas. Essa capacidade de lidar com a linguagem natural dos seres humanos e responder precisamente a questões complexas possui um grande potencial de transformar a maneira que as máquinas interagem com o homem, ajudando-o a conquistar seus objetivos.

Nos últimos anos, venho apresentando inúmeras palestras sobre Computação em Nuvem, Big Data, Mobilidade e *Social Media*. Embora muitas vezes estes temas sejam apresentados de forma independente, eles formam uma convergência de forças transformadoras que, na minha opinião, irão mudar de forma radical o atual *way of life* da TI. Os dispositivos móveis, impulsionados pelo *tsunami* do consumo, serão a plataforma de acesso, onde volumes imensos de dados e processamento serão operados em nuvem, criando inúmeras e inovadoras formas de conexões entre pessoas e empresas, gerando o que chamamos de *social business*.

Já vivenciamos isso no ambiente doméstico. Por exemplo, posso armazenar uma informação, seja em um texto ou uma foto, e acessá-la pelo meu smartphone, meu tablet, meu iPod ou meu laptop. Onde estão estas informações? Não estão no disco rígido do meu laptop, mas em uma nuvem. Este movimento vai, e creio que, rapidamente, entrar no ambiente corporativo.

As razões são muitas. Uma delas é que os usuários domésticos, e principalmente a geração digital que está entrando no mercado de trabalho, já lida com a tecnologia com muita intimidade. Porém, pela facilidade e intuitividade de uso, eles podem interagir com seus dispositivos móveis sem ter necessidade de entender a complexidade tecnológica que está na retaguarda. Por outro lado, nas corporações, quase toda a complexidade tecnológica está exposta aos seus usuários. Eles precisam interagir com a TI para obter novos serviços ou para serem autorizados a usar determinada tecnologia. As interfaces dos sistemas de aplicativos são complexas e pouco intuitivas. Requisitar mais capacidade computacional é demorado, passa por um lento processo de aprovação e instalação de novos servidores e *softwares*.

Em casa, posso pesquisar rapidamente um livro eletrônico na Amazon e baixá-lo para meu Kindle. Posso ver filmes atuais via Netflix e pegar qualquer música no iTunes, de forma fácil e quase instantânea. Faço isso sozinho, sem necessidade de recorrer a nenhum suporte técnico.

Mas, nas empresas, o acesso às informações e aos recursos computacionais leva muito tempo. A tecnologia nem sempre é usada para transformar as atividades, mas simplesmente para automatizá-las.

Portanto, neste verdadeiro turbilhão de transformações, as áreas de TI devem reinventar-se. A convergência aparece em todos os momentos. Por exemplo, para criarmos um modelo de *social business*, o acesso via dispositivos móveis é essencial. A computação móvel vai causar tanto impacto na sociedade e em seus hábitos quanto o automóvel. Com a computação móvel, o trabalho deixa de ser feito em um local físico estabelecido, para ser feito onde quer que você esteja. As pessoas querem fazer suas conexões a qualquer momento, no local que estiverem e no instante em que precisarem.

Este cenário apresenta um grande desafio para as áreas de TI. O processo atual de identificar uma determinada tecnologia, instalá-la e ensiná-la aos usuários cai por terra diante do aumento do consumo. Como já foi dito anteriormente, os usuários estão aptos para escolher suas próprias tecnologias e aprender a usá-las sozinhos ou com ajuda da sua rede social, sem interferência dos fornecedores. Assim, a convergência das forças e, principalmente, o poder de consumo está deslocando o eixo de controle da TI para o usuário. Em tempo, consumerização é muito mais que levar da casa para a empresa seu próprio dispositivo, processo este chamado de BYOD (*Bring Your Own Device*), pois sua influência cria uma expectativa de experiências com a tecnologia que provoca disrupções na maneira como a TI deverá ser usada nas empresas. BYOD é consequência da consumerização e não sinônimo. Portanto, os setores de TI que continuarem sendo rígidos e inflexíveis diante destas mudanças correm o risco de se tornarem anacrônicos.

As mudanças no setor de TI de uma empresa são tarefas complexas. Existem inúmeros sistemas predestinados a serem mantidos e diversas gerações de tecnologias que inter operam entre si, mas é importante que o legado fique restrito apenas aos sistemas e não ao modo de se pensar. O que TI deve fazer? Redesenhar sua arquitetura para contemplar a convergência das quatro ondas tecnológicas (Cloud Computing, Mobilidade, *social business* e Big Data), que interagem entre si, impulsionando-se reciprocamente. Os dispositivos móveis são a plataforma de acesso e um impulsionador para as redes sociais.

Com esta arquitetura, a TI deixa de ser um centro de custo, para ser parte integrante do negócio, como a plataforma que a empresa vai usar para criar novos produtos e abrir novos empreendimentos. A TI passa ser a função do negócio, e o CIO deve se transformar em um executivo de negócios que usa tecnologia como alavancador de inovações, e não se manter como um tecnocrata. Ele deve pensar e falar a linguagem do negócio. Concentra-se na tecnologia por si é apequenar o potencial da TI.

Na segunda parte do livro, abordo os impactos destas tecnologias e seu uso convergente na vida humana, seja na educação, ou na inovação da área econômica e empresarial; na relação entre política e governo, e na sustentabilidade e meio ambiente. Tudo indica que o novo ensino será guiado por uma palavra: interação! Quem tentar escapar das novidades sucumbirá aos erros de décadas de ensino cuja meta era fazer o aluno decorar textos e regras.

Essa inovação também poderá ser vista no ambiente econômico, cada vez mais desafiador e competitivo, e no qual inovar não é mais uma opção, mas uma necessidade de sobrevivência não apenas para empresas, mas também para os países. O Brasil ainda está, em minha opinião, tentando acertar seu passo. O fascínio por inovações radicais (invenções) não é o melhor caminho. Precisamos, primeiro, ter a capacidade de fazer aquilo que países mais desenvolvidos já dominam, para depois nos aventurarmos em meios mais avançados. Inovar utilizando invenções alheias, com foco no aperfeiçoamento e novos usos é uma tática que reduz riscos e custos, algo importante para um país com falta de capital. Um exemplo: os celulares mais modernos ou smartphones envolvem mais de 250 mil patentes! E nenhuma empresa fabricante registrou todas elas, mas compraram patentes umas das outras[8]. Debater como inovar em um mundo que gira cada vez mais rápido, é, por si, um desafio e um dos temas que devemos refletir.

Os governos e a sociedade têm uma responsabilidade muito grande em lidar com certos desafios do planeta, como a explosão populacional e a concentração urbana. As cidades já são locais de moradia e trabalho de mais da metade da população do mundo. A crescente tendência de urbanização aponta, por dados da própria ONU, que, em 2050, pelo menos 70% da população do planeta estará habitando as cidades[9]. E todos que nelas habitam e trabalham dependem da infraestrutura para desenvolverem suas atividades. E esta é uma extensa e

---

[8] INNOVATION. There are 250,000 active patents that impact smartphones; representing one In six active patents today. Disponível em: <http://www.techdirt.com/blog/innovation/articles/20121017/10480520734/there-are-250000-active-patents-that-impact-smartphones-representing-one-six-active-patents-today.shtml>. Acesso em: 17 dez. 2013.

[9] UOL NOTÍCIAS. Com estimativa de que 70% da população viva nas metrópoles até 2050, fórum da ONU no RJ discute sustentabilidade. Disponível em: <http://noticias.uol.com.br/cotidiano/ultimas-noticias/2010/03/26/com-a-perspectiva-de-que-70-da-populacao-viva-nas-metropoles-ate-2050-forum-da-onu-no-rj-discute-sustentabilidade.htm>. Acesso em: 17 dez. 2013.

complexa rede de componentes que inclui pessoas, empresas, sistemas de transporte, comunicação, segurança pública, água, saneamento, energia, saúde e assim por diante. Interrupções em algum componente da rede, como no fornecimento de energia ou no sistema de telecomunicações têm o potencial de paralisar todas as atividades de uma cidade. O uso das tecnologias nos permite rever e repensar os modelos de gestão e até o que deve ser uma cidade. A criação das chamadas "cidades inteligentes" é a aplicação de novas ideias e conceitos, impulsionados pela evolução tecnológica que nos permitirá criar novos espaços para viver. Estamos no chamado "século das cidades" e estas cidades deverão ser inteligentes.

Também devemos olhar a tecnologia como ferramenta de apoio que nos ajudará a enfrentar um dos maiores, se não o maior desafio que a humanidade tem pela frente: o aquecimento global e seus impactos na vida sobre o planeta. Nosso planeta está ameaçado pelo aquecimento global. Nós já impomos tensões cada vez maiores ao finito e limitado meio ambiente.

A procura por soluções mais amigáveis ao meio ambiente está pouco a pouco se disseminando por todos os setores econômicos. Podemos até dizer que em breve estaremos entrando em uma nova "onda verde", onde as questões ambientais deixarão de ser apenas obrigação dos parâmetros legais para passarem a ser um dos fatores preponderantes para a sustentabilidade do negócio. Os executivos começam a perceber que no futuro a questão ambiental poderá ser uma restrição ou uma ferramenta para alavancar negócios. As estratégias de negócio terão que alinhar competitividade com sustentabilidade. A tecnologia tem papel fundamental neste processo.

Enfim, a terceira parte do livro nos leva à ação. O que devemos fazer? Ficar sentados debatendo o assunto ou tomar ações e atitudes práticas? Nessa parte tratarei de questões eficazes de como agir diante deste cenário desafiador, tanto como cidadãos quanto como empresários ou funcionários em empresas privadas e públicas.

É preciso discernimento e até mesmo coragem para enfrentar as mudanças que a vida exige. Quem fica em dúvida paga uma conta muito alta, já que para alcançar quem saiu na frente e ousou é preciso mais ousadia. Uma frase lapidar que vi em um para-choque de caminhão mostra o valor da ousadia: "Boi lerdo só bebe água suja". Assim, para romper paradigmas é necessário inovar. E a frase de Alexander Graham Bell diz tudo: "Nunca andes pelo caminho traçado, pois ele conduz somente aonde outros já foram[10]". E certa vez um repórter perguntou ao líder espiritual tibetano, Dalai Lama, o que ele faria se descobrisse que estava indo pelo caminho errado. Ele respondeu, simplesmente, que repensaria em tudo o que defendeu até então e buscaria novos caminhos.

A conclusão é clara. Esta é a senha: novos caminhos! De nada adiantará as empresas oferecerem ao mercado soluções, sejam elas produtos ou serviços, cada vez mais sofisticados, máquinas de última geração ou novos equipamentos se tudo isso não formar uma espécie de exército unido para combater, em bloco, os problemas, que parecem brotar diariamente nas fábricas, nas indústrias, nos escritórios, no atacado e no varejo.

Esta é a proposta deste livro: gerar debates, mas também provocar atitudes. Boa leitura.

---

[10] CITADOR. Disponível em: < http://www.citador.pt/frases/nunca-andes-pelo-caminho-tracado-pois-ele-conduz-alexander-graham-bell-14261>. Acesso em: 17 dez. 2013.

Parte 1

As Tecnologias Emergentes da Informação (TEI)

Evolução. Esta talvez seja a palavra mais adequada para explicarmos a única saída que restou à humanidade a fim de que ela possa viver com conforto e com recursos que permitam a cada um de nós resolvermos os problemas que parecem surgir a cada momento. Voltando no tempo, segundo pesquisas[1] de uma equipe de diversas universidades, incluindo a Universidade Hebraica de Jerusalém, foram encontradas, em escavações, pedras carbonizadas, comprovando que o homem já usava o fogo para se proteger do frio, iluminar o ambiente em que vivia com sua família e preparar seu alimento há cerca de um milhão de anos. Saltando no tempo, o fogo, hoje, é indispensável. Está presente em muitos segmentos industriais – na siderurgia, na indústria automobilística, nos motores a explosão e em tantas outras atividades. E, claro, sem ele não teríamos o tradicional churrasco aos sábados, depois da pelada com os amigos e nem a pizza de forno a lenha aos domingos com a família!

---

[1] IG-ÚLTIMO SEGUNDO. Ancestrais humanos já usavam fogo há um milhão de anos. Disponível em: <http://ultimosegundo.ig.com.br/ciencia/ancestrais-humanos-ja-usavam-fogo-ha--um-milhao-de-anos/n1597730115680.html>. Acesso em: 17 dez. 2013.

"A necessidade é a mãe da invenção". A frase é atribuída ao filósofo Platão. Muito tempo depois da descoberta do fogo, novamente, o homem teve a necessidade de criar algo que hoje conhecemos como a roda. Segundo alguns registros, ela surgiu na antiga Mesopotâmia, atual Iraque, há cerca de 5 500 anos. As primeiras rodas teriam sido usadas na tração animal. Quem teve a ideia de sua criação não imaginou como ela se multiplicaria aos bilhões, pelo mundo, de forma inacreditável e de uso múltiplo em nossa sociedade. Sem ela, ainda não teríamos carros, motos, aviões, trens, bicicletas, ônibus, metrô.

De novo, com o fogo e a roda, temos mais um exemplo da necessidade da evolução contínua da sociedade. Como não há, pelo menos por enquanto, limites para o avanço intelectual, industrial e comercial do homem, hoje, a mesma sociedade que já viveu sem o fogo e sem a roda, parece que já não pode mais viver sem as tecnologias da informática. Dá para imaginar o mundo atual com a rede bancária, as companhias que operam via celulares, ou os aviões sem a presença dos computadores? Impossível. Bill Gates, para citar apenas um nome neste mundo que cresce sem parar, não surgiu apenas para ficar rico; novamente, houve a necessidade de mais avanços. Por isso, estão aí as Tecnologias Emergentes de Informação mostrando que a frase de Platão continua fazendo sentido. Aliás, Geoffrey Nicholson, criador do Post-It na 3M tem uma frase famosa que diferencia invenção ou pesquisa de inovação, de maneira inequívoca. Segundo ele, "pesquisa é a transformação de dinheiro em conhecimento, enquanto inovação é transformação de conhecimento em dinheiro[2]". Na verdade, não existe inovação se não existir um resultado direto da aplicação prática de um invento.

---

[2] HARDWARE ZONE SINGAPORE.COM. Dr. Geoff Nicholson, the "Father of Post-it Notes", on 3M & Innovation. Disponível em: <http://www.hardwarezone.com.sg/feature--dr-geoff-nicholson-father-post-it-notes-3m-innovation>. Acesso em: 17 dez. 2013.

De alguns anos para cá, cada vez mais as empresas, pressionadas pelo avanço da tecnologia, da concorrência e do mercado consumidor, começaram a se preocupar em desenvolver o que batizaram de Tecnologias Emergentes de Informação (TEI). Hoje, essas tecnologias estão em todas as áreas da economia que pretendem competir, ganhar ou avançar no seu segmento de mercado. Os bancos, as operadoras do mercado financeiro, os pregões das Bolsas de Valores, o mercado automobilístico, enfim, não há quem não esteja de olho nas novas tecnologias de informação. Afinal, as transformações tecnológicas e de mercado, atualmente, são muito rápidas. Quem hesitar em aplicar as novas tecnologias emergentes de informação estará cometendo uma espécie de suicídio empresarial.

Quer um exemplo clássico de alguém que não hesitou e foi bem-sucedido? No dia 12 de fevereiro de 1809, mais um menino nascia nos Estados Unidos. Enfrentou imensas dificuldades ao longo de sua vida. Com apenas 23 anos, tentou entrar para a política, mas fracassou. Um ano depois, abriu uma loja. Fracassou de novo. Dez anos depois, experimentou atuar na área de advocacia. Mais uma derrota. Aos 45 anos, foi candidato a senador. Perdeu. Dois anos depois, tentou o Senado outra vez. Fracassou de novo. Já com 51 anos, com uma coleção de derrotas pela vida afora, candidatou-se à presidência dos Estados Unidos[3]. Assim, o persistente Abraham Lincoln tornou-se o décimo sexto presidente norte-americano. "Por mais que você encontre dificuldades pelo caminho, não desista[4]...", é uma frase do ex-presidente.

---

[3] WIKIPEDIA. Abraham Lincoln. Disponível em: <http://en.wikipedia.org/wiki/Abraham_Lincoln>. Acesso em: 17 dez. 2013.

[4] GUIA DO MARKETING. Decálogo de Abraham Lincoln. Disponível em: < http://guiadomarketing.com/desenvolvimento-pessoal/decalogo-de-abraham-lincoln#>. Acesso em: 17 dez. 2013.

O mundo atual é um desafio diário. Para todos. Funcionários, empresários, empreendedores, gerentes, diretores. O mercado é implacável.

Uma decisão sem cautelas ou uma análise equivocada pode meter uma empresa, definitivamente, "no buraco". Por tudo isso, a informação, cada vez mais, passou a ser sinônimo de poder. Não há mais espaço para medo, indecisões. As empresas, claro, são feitas por pessoas que são pagas para pensar, para resolver problemas, e precisam estar preparadas para todos os desafios que nunca deixam de aparecer, diariamente. Mas o medo do "novo" sempre é um fantasma que ronda as decisões que, muitas vezes, precisam ser tomadas o quanto antes. Empresas não podem ser movidas pelo medo. O funcionamento delas tem de ser sempre o mais eficaz possível. A área de Tecnologia da Informação tem de estar nas mãos daqueles que estão preparados para a "guerra de mercado", para o mundo globalizado, para a velocidade vertiginosa das necessidades e anseios da sociedade moderna.

As redes sociais (Twitter, Facebook, Wikipedia, YouTube), e-mails e demais ferramentas precisam ser exploradas à exaustão. Um exemplo: uma britânica ficou desempregada. Ela tinha que honrar contas e sustentar os filhos, e não tinha nenhum outro meio de sustento, mas não desanimou. Lembrou-se de que, quando criança, gostava de ler contos infantis e, talvez por isso, passou a sonhar em dar "vida" a um menino cheio de mistérios e poderes. Sem dinheiro e sem computador, começou a desenvolver sua primeira história numa velha máquina de escrever (alguém ainda se lembra deste equipamento?). No dia 30 de junho de 1997, depois que dez ou doze editoras lhe fecharam as portas, uma editora acreditou no projeto da ilustre desconhecida autora e imprimiu apenas mil exemplares do livro *Harry Potter e a pedra filosofal*.

Assim, J.K. Rowling[5] começava sua espantosa e vitoriosa carreira como escritora. Criou ainda mais seis livros, completando a série. Até o momento, já vendeu cerca de 450 milhões de exemplares. Sua obra já foi traduzida para 70 idiomas, todos os livros viraram filmes com o mesmo sucesso e ela se tornou bilionária. Não sei se ela conhece a história de Abraham Lincoln. Mas provou que é da turma dele, da turma daqueles que ousam, que encaram desafios, que buscam realizar seus sonhos, que acreditam que sempre há espaço para o "novo". Veja outro sucesso marcado pela ousadia: um americano escreveu um livro contando uma história policial (mistérios, assassinatos). Bateu à porta de três ou quatro editoras. Ninguém se interessou pela sua obra. Porém, ele não desistiu, lançou um capítulo na internet. Um editor leu e mandou um e-mail para ele. Após alguns encontros, o editor fechou contrato com um americano chamado Dan Brown, até então um desconhecido. Assim chegava às livrarias o best-seller *O Código Da Vinci*, que já vendeu mais de 40 milhões de exemplares. De novo, a ousadia e a persistência venceram todos os obstáculos. É sempre bom lembrar que em muitas empresas existe aquele sujeito que, diante de fatos novos ou desafios, diz logo de cara: "Ih, isso não vai dar certo...". Fuja deste tipo de gente. O mundo não foi feito para eles.

É preciso estar sempre preparado não só para novos desafios como também para os imprevistos. Afinal, nada, absolutamente nada, é 100% garantido no mundo em que vivemos. Mudanças acontecem continuamente. Em 2006, a IBM publicou um estudo chamado *CEO Study 2006*[6], com o título de *Expanding the innovation horizon* em que explanava, na

---

[5] WIKIPEDIA. J. K. Rowling. Disponível em: <http://en.wikipedia.org/wiki/J._K._Rowling>. Acesso em: 17 dez. 2013.
[6] IBM. Global CEO Study 2006. Disponível em: <http://www.ibm.com/br/services/bcs/ceo_study06.phtml>. Acesso em: 17 dez. 2013.

opinião dos mais de 750 CEOs entrevistados, a importância estratégica da inovação. O resultado da pesquisa mostrou que pelo menos dois terços dos CEOs pretendiam fazer mudanças significativas nos seus negócios nos próximos dois anos.

Em 2008, o estudo foi repetido, e neste os CEOs reafirmam seus comprometimentos com mais mudanças e uma atenção maior ainda em inovação. Uma frase de um CEO, extraída deste relatório, exemplifica bem: "O ritmo de mudanças tem aumentado drasticamente. Clientes têm demandado mudanças radicais em produtos e serviços". Esta outra frase, também extraída do relatório, é emblemática nos tempos atuais: "Nós temos visto mais mudanças nos últimos dez anos que nos 90 anos anteriores".

Este estudo foi efetuado com 1130 CEOs de todo o mundo e aponta as características da denominada *The Enterprise of the Future* ou "A Empresa do Futuro", que são:

- Faminta por mudanças (capaz de se transformar rapidamente. Em vez de apenas reagir às tendências, ela as desenha e lidera);

- Inovadora além da imaginação dos clientes (surpreende as expectativas dos clientes cada vez mais bem informados e exigentes);

- Integrada globalmente (foi desenhada para explorar as características da globalização);

- Disruptiva por natureza (muda radicalmente seu *business model*, criando disrupção na base de competição);

- Genuína, não apenas generosa (vai além da filantropia e reflete preocupações genuínas com relação à sustentabilidade social e ambiental).

A necessidade de inovar ganhou maiores proporções em meados dos anos 1990 e com ela surgiu um novo desafio de competitividade para as empresas. Na busca por criar produtos e serviços, estabelecer processos, aperfeiçoar mecanismos de forma a atender melhor os seus clientes, integrar mais valor e obviamente aumentar a margem de lucro, as organizações passaram a investir mais. Hoje, a inovação é entendida como um dos principais vetores para a dinamização do crescimento econômico. A inovação possibilita que a empresa se mantenha adequada ao mercado, ou seja, seus produtos, processos e práticas se mantêm em sintonia com as necessidades dos clientes. O destino de quem não acompanhar as mudanças é desaparecer.

Portanto, é preciso estar atento a todos os movimentos. A concorrência é brutal, implacável. Como sabemos, há deslealdade, jogo sujo, espionagem. Logo, todo cuidado é pouco. E tudo parece mudar o tempo todo. A gigante Apple já fez fortuna vendendo computadores. Hoje, está ficando ainda mais rica negociando música através do iPod, um equipamento que toca canções baixadas legalmente. O usuário paga por isso. E o equipamento pode ser usado pelo consumidor em qualquer lugar devido ao seu tamanho portátil. Numa tradução livre, por curiosidade, iPod quer dizer "o portátil que eu sempre quis". Seu lançamento foi mais uma rápida sacada do visionário dono da Apple, Steve Jobs. Dezenas de milhões de unidades já circulam pelo mundo afora, destinadas a satisfazer um consumidor cada vez mais exigente e louco por novidades. Em um simples aparelho, dos menores, de 20 GB, armazena-se cerca de cinco mil músicas e a cada dia temos mais e mais GB disponíveis.

O iPod é hoje sinônimo de MP3 player. O iPod mudou a própria Apple, de fabricante de computadores (era então a Apple Computer) para uma empresa de eletrônica de consumo e música digital, a Apple Inc. A iTunes é hoje a maior loja de música do mundo.

O iPod também alavancou uma mudança significativa na indústria da música. Há poucos anos, esta indústria era controlada por um punhado de grandes corporações que não prestaram a devida atenção ao surgimento do MP3. Enquanto elas estavam encasteladas defendendo seus modelos de negócio altamente lucrativos, o fenômeno do MP3, aliado a novos modelos de distribuição pela internet, como o Napster, se alastrou rapidamente. Quando acordaram, o MP3 e a distribuição digital de música já tinham alcançado massa crítica suficiente para alterar definitivamente a dinâmica do setor. Os esforços destas empresas em preservar seu espaço através de processos contra seus próprios clientes só fez aumentar o problema. Nenhuma indústria combate seus próprios clientes e sai ilesa.

A Apple entendeu que havia uma oportunidade excelente: entrar no negócio de música digital. O resultado foi o iPod. E como um iPod de 100 dólares armazena milhares de dólares em conteúdo, nada mais natural que entrar também no segmento de distribuição, com a iTunes Store. A iTunes Store já havia vendido, em princípios de 2013, mais de 25 bilhões de músicas[7]. Com a combinação iPod e iTunes, a Apple captura grande parte do valor da indústria fonográfica.

Esta reviravolta que transformou a indústria da música é um exemplo típico de um setor que tentou ignorar as mudanças e está sendo, de forma traumática, redesenhado.

O futuro do próprio PC, que surgiu há apenas 30 anos também está em xeque. Em agosto de 1981, a IBM anunciava o IBM PC 5150, uma máquina com 64K e um processador Intel 8088 de 8 bits que custava por volta de 3 mil dólares. A revolução do PC começava aí. Ele mudou o mundo, pois permitia que os computadores fossem instalados nas casas e não ficassem mais restritos a grandes empresas e seus Centros de Processamento de Dados (CPD).

Hoje, 30 anos depois, estamos em tempos de smartphones e tablets. E já estamos vivenciando o início da era pós-PC.

---

[7] WIKIPEDIA. iTunes Store. Disponível em: <http://en.wikipedia.org/wiki/ITunes_Store>. Acesso em: 17 dez. 2013.

Aliás, o termo "pós-PC" começou a ser disseminado em uma entrevista de Steve Jobs, da Apple, no anúncio do tablet iPad. "Pós-PC" significa que a maneira de usar os computadores mudou, do uso do teclado e mouse para o uso da tela de toque (*touch screen*) e com muito mais intuitividade. E não é um modismo, já é uma realidade e suas consequências irão revolucionar o uso dos equipamentos pessoais.

Na verdade, o conceito "pós-PC" surgiu quando um cientista do MIT (Instituto de Tecnologia de Massachusetts), David Clark, apresentou uma palestra chamada "The Post-PC Internet". O que ele dizia é que outros aparelhos, além de PCs, estariam conectados à internet. E este é o conceito mais adequado para o termo. "Pós-PC" não significa necessariamente o fim dos PCs. Eles continuarão conosco ainda por muito tempo, mas deixarão de ser o equipamento principal, e serão usados ao lado de tablets e smartphones. Para muitos, o tablet será o equipamento principal, embora, provavelmente, para alguns o laptop continuará sendo essencial, pelo menos nos próximos anos. Os próprios laptops estão evoluindo na direção de serem parecidos com os tablets como os ultraportáteis MacBook Air e Samsung Series 9. Porém o conceito "PC-centric" desaparece no modelo "pós-PC".

Mas o que vai mudar na maneira de usarmos a computação pessoal? Com o PC original (em forma de desktop) nós tínhamos que nos deslocar até ele. Com o laptop nós começamos a nos tornar móveis, pois ele vai conosco. Agora com os tablets e smartphones, esta mobilidade se acentua muito mais e inserimos nela a computação *context-aware*, em que acelerômetros, giroscópios e geolocalizadores podem disponibilizar aplicações inovadoras. Além disso, a formalidade típica do PC de se iniciar a máquina, usá-la durante algum tempo e desligá-la ao fim do trabalho, deixa de existir. Os tablets e smartphones são usados a qualquer momento e de forma muito mais casual. Posso usar meu tablet enquanto espero em pé na fila de embarque para meu voo. Já não consigo fazer isso com o laptop... E o desktop fica fixo no escritório lá em casa!

Aqui, é importante lembrar uma tecnologia que possibilita a instantaneidade de ligar e acessar o equipamento, típica dos smartphones e tablets: a memória flash. Já o PC é baseado em armazenamento de dados em seus discos rígidos e o tempo de *boot* é demorado. Os tablets e smartphones baseiam-se no modelo de Cloud Computing, armazenando seus dados em nuvens e o uso de memória flash permite que a inicialização seja instantânea.

Outra mudança é que deixamos de usar teclado e mouse e passamos a ter um contato mais direto com a máquina, através dos nossos dedos, manuseando fisicamente telas sensíveis a toque (*touchscreen*). As interações serão cada vez mais sensoriais, com o uso mais intenso de reconhecimento facial, sensores de voz e mesmo sensores de movimento como os que já vemos no Kinect[8], da Microsoft. Já temos casos de sucesso como o Siri, do iPhone 4S que faz a interação usuário/aparelho através de comandos de voz. Claro que para aqueles que precisam ou necessitam usar teclados, existem alternativas nos tablets, as capas que embutem teclados.

A própria tela do computador ganha espaço também na face humana. Por exemplo, no fabricante de óculos austríaco Michael Pachleitner Group nenhum funcionário precisa consultar o PC ou o tablet para achar um produto nos 2 mil metros quadrados do depósito da empresa. A informação está bem ali, na cara deles, textualmente! A empresa equipou o pessoal do depósito com um dispositivo que, encaixado na cabeça, exibe dados em um suporte transparente à frente de

---

[8] O Kinect é um periférico desenvolvido para o console de games Xbox 360. Ele utiliza uma nova tecnologia capaz de permitir aos jogadores interagirem com os jogos através de movimentos, sem a necessidade de terem em mãos um controle ou joystick.

um dos olhos da pessoa[9]. Por uma conexão Wi-Fi, a lente mostra ao usuário como chegar a cada um dos 1,4 milhão de itens do estoque. Segundo o diretor da empresa, quando todos os seis depósitos da companhia estiverem usando o equipamento o dia todo, a redução de erros na busca de itens será na faixa dos 60%. O aparelho, fabricado por uma empresa austríaca, Knapp, dá uma pequena amostra do futuro da realidade aumentada, ao usar telas translúcidas para sobrepor imagens digitais à visão que a pessoa tem de seu entorno físico. Pesquisadores imaginam um cenário onde o indivíduo poderá usar uma espécie de óculos com câmera embutida e aplicativos capazes de reconhecer objetos e fisionomias, com uma tecnologia chamada de *computer vision* e obter informações sobre estes objetos na internet. Um exemplo: um turista em visita a outro país poderia usar um aparelho desses para executar um aplicativo de tradução que sobreponha o texto original de anúncios, placas de rua e fachadas do comércio.

A ideia por trás do adeus ao mouse e ao teclado é a possibilidade real que podemos controlar computadores com gestos e a distância. Estas novas interfaces não só facilitarão a execução de muitas tarefas, mas também ajudarão a criar *softwares* para tarefas mais complicadas como provar roupas, treinar atletas e conferir imagens médicas durante cirurgias sem tocar em nada. As tecnologias baseadas em gestos e ativação através da voz permitirão a criação de aparelhos e aplicativos inovadores como robôs que reconhecem e interagem com seres humanos, com base em seus movimentos ou programas de preparo físico capazes de dizer se alguém está executando corretamente ou não determinado exercício.

---

[9] PORTAL LOGÍSTICO. Google glass, realidade aumentada e o armazém. Disponível em: <http://portallogistico.com.br/artigo/google-glass-realidade-aumentada/>. Acesso em: 17 dez. 2013.

Estas mudanças ocorrem de forma rápida. No quarto trimestre de 2011, o número de vendas de tablets pela Apple foi maior que o número de vendas de PCs pela HP, antes a maior fabricante de PCs do mundo. Considerando o tablet como um substituto do PC, e como a Apple também fabrica seus próprios PCs como o iMac e o MacBook, essa empresa passou a assumir tal posto. O predomínio da Apple no espaço dos tablets representa um duro golpe para o ego dos tradicionais fabricantes de PCs. Na verdade, a ideia da computação em tablets circula há décadas. A Microsoft lançou um equipamento em 2000, sem sucesso. Por que a Apple teve sucesso agora? Parte do problema enfrentado por todos os fabricantes de PCs e celulares, à exceção da Apple, é sua própria bagagem histórica. Os fabricantes de celulares, como a Samsung, nunca foram especialistas em computação. Quanto às empresas de PCs, nos anos 1980 e 1990, quando a Microsoft e a Intel dominavam com sua dupla Wintel (Windows + Intel), os fabricantes tinham poucas alternativas e não se concentravam em reduzir os custos para obter lucros depois de pagar pelos chips Pentium da Intel e pelas licenças do Windows da Microsoft. O foco era levar o equipamento ao menor custo possível para o maior número de pessoas. Não havia tempo para melhorar a experiência do usuário no uso de seu equipamento. A Apple, ao contrário, pensou em fazer algo diferente. Ela havia começado a projetar um tablet nove anos antes de seu lançamento, mas concentrou-se primeiro em fazer o iPhone, seu smartphone. Quando lançou o seu tablet iPad, pôde aproveitar o mesmo *software* operacional, chamado iOS, e a infraestrutura da loja AppStore usados no iPhone. Combinado a baterias com maior tempo de carga e a uma melhor qualidade das telas, era ao mesmo tempo familiar e radicalmente novo para os consumidores.

Hoje, já existem diversos potenciais concorrentes para o tablet iPad. A Amazon tem tido sucesso com seu próprio tablet, o Kindle Fire. Ele é vendido a 200 dólares nos EUA, metade do preço de um iPad mais simples. Mas trata-se menos de um concorrente do iPad do que de um veículo para a Amazon vender seus serviços. Para os tradicionais fabricantes de PCs, a era do tablet poderá ser catastrófica. Em anos recentes, os fabricantes de PCs passaram a depender fortemente dos consumidores empresariais e dos países emergentes para impedir uma redução de sua participação no mercado. Nos países desenvolvidos, as empresas têm optado por substituir os PCs por tablets, e em países emergentes, os tablets, com a redução de preços, têm começado a obter partipações mais significativas no mercado.

Se olharmos para a frente, veremos que os smartphones que chegarão ao mercado futuramente estão sendo planejados hoje. Alguns modelos já à venda nos mostram os caminhos que serão trilhados, como a incorporação de leitores biométricos, câmeras estereoscópicas para gravação de vídeos em 3D, carregamento de energia sem fio e telas capazes de reproduzir imagens tridimensionais sem a necessidade de usarmos os incômodos óculos especiais. As atuais limitações das baterias podem ser minimizadas com a possibilidade de transmissão de energia sem fio a metros de distância de uma tomada e por telas capazes de reaproveitar a energia da própria luz que emitem.

Já era aguardada a reprodução em 3D nos smartphones, após o sucesso em cinemas e TVs. O usuário não precisa utilizar os óculos ao usar o smartphone, pois foi adotado um princípio chamado de autoestereoscopia, que funciona da seguinte forma: a tela emite duas imagens paralelas, quase idênticas, e o próprio cérebro se encarrega de juntá-las, criando então a noção de profundidade. Claro que ainda estamos no início da tecnologia e algumas pessoas reclamam de desconfortos como dor de cabeça, além das imagens não serem ainda muito nítidas. Mas é questão de tempo para as inconveniências desaparecerem. Provavelmente, em breve, as diferenças entre PCs, TVs, smartphones e tablets serão apenas o tamanho da tela, uma vez que todos usarão as mesmas interfaces.

Quanto à transmissão de energia sem fio, existem diferentes técnicas que começam a ser testadas. As mais apropriadas parecem ser a recarga por indução e a por ondas de rádio. A primeira requer o uso de uma fina superfície condutora que precisa estar conectada à tomada. Os smartphones, por sua vez, são revestidos por uma capa especial, dotada de pontos de contato. Repousando o smartphone de costas para a superfície condutora é criada uma corrente elétrica e gerado um pequeno campo eletromagnético, captado pelos pontos de contato, o que proporciona a recarga. O processo leva mais ou menos o mesmo tempo da recarga tradicional de hoje, via fio. A vantagem é poder recarregar mais de um aparelho ao mesmo tempo sobre a superfície e não ter que conectar e desconectar recarregadores.

Na transmissão de energia por ondas de rádio, um transmissor é instalado em uma tomada e pequenos receptores precisam estar dentro dos aparelhos a serem recarregados, sintonizados, é claro, na mesma frequência. Hoje, esta técnica limita a recarga de smartphones a distâncias de poucos centímetros, mas espera-se que no futuro esta distância aumente para alguns metros. Assim, poderíamos criar zonas de recarga em restaurantes e locais públicos, similares ao *hotspot*[10] de redes Wi-Fi.

Imagine a potência de um aparelho se juntássemos diversas destas tecnologias. Um aplicativo que mesclasse reconhecimento facial com imagens 3D acabaria com fraudes por uso de fotos impressas. Pagamentos móveis via tecnologia

---

[10] *Hotspot* é o nome dado ao local onde a tecnologia Wi-Fi está disponível.

como NFC (*Near Field Communication*)[11], acoplados a leitores digitais, forneceria muito mais segurança às transações de pagamento via celular. Muitos smartphones que estão à venda atualmente contém chips NFC embutidos, que enviam dados encriptados a uma distância curta para um leitor localizado, por exemplo, próximo a uma caixa registradora de uma loja ou a uma catraca de acesso ao metrô. Desta forma, usuários que têm suas informações de cartão de crédito armazenadas em seus smartphones com NFC podem pagar as compras ao agitar os smartphones perto do leitor ou tocá-los, em vez de usar o próprio cartão de crédito.

A cada dia, nossa vida torna-se mais e mais informatizada. Dificilmente encontramos alguma atividade que não inclua computação. E as barreiras que separam nossa vida pessoal da profissional estão sendo derrubadas. Com um tablet ou smartphone podemos estar conectados permanente e a todo instante com nosso círculo de amizades ou contatos profissionais, seja via e-mail ou redes sociais. O que não era possível com os desktops e se tornou incômodo com os laptops.

Por exemplo, algumas companhias aéreas já alugam tablets repletos de filmes, músicas, jogos e programas de TV para seus passageiros, o que é muito vantajoso. O passageiro tem acesso a entretenimento e o voo torna-se mais agradável. Para as empresas, a eliminação dos equipamentos e da fiação necessários para os sistemas de entretenimento tradicionais, instalados nas traseiras das poltronas das aeronaves, permite uma economia de milhões de dólares, pois reduz o peso, o que se traduz diretamente em menor consumo de combustível.

O que podemos concluir? O fenômeno que chamamos de "pós-PC" é causa e também consequência das mudanças

---

[11] A *Near Field Communication* (Comunicação de Campo Próximo, em tradução livre), ou NFC, permite transações simplificadas, troca de dados e conexões sem fio entre dois dispositivos próximos um ao outro, geralmente a alguns centímetros de distância.

tecnológicas e sociais que estão transformando a maneira como interagimos com os computadores. Cada vez mais a computação torna-se ubíqua. Torna-se parte integrante de nossa vida social e profissional. A era "pós-PC" significa, na prática, sair do contexto onde o computador era visto como equipamento, para um cenário onde computação passa a ser uma simples e corriqueira atividade social.

Além das implicações no nosso comportamento social e nas organizações, a era "pós-PC" também vai afetar a indústria de TI. Empresas construídas em torno de produtos terão um enorme desafio pela frente. O Windows, que reina absoluto no mundo do PC, não tem papel relevante nos cenários dos tablets e smartphones. O crescimento das vendas de tablets e smartphones, não só para uso pessoal, mas também como ferramenta corporativa, canibaliza as vendas dos desktops e laptops, e com isso diminui as vendas do Windows.

Além disso, o modelo de vendas de *software* para tablets e smartphones também está provocando uma mudança significativa na forma de distribuição e definição de preços para o *software*. O modelo de vendas de aplicativos criado pela Apple, o AppStore, posteriormente copiado pelo Google (Android Market e agora Google Play) e pelos demais agentes do setor permitiu o acesso rápido aos usuários de tablets e smartphones a programas que são grátis ou custam, nos EUA, menos de cinco dólares. Este modelo enfraquece o formato tradicional de vendas de *software* para PCs, apoiado por lojas que vendiam programas que custam, muitas vezes, até mais de 100 dólares.

Enfim, já é muito tarde para ressuscitar o modelo centrado no PC criado em torno do Windows que, embora ainda vivo, tende a morrer lentamente, pois o crescente uso dos tablets e smartphones para nossas atividades pessoais e profissionais é irreversível. O mercado simplesmente mudou.

A computação está se tornando cada vez mais invisível. Nos filmes, por exemplo, os recursos visuais gerados por computador estão ficando tão sofisticados que tornam difícil distinguir a computação gráfica da realidade. Em 1995, estreou o primeiro filme integralmente feito em computador, *Toy Story*, produção que exigiu mais de 800 mil horas/máquina para obtenção dos efeitos digitais. As inovações tecnológicas tornaram-se tão importantes para Hollywood que ganharam até uma premiação específica no Oscar. E a tendência é este processo continuar acelerado, até mesmo pelo incrível barateamento das tecnologias. Efeitos especiais que há uma década custavam milhões de dólares, hoje, podem ser feitos com 10 ou 15 mil dólares.

Moral da história: mudanças acontecem, queiramos ou não. Portanto é melhor estarmos na linha de frente, liderando o processo. É um novo mundo, onde um adágio que circula na internet descreve muito bem: "Se você não está pagando por um serviço na internet, então você é o produto".

O meio que permeia todas estas mudanças é a internet. Embora consigamos perceber seus impactos no nosso dia a dia, nem sempre torna-se óbvio seu impacto econômico na sociedade. Uma pesquisa[12] da McKinsey Global Institute mostrou que a internet corresponde a 3,4% do PIB dos 13 países pesquisados, entre eles o Brasil. Se a internet fosse por si um setor da economia, seu PIB seria, atualmente, maior que o PIB de setores como energia e agricultura. Seria também uma economia maior do que a do Canadá, 14º do mundo em 2011. Isso é apenas o começo, pois a internet é jovem. O primeiro site *www* apareceu em 1991, ou seja, há pouco mais de duas décadas. Sua importância econômica já é grande e tende a crescer, de forma que hoje é possível correlacionar a

---

[12] MCKINSEY & COMPANY. Sizing the Internet economy. Disponível em: < http://www.mckinsey.com/features/sizing_the_internet_economy>. Acesso em: 17 dez. 2013.

maturidade e disseminação do seu uso com o padrão de vida proporcionado por certa economia. Logo, a internet é uma força catalisadora para a criação de empregos. Claro que em todo processo de mudança empregos são destruídos, mas outros são criados. O mesmo instituto fez um estudo na França e apontou que, enquanto em 15 anos 500 mil empregos eram destruídos pela internet, 1,2 milhão foram criados. Ou seja, adicionou-se 700 mil novas posições de trabalho. O resultado obtido por uma outra pesquisa da McKinsey, "Internet matters: the Net's sweeping impact on growth, jobs and prosperity[13]", efetuada mundialmente com empresas de pequeno a médio porte, mostrou que, para cada emprego destruído pela internet, outros 2,6 são gerados. Além disso, trouxe a informação de que essa ferramenta impulsiona decisivamente a modernização da sociedade e das economias.

E para encerrar esta parte inicial, nada melhor que uma adaptação livre de uma frase fantástica atribuída ao poeta Mario Quintana: "A internet não muda o mundo, quem muda o mundo são as pessoas. A internet só muda as pessoas[14]".

As Leis de Moore, Metcalfe e Maxwell e a evolução da tecnologia

O ano era 1965. E foi Gordon Moore quem começou a mergulhar fundo no mercado da eletrônica, quando os computadores, os tablets, os smartphones, o Google, o Facebook e tantas outras ferramentas ainda não estavam sequer na cabeça

---

[13] MCKINSEY & COMPANY. Internet matters: The Net's sweeping impact on growth, jobs, and prosperity. Disponível em: <http://www.mckinsey.com/insights/high_tech_telecoms_internet/internet_matters>. Acesso em: 17 dez. 2013.

[14] Há controvérsias sobre a autoria da frase: "Livros não mudam o mundo, quem muda o mundo são as pessoas. Os livros só mudam as pessoas." Alguns a atribuem ao poeta Mario Quintana, outros ao político romano Caio Graco.

de seus criadores. Alguns deles nem eram nascidos. Gordon sacou que a eletrônica dos semicondutores obedecia a um processo evolutivo bem definido. Em um artigo publicado na revista *Electronics*, em abril de 1965[15], ele observou que o número de transistores em um circuito integrado, mantendo o custo mínimo necessário para produzi-los, parecia estar dobrando a cada 24 meses. Tempos depois, o estudo de Gordon Moore ficou conhecido como a "Lei de Moore", que trata, basicamente, do aumento da densidade dos dispositivos dos semicondutores nos chips. Naquele tempo, a eletrônica dos semicondutores, base dos computadores, tinha um limite para a densidade de componentes que poderiam ser integrados numa pastilha de silício. Para piorar, nos anos 1960, os chips continham apenas algumas dezenas de componentes. E os computadores das empresas eram ainda extremamente limitados pela falta de tecnologia.

Quando olhamos o conceito, os números não nos chamam a atenção. Mas uma analogia com uma história de Malba Tahan[16] pode nos ajudar a entender este fenômeno.

"Em um reino muito distante havia um rei que estava muito triste. Sua vida era monótona. Um dia, afinal, o rei foi informado de que um moço brâmane solicitava uma audiência que vinha pleiteando havia já algum tempo. Como estivesse, no momento, com boa disposição de ânimo, mandou o rei que trouxessem o desconhecido à sua presença. E o jovem começou a falar:

– Meu nome é Lahur Sessa e venho da aldeia de Namir, que trinta dias de marcha separam desta bela cidade. Ao re-

---

[15] COMPUTER HISTORY MUSEUM. 1965 – "Moore's Law" predicts the future of integrated circuits. Disponível em: <http://www.computerhistory.org/semiconductor/timeline/1965-Moore.html>. Acesso em: 17/12/2013.

[16] ALÉM DO CADERNO. Lenda do jogo de xadrez – Malba Tahan. Disponível em: <http://alemdocaderno.blogspot.com.br/2009/03/lenda-do-jogo-de-xadrez-malba-tahan.html>. Acesso em: 21 jan. 2014. Texto baseado na obra original: Tahan, Malba. *O homem que calculava*. 55. ed. Rio de Janeiro: Record, 2001.

canto em que eu vivia chegou a notícia de que o nosso bondoso rei arrastava os dias em meio de profunda tristeza, amargurado pela ausência de um filho que a guerra viera roubar-lhe. Grande mal será para o país, se o nosso dedicado soberano se enclausurar, como um brâmane cego dentro de sua própria dor. Deliberei, pois, inventar um jogo que lhe desse alegria novamente. E é isto que me traz aqui.

Como todos os soberanos, este também era muito curioso, e não aguentou para saber o que o jovem sábio lhe trouxera. O que Sessa trazia ao rei consistia num grande tabuleiro quadrado, dividido em sessenta e quatro quadradinhos, ou casas, iguais. Sobre esse tabuleiro colocavam-se, não arbitrariamente, duas coleções de peças que se distinguiam, uma da outra, pelas cores branca e preta, repetindo, porém, simetricamente, os engenhosos formatos e subordinados a curiosas regras que lhes permitiam movimentar-se por vários modos. Sessa explicou pacientemente ao rei, aos monarcas vizires e cortesãos que rodeavam, em que consistia o jogo, ensinando-lhes as regras essenciais. Depois, o rei dirigindo-se ao jovem brâmane, disse-lhe:

– Quero recompensar-te, meu amigo, por este maravilhoso presente, que de tanto me serviu para o alívio de velhas angústias. Diz-me o que queres, qualquer das maiores riquezas, que te será dado.

– Rei poderoso, não desejo nada. Apenas a gratidão de ter-te feito algum bem que basta.

– Causa-me assombro tanto desdém e desamor aos bens materiais. Por favor, diga-me o que pode ser-te dado. Ficarei magoado se não aceitar.

– Então, ao invés de ouro, prata, palácios, desejo grãos de trigo. Dar-me-ás um grão de trigo pela primeira casa, dois pela segunda, quatro pela terceira, oito pela quarta, dezesseis pela quinta, e assim sucessivamente, até a sexagésima quarta e última casa do tabuleiro.

Todo mundo ficou espantado com o pedido. Tão pouco!

Insensato, chamou-lhe o rei, donde já se viu tanto desamor pelos bens materiais?

Chamou então, o rei, os algebristas mais hábeis da corte, e ordenou-lhes que calculassem o valor. Após muito tempo, voltaram:

– Rei magnânimo! Calculamos o número de grãos de trigo que constituirá o pagamento e obtivemos um número cuja grandeza é inconcebível para a imaginação humana.

Lahur Sessa abriu mão de seu pedido, mas mostrou ao rei uma nova maneira de pensar. Ganhou com isso um manto de honra e ainda 100 sequins de ouro.

A explicação é simples:

É uma progressão geométrica e a soma dos 64 primeiros termos dessa progressão é obtida por meio de uma fórmula muito simples, estudada em matemática elementar.

Aplicada a fórmula, obtemos para o valor da soma sendo igual a $2^{64} - 1$. Para obter o resultado final devemos elevar o número 2 à 64ª potência, isto é, multiplicar $2 \times 2 \times 2 \times 2 \times 2 \times 2 \times 2 \times 2 \times 2 \times 2$.... 64 vezes e diminuir uma unidade.

Chegamos ao seguinte resultado: 18.446.744.073. 709.551.615. Esse número gigantesco, de vinte algarismos, exprime o total de grãos de trigo que impensadamente o lendário Rei prometeu, em má hora, ao não menos lendário Sessa, inventor do jogo de xadrez."

Quando Moore expôs suas ideias, não houve muita animação. Na época, o poder computacional era pequeno e dobrá-lo não valeria o esforço. No início, leva tempo para sentirmos seus efeitos. Passar de um chip de 5 megahertz para 500 megahertz levou 20 anos. Mas dobrar de 500 megahertz para 1 gigahertz levou apenas oito meses. E isto já foi há alguns anos. Hoje, cerca de 50 anos depois da Lei de Moore, estimando, por baixo, que estamos dobrando a cada 24 meses ou dois anos, estamos na casa dos 2^{25} ou 33.554.432. Daqui a dois anos será 2^{26} ou 67.108.864. Este aumento é significativo. E daqui a oito anos?

Hoje, um simples smartphone tem mais capacidade computacional que toda a NASA dispunha em 1969 quando enviou os primeiros astronautas à Lua. *Video games* que consomem uma enorme quantidade de computação para simular situações em 3D são mais poderosos que os supercomputadores da década passada.

Esta progressão geométrica muitas vezes escapa à nossa compreensão. Geralmente tendemos a pensar linearmente. Se olharmos para trás e consultarmos a revista americana *Popular Mechanics*, de 1949, veremos que ela previa que os computadores cresceriam linearmente no futuro, talvez triplicando com o tempo. A revista escreveu: "Enquanto uma calculadora como a ENIAC hoje está equipada com 18 mil válvulas eletrônicas e pesa 30 toneladas, os computadores no futuro talvez tenham apenas 100 válvulas eletrônicas e pesem apenas uma tonelada e meia[17]".

A evolução geométrica da capacidade computacional, aliada à desmaterialização da tecnologia (miniaturização), tem levado a disrupções significativas no uso dos computadores e com enormes implicações para os negócios, as pessoas e a sociedade.

Em 1950, os computadores pesavam 30 toneladas e apenas as Forças Armadas norte-americanas e de outros poucos países tinham dinheiro para comprá-los. Em 1960, os transitores substituíram os computadores, a válvula e as grandes empresas começaram a utilizá-los. Em 1970, as placas de circuitos integrados, contendo centenas de transistores, permitiram a criação

---

[17] POPULAR MECHANICS. Inside the future: how PopMech predicted the next 110 years. Disponível em: <http://www.popularmechanics.com/technology/engineering/news/inside-the--future-how-popmech-predicted-the-next-110-years-14831802>. Acesso em: 17 dez. 2013.

do microcomputador. Podíamos ter um computador em casa, embora ainda do tamanho de uma escrivaninha. Em 1980, chips com dezenas de milhões de transistores permitiram criar um computador que cabia em uma maleta. Hoje, temos smartphones com capacidade de grandes computadores de duas décadas passadas em nossos bolsos, facilitando nossas vidas.

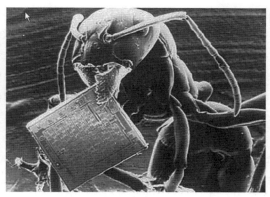

A "desmaterialização" da tecnologia. O transistor visível (à esquerda), logo após sua invenção, e invisível a olho nu (à direita), já que um bilhão deles está no chip carregado pela formiga

Mas os conceitos embutidos na Lei de Moore também podem ser utilizados na capacidade de transmissão de dados, com o crescimento contínuo da largura de banda, ou seja, a quantidade de informação que consegue viajar em um dado canal em um determinado tempo. Na prática vemos que a capacidade da banda aumenta a uma taxa ainda maior do que a da capacidade computacional.

Adicionalmente, a capacidade de armazenamento está duplicando, a cada 12 meses, mais rapidamente que o aumento da capacidade computacional e no poder de processamento. O primeiro disco magnético foi criado pela IBM em 1956, chamava-se RAMAC e armazenava cinco megabytes ou cinco milhões de bytes. Seu tamanho era similar a duas geladeiras modernas e seu peso total era de uma tonelada. Seu preço de aluguel, hoje, seria o equivalente a 250 mil dólares. E armazenaria apenas uma única música no formato MP3.

Na verdade, a capacidade da humanidade de armazenar informação já foi medida por cientistas. O estudo, publicado na revista *Science*[18], calcula que, até 2007, a quantidade de dados armazenados mundialmente foi de 295 exabytes. Isso equivale a cerca de 1,2 bilhão de discos rígidos da época.

Os cientistas chegaram ao número ao calcular a quantidade de dados guardados em 60 tecnologias analógicas e digitais entre 1986 e 2007. Os pesquisadores consideraram tudo, desde discos rígidos de computador até disquetes e microchips de cartões de crédito.

O estudo mostrou que, em 2000, 75% da informação era guardada em formatos analógicos, como o vídeo cassete. Já em 2007, 94% dos dados eram digitais. A pesquisa aponta a chegada da era digital em 2002, primeiro ano em que a capacidade de armazenamento digital ultrapassou a analógica. Um dos pesquisadores disse: "Se fôssemos pegar todas essas informações e armazená-las em livros, poderíamos cobrir toda a área dos EUA ou da China em três camadas. Se a mesma informação fosse armazenada digitalmente em CDs, a pilha de discos criada poderia chegar à Lua".

Os resultados do estudo também mostraram que a humanidade transmite diariamente cerca de dois zettabytes de dados (1 zettabyte equivale a 1 mil exabytes)[19]. Isso equivale a 175 jornais por pessoa, por dia.

---

[18] REVISTA SCIENCE. The world's technological capacity to store, communicate, and compute information. Disponível em: <http://www.sciencemag.org/content/332/6025/60.abstract>. Acesso em: 17 dez. 2013.

[19] O armazenamento de computador tem sido sucessivamente medido em kilobytes, depois megabytes e, agora, gigabytes. Depois vêm terabytes, petabytes e exabytes. Um exabyte equivale a 1 bilhão de gigabytes.

Estes números fantásticos, que avançam verticalmente, estão impactando a sociedade.

A tecnologia virou algo tão indispensável para a vida da sociedade que durante as 24 horas do dia há um "exército" pelo mundo afora de técnicos, engenheiros e cientistas tentando avançar cada vez mais nesta área. É a lei da sobrevivência num mercado que, muitas vezes, se mostra assustador. Hoje, um jovem compra um smartphone sofisticado como um iPhone ou Android e pouco tempo depois leva um susto ao perceber que a sua "máquina maravilhosa", que tanto sucesso fez entre os amigos, já está ultrapassada.

Também por isso, empresas como a IBM, por exemplo, investem cerca de 6 bilhões de dólares ao ano em pesquisas no mundo. É uma belíssima fortuna. Parece coisa de louco, mas, ao contrário, não é. Trata-se de uma empresa que sabe que o mercado é implacável, que tem concorrentes que parecem não dormir nunca e clientes que querem cada vez mais novidades com melhorias na qualidade. Então, diante de tantos desafios, só há um caminho: investir, treinar pessoal e estar atento a todos os lances do mercado. E, claro, como a derrota faz parte da vida de todos nós, inclusive das empresas, é preciso também estar preparado para quando ela chegar. Nestas horas, é bom lembrar do ex-presidente americano, Abraham Lincoln: "Por mais que você encontre dificuldades pelo caminho, não desista...". Ele foi seguidamente derrotado, lembra-se? Até que um dia tornou-se o morador mais ilustre da Casa Branca.

Na economia, antigamente, o valor de um produto era determinado pela sua raridade ou dificuldade de conquista. Isso não acabou, claro. Mas, atualmente, há correntes que dizem que o valor de um produto é calculado de acordo com o interesse dele no mercado. Esta é a chamada Lei de Metcalfe, uma homenagem ao seu criador, Bob Metcalfe[20].

Imagine que só existisse um único aparelho de telefone fixo no Brasil. E que não teríamos, ainda, nem os conhecidos "orelhões" e muito menos o celular. O dono daquele telefone teria um aparelho que despertaria apenas curiosidade, já que não haveria nenhuma utilidade. Ele não poderia ligar para ninguém, assim como também seria incapaz de receber uma chamada.

Quanto mais gente entra numa rede, mais interessante se torna para todos, não só em relação aos benefícios que isso vai trazer (custos menores, lucros maiores), como em relação à velocidade na transmissão de informações. O Facebook já agrega mais de 1,2 bilhões de usuários, mais do que o triplo de toda a população brasileira.

Aproveitando os conceitos da Lei de Metcalfe, muitas empresas passaram a distribuir, gratuitamente, seus equipamentos aos futuros usuários. A Netscape fez isso em 1995. Distribuiu, em pontos estratégicos, muitas unidades do Navigator, um *software* de navegação. A notícia se espalhou e imediatamente o produto conquistou, naquela época, 80% do mercado de *browsers*. Logo, a novidade explodiu também no preço das ações da empresa: elas passaram de 14 dólares para 150 dólares. Assim, o valor da companhia alcançou as alturas – 3 bilhões de dólares. Mais uma vez, o olhar atento ao mercado, novas ideias e novas estratégias de marketing geraram sucesso empresarial e fortuna. Surgiu o conceito de *freemium*, divulgado pelo livro *Free: The Future of a Radical Price*, de Chris Anderson. Este conceito tem como principal finalidade oferecer às pessoas a possibilidade de usarem uma parte do produto ou serviço de graça e, caso queiram obter mais vantagens e funcionalidades, poderem adquirir uma versão *premium* mediante o pagamento

---

[20] WIKIPEDIA. Lei de Metcalfe. Disponível em: <http://pt.wikipedia.org/wiki/Lei_de_Metcalfe>. Acesso em: 17 dez. 2013.

de um determinado valor. Aliás, há algum tempo, li uma entrevista[21] com Marcelo Tas, do programa de TV CQC, sobre o mundo digital e de lá tirei uma frase emblemática. O entrevistado diz: "Tem uma maneira muito fácil de você identificar a idade de uma pessoa: é contar quantas vezes ela fala a palavra computador. A molecada não fala computador, porque para elas computador é igual à eletricidade, igual à escova de dentes, à caneta Bic. Não é algo que chame a atenção dela, porque faz parte do cotidiano".

O mundo digital é natural para a última geração que surgiu, que já nasceu com a internet no ar. É um mundo onde trocamos 20 petabytes de informação por dia, o que equivale a cada habitante do planeta fazer um download de 3MB a cada 24 horas.

Como entender e desenhar novos modelos de negócio? Como saber se os modelos atuais terão sobrevida? Vejamos as redes sociais e como elas estão mudando hábitos e maneiras das empresas de se relacionarem com as pessoas.

Anderson argumenta, no livro *Free: the future of a radical price*, citado anteriormente, que, em muitas situações, as empresas podem lucrar mais dando as coisas de graça do que cobrando por elas. Ele mostra, entre outros exemplos, que os custos associados à crescente economia on-line se aproximam de zero a uma velocidade muito rápida. O transistor é emblemático: em 1961, um único transistor custava 10 dólares e hoje um processador com dois bilhões deles é vendido por 300 dólares, o que significa que cada transistor custa 0,000015 dólares. Ou seja, barato demais para precificar.

Na prática, já existia uma economia baseada no modelo *freemium*, antes mesmo que existisse um modelo econômico para descrevê-lo. Na verdade, existe uma economia girando

---

[21] REVISTA PONTO COM. Os tempos modernos de Marcelo Tas. Disponível em: < http:// www.revistapontocom.org.br/edicoes-anteriores-entrevistas/os-tempos-modernos-de-marce-lo-tas>. Acesso em: 17 dez. 2013.

em torno do preço zero e mal chegamos a notá-la. Muitos de nós não parou para pensar no modelo econômico que está por trás das ofertas grátis do Google. Também temos que entender melhor o modelo *Open Source*, que já é uma indústria de dezenas de bilhões de dólares e está montada em cima de *softwares* que podem ser baixados gratuitamente. O termo "código aberto", ou *open source*, foi criado pela OSI (*Open Source Initiative*) e é conhecido como *software* livre. Um programa, para ser considerado como de código aberto, deve garantir, entre outros aspectos:

a) Distribuição livre: a licença não deve restringir de nenhuma maneira a venda ou distribuição do programa gratuito, seja como componente de outro programa ou não;

b) Código-fonte: o programa deve incluir seu código-fonte e deve permitir a sua distribuição também na forma compilada. Se o programa não for distribuído com seu código-fonte, deve haver algum meio de se obter o mesmo, seja via rede ou com custo apenas de reprodução. O código deve ser legível e inteligível para qualquer programador;

c) Trabalhos derivados: a licença deve permitir modificações e trabalhos derivados, e deve distribuí-los sobre os mesmos termos da licença original;

d) Integridade do autor do código-fonte: a licença pode restringir a distribuição do código em uma forma modificada apenas se a licença permitir acesso aos arquivos *patch* (de atualização) com o código-fonte para o propósito de modificar o programa no momento de sua construção. A licença deve explicitamente permitir a distribuição do programa construído a partir do código-fonte modificado. Contudo, a licença pode ainda requerer que programas derivados tenham um nome ou número de versão diferentes do programa original;

e) Não discriminação contra pessoas ou grupos: a licença não pode ser discriminatória contra qualquer pessoa ou grupo de pessoas;

f) Não discriminação contra áreas de atuação: a licença não deve restringir o uso do programa em um ramo específico de atuação. Por exemplo, ela não deve proibir que o programa seja usado em uma empresa ou em uma pesquisa genética;

g) Distribuição da licença: os direitos associados ao programa devem ser aplicáveis para todos aqueles que o adquiriram em forma de redistribuição, sem a necessidade da execução de uma licença adicional para estas partes;

h) Licença que não restrinja outros programas: a licença não pode colocar restrições em outros programas que são distribuídos juntos com o programa licenciado. Isto é, a licença não pode especificar que todos os programas distribuídos na mesma mídia de armazenamento sejam de código aberto;

i) Licença neutra em relação à tecnologia: nenhuma cláusula da licença pode estabelecer uma tecnologia individual, estilo ou interface a ser aplicada no programa.

Um dos melhores exemplos de *software* de código aberto é o sistema operacional Linux, que roda em servidores, desktops, em tablets e em smartphones, com uma versão chamada Android.

Muitos exemplos mostram que estamos entrando em um ciclo econômico onde a colaboração, muitas vezes espontânea, torna-se lugar comum. Um matemático da Universidade de Cambridge, chamado Tim Gowers, decidiu, nos idos de 2009, usar seu blog para fazer um experimento social inusitado. Escolheu um difícil e complexo problema matemático e usou seu blog para debater as ideias de como resolvê-lo. E convidou outros cientistas para o ajudar. Algum tempo depois, um matemático húngaro-canadense publicou um comentário na página, seguido por um professor norte-americano de matemática do ensino médio e outros estudiosos. Em apenas seis semanas o problema foi solucionado. O que foi claramente demonstrado? As redes sociais e a internet são ferramentas cognitivas que amplificam nossa inteligência coletiva. A colaboração em rede tem o potencial de acelerar de forma exponencial o número de descobertas e inovações da ciência. Assim, existe a grande probabilidade de assistirmos, nas próximas décadas, a uma revolução na forma de se fazer pesquisas científicas tão significativa quanto a ocorrida nos últimos três séculos.

Como migrantes analógicos, muitas vezes não entendemos os novos paradigmas que a economia digital nos apresenta. Mas ao invés de lutar contra (e não repetir o erro dos executivos da indústria fonográfica, que lutaram e ainda lutam contra a internet), porque não abrir a mente e analisar o que pode ser a "Economia do grátis"? Na prática, se for ou puder ser digital, mais cedo ou mais tarde será grátis!

Novos negócios surgem onde antes eram impensáveis. Um exemplo é o Zynga, que extrai lucros reais de produtos virtuais. Como ele consegue vender coisas que não existem? O Zynga está transformando a indústria de jogos e esta transformação pode ser sinalizada pela migração de jogadores dos consoles tradicionais para o mundo dos smartphones, tablets e redes sociais. No início de 2012, pudemos ver isso claramente no balanço de duas empresas. De um lado a Nintendo, detentora da licença do game mundialmente famoso "Mario", que apresentou um resultado 36% menor que no mesmo período do ano anterior. E do outro, o Zynga, que divulgou um crescimento de 32% no período.

O Zynga oferece jogos grátis através de redes sociais como o Facebook e, por entender como os usuários interagem com os jogos, criam produtos virtuais e os vendem. O centro do processo é a capacidade do Zynga em analisar a imensa quantidade de dados sobre como os usuários estão reagindo aos jogos. Na prática, podemos encarar o Zynga como uma companhia de análise de dados fantasiada de empresa de games. Mais de 95% dos usuários do Zynga não gastam um centavo com os jogos, mas a audiência de mais de 150 milhões de usuários por mês é tão grande que, mesmo sendo uma pequena parcela que compra "galinhas imaginárias" ou "peixes translúcidos", gera um grande lucro para a companhia.

Empresas do modelo tradicional de games, baseado no uso de PCs e consoles, também estão se lançando neste novo modelo, como a Electronic Arts que lançou no Facebook uma versão gratuita do seu jogo líder em vendas, o "The Sims". É um sinal claro que o cenário da indústria de games está se transformando.

A essência do Zynga é a análise de dados, e o Facebook é seu principal aliado, pois para jogar é necessário chamar outros amigos. Por exemplo, para completar a construção de uma prefeitura no "Farmville", as pessoas precisam chamar amigos para preencher cargos administrativos nela. Assim, o Facebook é a base que permite que o Zynga colete imensa quantidade de dados sobre seus usuários e os analise de forma surpreendente.

Outro negócio que surgiu com a internet são os buscadores, como o Google. Recentes estudos feitos pela McKinsey[22] demonstraram que as operações de busca proporcionam uma economia anual de mais de 17 bilhões de dólares, considerando apenas um país como o Brasil. Neste valor inclui-se a redução de tempo despendida pelos funcionários para obterem informações para efetuarem seus trabalhos e de empresas que obtêm informações na internet com repercussões diretas em seus lucros. O valor equivale a 0,5% do PIB e é distribuído

---

[22] MCKINSEY & COMPANY. Internet matters: The net's sweeping impact on growth, jobs, and prosperity. Disponível em: <http://www.mckinsey.com/insights/high_tech_telecoms_internet/internet_matters>. Acesso em: 17 dez. 2013.

entre consumidores e empresas. Ao todo, cada um dos 70 milhões de internautas brasileiros economizam entre dois a cinco dólares por mês ao utilizar os buscadores. Em termos globais, o valor é muito maior. Estima-se que a economia usando os buscadores chegue a mais de 780 bilhões de dólares. No mundo todo são feitas mais de um trilhão de buscas por ano e mais de 1,7 bilhão de pessoas utilizam este serviço.

A McKinsey identificou nove fatores econômicos como resultado das buscas, que são: maior transparência nos preços, maior aproveitamento das informações, identificação de melhores oportunidades comerciais, economia de tempo, facilidade para solucionar problemas, permitir novos modelos de negócio, fornecer mais acesso ao entretenimento, melhorar a comparação de informações e ajudar a identificar o que realmente as pessoas querem. Segundo a McKinsey, para cada decisão de compra, com o mesmo tempo gasto com duas procuras no mundo físico, entrando e saindo de lojas, o consumidor consegue realizar dez buscas on-line. Adicionalmente, existe um ganho de tempo ao não ter que se deslocar para uma loja física para adquirir o produto. No meio acadêmico, buscas que em livros levam 22 minutos podem ser feitas em apenas sete minutos usando-se um buscador. A pesquisa mostrou também que pequenas empresas, que antes não teriam verba suficiente para atingir os clientes, foram amplamente beneficiadas pelos links patrocinados. Estes são pequenos anúncios que, ao serem clicados, levam o internauta ao site do anunciante. Uma análise efetuada, nesses mesmos estudos da Mckinsey, com empresas francesas de pequeno a médio porte mostrou que aquelas que anunciaram na internet tiveram duas vezes mais vendas que as que não o fizeram. O estudo também mostrou que, além dos fatores monetários, a busca ajuda de outras maneiras, como encontrar informações em situações de emergência, achar grupos com interesses similares e dar mais poder para as pessoas, pequenas empresas e organizações. Em breve, os buscadores pesquisarão em vídeos e fotos, e as interfaces serão por voz e não apenas por teclados. A sua relevância irá aumentar cada vez mais.

Outra tecnologia influenciada diretamente pelos buscadores é a comparação de preços pela internet. Segundo um estudo de 2012 da Fipe (Fundação Instituto de Pesquisas Econômicas)[23] em parceria com o site Buscapé, os instrumentos de comparação de preços pela internet proporcionaram uma economia de 5,9 bilhões de reais aos consumidores. O estudo considera ganhos obtidos tanto com comércio eletrônico quanto nas compras finalizadas em lojas físicas, em que os consumidores fizeram uma pesquisa anterior via internet. Na prática, as lojas físicas começaram a ser pressionadas a praticar preços mais compatíveis aos do comércio eletrônico.

Outros estudos que muito contribuíram para o processo tecnológico são as complexas equações de Maxwell, criadas pelo físico e matemático escocês James Clerk Maxwell. Baseando-se nos estudos de Michael Faraday, Maxwell unificou, em 1864, todos os fenômenos elétricos e magnéticos observáveis em um trabalho que estabeleceu conexões entre as várias teorias da época, resultando em uma das mais elegantes teorias já formuladas.

Maxwell demonstrou, com essa nova teoria, que todos os fenômenos elétricos e magnéticos poderiam ser descritos em apenas quatro equações, conhecidas hoje como Equações de Maxwell.

Essas são as equações básicas para o eletromagnetismo, assim como a Lei da Gravitação Universal e as três Leis de Newton são fundamentais para a Mecânica Clássica.

---

[23] LIFE NEWS. Comparação de preços na internet gera ganho anual de R$ 5,9 bi, aponta Fipe. Disponível em: <http://lifefpnews.wordpress.com/2012/06/05/comparacao-de-precos-na-internet-gera-ganho-anual-de-r-59-bi-aponta-fipe/>. Acesso em: 17 dez. 2013.

Maxwell foi o primeiro físico a encontrar, através de cálculos matemáticos, a velocidade das ondas eletromagnéticas, tudo graças às suas famosas equações. A aplicação dessa teoria possibilitou o desenvolvimento de equipamentos eletroeletrônicos, linhas de transmissão (energia conduzida ou irradiada), entre outros inúmeros desenvolvimentos tecnológicos. Temos, então, o mundo das comunicações sem fio!

Um mundo sem fios é um mundo sem fronteiras. Você pode comprar uma lata de refrigerante e pagar com seu celular. Ao combinarmos o GPS (Sistema de Posicionamento Geográfico) com o GIS (Sistema de Informação Geográfica) e uma etiqueta eletrônica RFID[24] (*Radio Frequency Identification* ou etiqueta de identificação por radiofrequência), podemos identificar cada objeto e localizá-lo a qualquer momento.

Chips RFID

A internet, com suas ferramentas, é um mundo que não para de crescer e desafiar a todos. E os números são inacredi-

---

[24] Uma etiqueta ou *tag* RFID é um pequeno objeto que pode ser colocado em uma pessoa, animal, equipamento, embalagem ou produto. Ele contém chips e antenas que lhe permite responder aos sinais de rádio enviados por uma base transmissora. Além das etiquetas passivas, que apenas respondem ao sinal enviado pela base transmissora, existem ainda as etiquetas semipassivas e as ativas, estas dotadas de bateria, o que lhes permitem enviar seus próprios sinais.

táveis. Em três minutos, ou em apenas míseros 180 segundos, 612 milhões de e-mails são enviados. E mais: 40% da população mundial (cerca de 2,8 bilhões de pessoas) navegam na internet. Só no Brasil, hoje, mais de 80 milhões usam a rede mundial de computadores. O MySpace, ferramenta de rede social, por exemplo, chegou a 350 milhões de usuários no mundo em apenas um dia. Foi a rede mais influente ou popular do mundo, mas perdeu o mercado para o Facebook. Em 2005, o MySpace valia 580 milhões de dólares, quando foi comprada pela News Corp. Em maio de 2011, foi vendida por apenas 35 milhões de dólares[25]. De novo, a luta entre as concorrentes. Vence quem é mais rápido, mais criativo, mais ousado, mais inovador.

Às vezes uma ideia simples alavanca o sucesso do lançamento de um produto ou serviço. Aqui no Brasil, há uns dez anos, um pequeno empresário usava espuma como matéria--prima para um determinado produto. Quilos de sobras ou rebarbas acabavam no lixo todos os dias ao fim do expediente. Um dia ele teve uma ideia. Reuniu os funcionários e explicou o que queria. A partir daquele momento, as sobras viraram uma espécie de tubo maciço com cerca de um metro de comprimento. Assim surgiu a boia que foi batizada de macarrão ou espaguete e que há anos está em milhares de piscinas pelo país. Não é preciso dizer que o faturamento e o lucro daquela pequena empresa subiram como um foguete, já que o custo e o preço final do produto eram e ainda são bem baratos. O produto continua fazendo sucesso no mercado. O olhar atento de um empreendedor venceu outra vez.

Não podemos esquecer que, além de agir no mundo sem fios, a internet tem o potencial de se disseminar também pela

---

[25] REUTERS. News Corp sells Myspace, ending six-year saga. Disponível em: <http://www.reuters.com/article/2011/06/29/us-newscorp-myspace-idUSTRE75S6D720110629>. Acesso em: 17 dez. 2013.

própria rede de eletricidade, que permeia o mundo. Esta tecnologia, chamada PLC (*Power Line Communications*), permite entregar serviços de internet de banda larga, incluindo os de telefonia. Tal mecanismo precisa de instalações de equipamentos especializados na estação de transformação e dentro e fora dos edifícios a serem servidos. Para o acesso chegar ao usuário, a topologia da rede será a mesma da usada para distribuição de energia elétrica, na qual cada transformador instalado nos postes de rua ou subterrâneos distribui a energia. Na entrada do prédio, por exemplo, um aparelho decodificador, semelhante a um *modem*, vai separar a corrente elétrica dos sinais de dados e distribuí-los aos destinatários.

No próximo capítulo, abordarei as principais tecnologias emergentes que já estão impactando as empresas, os negócios e a própria sociedade.

As Tecnologias Emergentes da Informação:

plataformas de redes sociais, Mobilidade, Computação em Nuvem, Internet das Coisas e Inteligência Artificial

A computação social (ou tecnologias de redes sociais) vem despertando muita atenção na mídia, tendo sido, inclusive, tema de vários livros. Serviços como Google, WordPress, Twitter, YouTube e Facebook já fazem parte de nossa vida e a velocidade com que as novidades surgem e se permeiam pela sociedade aumenta a cada momento. Os blogs, cujo termo apareceu há pouco mais de dez anos, em 1999, já são considerados por muitos como algo ultrapassado, e os e-mails quase que pertencentes à uma "era geológica" anterior. Mas, indiscutivelmente, todas as tecnologias têm seu espaço e podem e devem ser vistas como complementares umas das outras.

O interessante é observar o uso dessas ferramentas inovadoras nos mais diversos meios, como o empresarial. Em uma conversa informal, destas típicas de salas de espera para embarque em aviões (conversas longas de duas horas), fiquei debatendo o assunto "blogs corporativos" com um amigo meu, executivo de TI de uma grande empresa.

Com esses blogs, uma empresa pode expor de forma aberta seu ponto de vista e receber comentários e opiniões, criando um excelente meio de interação com o mercado, seus clientes e parceiros.

Porém, apesar dessas vantagens, muitas empresas não possuem esse tipo de mecanismo. Outras têm os blogs corporativos, mas eles carecem de uma boa divulgação e, além disso, de moldes novos, pois alguns acabam mantendo os mesmos hábitos dos antigos sites da *Web* (que muitos chamam de *Web* 1.0), ou seja, blogs que "falam mas não ouvem". Eles têm conteúdo árido, emulam as informações da área de relações públicas, falam de produtos e serviços sob a ótica comercial, mas não incentivam o diálogo e nem abrem espaço para uma maior participação do leitor. Boa parte não tem nem espaço para comentários e passa a ideia de que a empresa não se importa com o que o leitor pensa. Seria o paradigma da empresa *inside-out*, ou seja, a empresa fornece as informações que quer passar e não as que o mercado quer saber. Um blog corporativo deve mudar o pensamento e ser um *outside-in*, aquele que busca um diálogo com o público, respondendo aos comentários (mesmo aos incômodos) e incentivando a troca de informações. E, mais ainda, por que não provocar debates?

Outro ponto que identificamos é que a experiência do usuário com muitos blogs não é das mais prazeirosas. A pesquisa por algum tema nem sempre é fácil. Alguns contém milhares de densas páginas de conteúdo, mas de difícil acesso.

O que uma empresa deve fazer para ter um blog corporativo que seja realmente atrativo?

a) É necessário criar um objetivo claro e específico para o blog corporativo. Deve-se tratá-lo com carinho e atenção e não como algo secundário.

b) O blog é uma tecnologia social, que só funciona quando o usuário é engajado no processo. E, para isso, ele precisa ter diálogos e informações ricos em conteúdo.

c) O blog pode ser provocativo, pode instigar a reação do usuário quanto a temas de interesse da empresa. Mas deve-se tomar cuidado com o tipo de consumidor com o qual o blog está se comunicando. Uma comunidade jovem e rebelde vai se manifestar de forma diferente de uma comunidade mais sênior.

d) Manter o blog sempre atualizado. E responder aos comentários, por mais incômodos que eles sejam, pois eles proporcionam um valioso *feedback*.

e) Escolher um nicho para o blog. Falar de tudo dificilmente vai gerar interesse sustentável. Definir se vai ser um blog de *thought leadership* ou um simples apontador para links sobre algum tema, se será intimista ou formal.

f) Facilitar a navegação. Usar fotos e vídeos que gerem maior interesse e provoquem uma experiência mais agradável ao usuário. Para o usuário, acessar o blog deve ser um prazer.

g) Criar o blog com uma postura franca, honesta, autêntica e aberta.

h) Deve escolher um funcionário de confiança para cuidar do blog. Ele saberá discernir o que pode ou não colocar em um *post*.

i) Visitar constantemente outros blogs. Sempre existirão boas ideias que podem ser adaptadas.

Mas há outras ferramentas além de blogs. O Twitter, por exemplo, que hoje já alcançou um público mais de duas vezes maior do que a população do Brasil (mais de 500 milhões de usuários)[26], que tuíta mais de 58 milhões de vezes por dia, começa a ser descoberto como ferramenta de comunicação corporativa. É um novo meio que a área empresarial deve aprender a usar rapidamente.

O Twitter nos permite fazer comunicações rápidas e imediatas.

Neste momento, creio que o meu depoimento pessoal sobre essa rede social se encaixa bem. Indiscutivelmente, ela

---

[26] STATISTIC BRAIN. Twitter statistics. Disponível em: <http://www.statisticbrain.com/twitter-statistics>. Acesso em: 17 dez. 2013.

tem sido um "*must*". No Brasil, tornou-se uma febre. A língua portuguesa é a segunda língua mais falada na tuitoesfera.

Venho tuitando há algum tempo e gostaria de compartilhar com vocês estas experiências. O Twitter é um *software* (microblog) de rede social que permite criar relações "um-para-muitos", em que se posta um texto na tuitoesfera e seus seguidores podem ler e comentar a qualquer hora, ou seja, assincronamente (embora, de maneira geral, os comentários são postados quase que imediatamente após o texto original circular). É um bom lugar para testar ideias e *insights*. Você tuita algo e vê se há alguma reação, como um *reply* ou um *retweet* (RT). É também uma comunidade auto-organizável, pois você escolhe a seu critério quem seguir. Não existem regras ou restrições. Você não precisa conhecer pessoalmente a pessoa que quer seguir e não precisa de autorização prévia para segui-la. Basicamente, você segue as pessoas por alguns motivos, sejam estes profissionais (a busca por pessoas que atuem na mesma área que você) ou pessoais (usuários que compartilham de interesses semelhantes). Não vale a pena seguir todo mundo.

É uma ferramenta extremamente simples e maleável de se usar. Podemos tuitar a qualquer momento, seja em meio a uma palestra ou preso em um engarrafamento de trânsito.

Bem, por que comecei a tuitar? Atuei como *Technical Evangelist* da IBM, e, nesta função, tinha por obrigação (e por prazer) estar antenado com inovações e uma das minhas atribuições era identificar rapidamente o que é *hype* (modismo) e o que é factível. Aliás, acho que vale a pena explicar o que é o *Technical Evangelist* ou Evangelista de Tecnologia. Uma vez, em uma entrevista, quando me perguntaram o que é o *Technical Evangelist*, disse que é o profissional que se preocupa com os resultados de médio e longo prazo devido ao uso de novas tecnologias. Enquanto muitos profissionais dentro de uma empresa têm foco no que vai trazer resultados de curto prazo ou no produto que vai vender, o Evangelista de Tecnologia é o profissional que vai ao mercado levar a mensagem: "Vocês precisam prestar atenção nisto, pois os impactos desta tecnologia, a médio e longo prazo serão substanciais".

É importante ressaltar que você deve deixar bem claro em seu *profile* que suas postagens são opiniões pessoais, não havendo nenhuma relação delas com sua empresa e seus colegas de trabalho.

O Twitter também é um ótimo divulgador de notícias em tempo real. Por exemplo, as primeiras notícias dos ataques terroristas em Mumbai, na Índia, ou da aterrisagem do avião no rio Hudson, em Nova York, foram propagadas pelo Twitter. Só depois chegaram às redações dos meios de comunicação.

Por tudo isso, não é à toa que o valor de mercado do Twitter quando feito seu IPO (*Initial Public Offering*. Em português, Oferta Pública Inicial de Ações), em novembro de 2013, levantou 1,8 bilhão de dólares.

Resumindo, o Twitter é:

a) Uma experiência positiva e prazerosa.

b) Uma maneira de compartilhar algo interessante, que agregue algum valor a quem segue o perfil de determinada pessoa/instituição.

c) Um fórum público e, assim sendo, você deve estar antenado às regras e procedimentos oficiais de sua empresa quando você é o responsável pelas mídias sociais da instituição. Use o bom senso para identificar o que é aceitável de ser postado.

d) Um bom canal para as empresas utilizarem na área de marketing e de relacionamento com clientes, ao lado de blogs e *press-releases*.

e) É uma boa fonte de informação sobre o que os clientes das empresas estão dizendo sobre elas. Basta usar mecanismos de busca como os do próprio Twitter (https://twitter.com/search-home[27]) para pesquisar referências positivas ou negativas que estejam postadas na twittosfera.

f) Usado também como apoio à equipe de suporte técnico. A Best Buy nos EUA, por exemplo, tem feito isto com o seu Twelpforce (http://twitter.com/twelpforce[28]).

Para terminar, alguns *insights* sobre o Twitter, aprendidos no dia a dia:

a) Os *tweets* devem ser interessantes (não tuíte frivolidades) e retuitáveis. Retuitar alguém é um elogio.

b) Como em qualquer rede social, não use maiúsculas em todo o texto, a não ser para destacar uma palavra ou outra. Quando você escreve USANDO LETRAS MAIÚSCULAS, isto significa, na linguagem da Web, que você está gritando.

c) Não fique aborrecido com os *unfollows*, que são as pessoas que deixaram de seguir você. No início, confesso que até ficava meio preocupado, mas hoje vejo como algo perfeitamente natural.

d) Sempre que possível, use links curtos. Uso geralmente o TinyURL a partir do Firefox.

Enfim, recomendo usar o Twitter. Só assim você terá condições de dizer se vale a pena ou não.

Na minha opinião, as redes sociais se disseminam a uma velocidade incrível porque permitem, de forma fácil e simples, criar e cultivar relacionamentos sociais. O Facebook é

---

[27] Acesso em: 20 dez. 2013.
[28] Acesso em: 20 dez. 2013.

hoje seu principal exemplo[29]. Desde que foi criado, por Mark Zuckerberg e seus amigos, há pouco mais de seis anos, em um dormitório da Universidade de Harvard, já atingiu mais de um bilhão de usuários. Se fosse um país, seria o terceiro do mundo em população, perdendo apenas para a China e a Índia.

Em muitas fontes de informação, milhões de pessoas já leram a declaração da estrela do Facebook: "Queremos moldar o futuro da internet[30]...". Segundo Mark, no futuro, os usuários deverão debater assuntos e tomar decisões, até mesmo de consumo, baseadas nas recomendações de seus amigos, contatos ou de desconhecidos que jogaram algo interessante na imensa rede social. Teclar o botão "curtir" de uma página após uma compra numa loja virtual já é uma realidade e uma forma de fazer publicidade positiva, não só para o fabricante do produto como também para a própria loja.

Com as redes sociais, temos um alcance social bem mais amplo. Podemos nos comunicar rapidamente com qualquer pessoa no mundo e manter contatos diários com amigos distantes. Basta lembrar que, há uns 20 anos, se você viajasse para a Europa, por exemplo, teria poucas chances de manter contato frequente com sua família e amigos.

Na verdade, o ser humano é um ser social por natureza e o que a internet e as redes sociais estão possibilitando é potencializar essa nossa característica social. Podemos, por exemplo, nos reconectar com colegas de escola que não vemos há anos. Basta acessar o LinkedIn ou o Facebook e muito provavelmente eles também estarão lá. Além disso, podemos ultrapassar a barreira da timidez e contactar pessoas que não conseguiríamos pessoalmente.

---

[29] PINGDOM. Facebook may be the largest "country" on earth by 2016. Disponível em: <http://royal.pingdom.com/2013/02/05/facebook-2016/>. Acesso em: 17 dez 2013.

[30] REVISTA ÉPOCA NEGÓCIOS. Ele é o futuro da internet? Disponível em: <http://epoca-negocios.globo.com/Revista/Common/0,,ERT91432-16380,00.html>. Acesso em: 17 dez. 2013.

Mas isto significa que outros meios de comunicação, como o e-mail, desaparecerão? Para falar sobre o futuro do e-mail, vamos lembrar um pouco de sua história. Ele foi inventado por Ray Tomlinson, em 1971 e quebrou uma das barreiras de comunicação, pois para um contato mais rápido não seria mais necessário enviar uma carta pelo correio. Com a expansão da internet, o e-mail se tornou sua *killer application* e passamos a usá-lo como nosso principal meio de comunicação. Diariamente, recebemos dezenas e muitas vezes centenas de e-mails. É comum recebermos mais de 200 mensagens eletrônicas por dia e é verdade que a maioria delas não tem importância nenhuma, mas, ainda assim, é um volume imenso. No trabalho chegamos a gastar de 10% a 50% de nosso tempo escrevendo e lendo e-mails[31].

Entretanto, nos últimos anos, surgiram novas tecnologias como *chats*, SMS, redes sociais, *wikis*, *newsreaders*, RSS *feeds*, blogs, listas de discussão, entre outras, que estão tomando o lugar do e-mail em muitas formas de se comunicar. Para uma comunicação imediata, o melhor a se usar é um sistema de mensagens instantâneas.

O uso do e-mail não está chegando ao fim. O que estamos vendo é um ciclo de fragmentação das comunicações, que eram antes domínio exclusivo do e-mail, por novas tecnologias, mais contextuais, adotadas pela geração digital que começa a dar as caras na sociedade e nas empresas. Essas novas formas de comunicação já estão assumindo um papel cada vez mais importante.

Há mais de 60 anos, em seus livros de ficção científica, Isaac Asimov inventou a psico-história, que combinava matemática e psicologia para prever o futuro. Hoje, com as mídias sociais, podemos fazer o mesmo. Pesquisadores acreditam que

---

[31] VIRGIN. Stop! Do you really need to send that email?. Disponível em: <http://www.virgin.com/entrepreneur/blog/stop-do-you-really-need-to-send-that-email>. Acesso em: 17 dez. 2013.

as informações que espalhamos pelas redes sociais revelarão tratados sociológicos do comportamento humano, permitindo a previsão de crises políticas, revoluções e outras formas de instabilidade econômica e social, da mesma forma que químicos e físicos anteveem fenômenos naturais.

A ascensão do Facebook pode significar uma profunda transformação na internet, ou a passagem da era das buscas para a era social. O surgimento do Google na década de 1990, com seu fantástico mecanismo de pesquisa, permitiu organizar o acesso a uma imensa quantidade de informações esparsas pelo mundo virtual. Para realizar esta tarefa, o Google usa cálculos matemáticos sofisticados que levam em conta dezenas de fatores para indicar quais páginas são mais relevantes para quem faz a busca. O Facebook vai além: são as interações pessoais do usuário, aquilo que seus amigos indicam, curtem, reprovam, que conferem peso a uma informação. É uma mudança tão relevante que o próprio Google criou sua rede social, o Google+ e um botão, +1, que permite recomendar conteúdos na web, influenciando os resultados da busca. Analisando a evolução do Facebook, chega-se a uma conclusão simples. Seu crescimento é alimentado por três desejos bem humanos: compartilhar informações, influenciar semelhantes e manter-se informado.

Isto tudo é positivo ou negativo? Difícil de dizer, e a própria evolução e maturidade no uso das redes sociais vão refinar o contexto, estratificando mais intensamente com quem compartilharemos cada tipo de informação. Claro que ainda existe muita relutância em aceitar este novo mundo. Existe uma nítida divisão de percepções, entre a geração digital (geração Y e a pós-Y, a geração Z, que já nasceu com a internet fazendo parte da paisagem) e as gerações anteriores, migrantes do mundo analógico para o digital.

Atualmente, no Brasil, a geração de internautas de 6 a 14 anos já soma quase cinco milhões e representa 12% da população on-line[32]. Para eles, o mundo digital é normal, parte integrante de seu cotidiano. Uma recente pesquisa[33] da Viacom mostra que 64% dos internautas entre 8 e 14 anos já fazem fotos e vídeos e os postam na internet. Para eles, isso é absolutamente natural.

Mas, toda nova mudança cultural (e as redes sociais estão acelerando esta mudança) provoca receios e contestações. Já aconteceu antes. Quando o telefone surgiu, houve muitas críticas, pois as pessoas imaginavam que ele acabaria com os contatos pessoais e até mesmo geraria desemprego, aniquilando com a rede de mensageiros que entregavam bilhetes e cartas. Hoje, o telefone é bem mais visto como um facilitador de relacionamentos: a frase "liga para mim" é valorizada na nossa sociedade.

Toda mudança gera controvérsias. Muitas vezes superestimamos os efeitos visíveis (imediatos) e subestimamos as verdadeiras transformações, que acontecem em um espaço maior de tempo. Será que as atuais definições de amizade (amigos virtuais se tornarão mais comuns no futuro) e privacidade não serão revistas ao longo do tempo?

Para mim, o contato pessoal vai continuar. Um contato virtual não o substituirá, apenas o complementará. E a qualidade das relações pessoais não vai mudar: continuará a ser impulsionada pelo esforço e energia que despendemos em cultivá-las. Portanto, na minha visão, a internet é um vetor positivo na construção dos relacionamentos pessoais.

---

[32] HERMANOMOTA.COM. Pesquisa revela que 25% das crianças e adolescentes visitam sites de varejo. Disponível em: <http://hermanomota.com.br/2012/03/18/pesquisa-revela-que--25-das-criancas-e-adolescentes-visitam-sites-de-varejo/>. Acesso em: 17 dez. 2013.

[33] CEVIU BLOG. Disponível em: <http://www.ceviu.com.br/blog/info/noticias/pesquisa-revela--que-o-e-mail-perde-cada-vez-mais-popularidade-entre-as-criancas/>. Acesso em: 17 dez. 2013.

O YouTube é outro dos símbolos do mundo digital. Ele foi o primeiro site a permitir que qualquer pessoa colocasse com facilidade um vídeo on-line para ser visto por quem quisesse. Vídeos gerados pelos usuários já são um fenômeno bem conhecido e arraigado no nosso dia a dia. Quem não conhece o YouTube? Foi criado em fevereiro de 2005 e, hoje, segundo o próprio site, mais de um bilhão de internautas visitam o site por mês, são incluídos 100 horas de vídeo por minuto e cerca de 6 bilhões de horas de vídeo são vistos a cada 30 dias[34].

Por que este fenômeno está acontecendo? Bem, são várias razões e posso lembrar, de imediato, da redução dos custos de produção, o que permite a qualquer um gerar um vídeo (uma câmera digital custa bem pouco hoje e não esqueçamos dos milhões de celulares com câmeras) e adotar os padrões de formatos de vídeo, como MPEG ou Flash. O YouTube foi o catalisador, se tornando a plataforma global de distribuição de vídeos.

No YouTube, temos acesso à vídeos de todos os tipos e qualidades. Muitas empresas já colocam nele vídeos promocionais. Ou seja, ele já é parte integrante das ações de marketing destas empresas.

Por que não incentivar os funcionários a gerarem vídeos e os postarem?

Quais seriam as regras do jogo? Colocar vídeos no YouTube é uma realidade que não pode ser impedida, a não ser que em todos os eventos das empresas seja terminantemente proibido o uso de câmeras digitais ou mesmo de celulares com câmeras. Assim, deve-se monitorar diariamente o YouTube para ver se existe algo impróprio postado em nome da empresa. Querem uma prova? Digitem o nome de sua empresa no YouTube e vejam se existe algum vídeo "incômodo" lá. Fiz este teste usan-

---

[34] YOUTUBE. Statistics. Disponível em: < http://www.youtube.com/yt/press/statistics.html>. Acesso em: 17 dez. 2013.

do os principais bancos e empresas brasileiras e achei muitas coisas interessantes, embora nem todas favoráveis às empresas. Portanto, impedir? Impossível! A unica saída é a conscientização dos funcionários e uma política aberta e franca de diálogo.

Na minha opinião, podemos pensar em usar o YouTube (externo ou na intranet) de forma inteligente, divulgando cursos, eventos, premiações e reuniões. Mas, certamente, uma campanha de vendas ou dados sobre uma reunião interna não devem nunca ir para o YouTube. Seria entregar o ouro ao bandido.

Já na intranet, estas informações poderiam ser liberadas a qualquer funcionário, e para aqueles que desejassem postar algo, seria necessário estabelecer alguns pontos. Como autoria (o autor da filmagem deve se identificar), limite em relação ao tamanho do vídeo (15 a 30 minutos, por exemplo), regras de controle de acesso (*internal use only*, interno e parceiros, ou acesso público), entre outros. Acredito (e é minha opinião pessoal, não é apoiada por nenhuma experiência de campo ou pesquisa oficial) que, se for estabelecida uma política para uso interno de vídeos, aliada a um trabalho de conscientização, provavelmente a ocorrência de vídeos não autorizados circulando pelo YouTube deverá cair sensivelmente.

Recentemente o YouTube lançou diversos canais temáticos que exibem programas com qualidade de televisão, e que podem ser vistos ou por computadores (desktops ou tablets) ou por aparelhos de TV que tenham recursos de acesso à internet. É uma transformação do atual modelo da televisão. A TV a cabo expandiu os canais de alguns poucos para centenas. Com a internet, os limites são quase infinitos. O YouTube é hoje o terceiro site mais acessado do mundo, só perdendo para o Google e o Facebook. A cada mês ele recebe uma quantidade de vídeos superior a todo material produzido pelas três principais emissoras americanas em sessenta anos[35].

---

[35] VILICIC, Filipe. Eles vão invadir sua TV. *Revista Veja*, São Paulo, n. 45, p. 122-123, nov. 2011.

São números que mostram que um novo paradigma está se consolidando. A geração digital não consegue conceber a vida sem a internet, assim como hoje os oriundos do mundo analógico já não conseguem imaginar uma vida sem eletricidade.

As pessoas, no seu dia a dia, usam mais de uma das diversas tecnologias de mídia social. Assim, para uma empresa criar interações com clientes, fornecedores e mesmo com seus funcionários, precisará usar diversas tecnologias, explorando adequadamente as especificidades e propostas de cada uma. Mas, por outro lado, pesquisas mostram que o mundo corporativo anda muito mais devagar que os hábitos da sociedade. Nos EUA, mais da metade dos funcionários de empresas dizem que utilizam melhores tecnologias em casa do que nos escritórios onde trabalham.

Mas aonde isto tudo vai chegar? Talvez uma pequena volta ao passado nos indique algumas pistas. Se voltarmos ao século XIX, veremos que a comunicação na época era inteiramente pessoal. Se você quisesse vender um produto, teria que se dirigir a um mercado local. E desta maneira, *face to face*, era que se conseguia obter informações. Para estarmos informados sobre um determinado evento, teríamos que estar no lugar certo, na hora certa. Não se sabia o que estava acontecendo em outras partes do mundo, salvo por uma ou outra correspondência que levava meses para cruzar o Atlântico. Mas começava a surgir uma novidade, ainda pouco disseminada, que se chamava jornal.

No século XX, os jornais e revistas haviam revolucionado a maneira das pessoas se informarem. Já era possível saber de coisas que estavam acontecendo em outras partes do mundo ou ter acesso a ideias de pessoas desconhecidas. Em 1920, surgiu uma nova mídia, o rádio, que permitia aos ouvintes ter contato com pessoas situadas a centenas de quilômetros de distância. Era possível ter acesso a informações sobre eventos no exato instante em que ocorriam. Assim, o rádio mantinha a população atualizada e o jornal trazia análises mais aprofundadas das notícias. Em seguida, surgiu a TV. Alcançou seu auge nos anos 1990, dominou o mundo das informações e quase acabou com o rádio. E eis que surge algo inesperado: a internet. Com a internet não precisávamos mais apenas ver, ler ou ouvir. Podíamos participar e interagir diretamente. Com os jornais e revistas enviávamos cartas para as redações e após semanas recebíamos as respostas. O rádio era mais interativo, mas a comunicação era restrita ao que o radialista se propunha a debater. Com a internet surgiu um novo conceito: "overdose de informações". Centenas de milhões de *web sites* surgiram. Não estávamos mais restritos à meia dúzia de telejornais, que filtravam as informações de acordo com seu viés político ou econômico. Temos acesso irrestrito a informações do mundo todo, sem barreiras.

Estamos dando os primeiros passos em um novo mundo. Não sabemos para onde ele vai nos levar. Apenas sabemos que o mundo conectado será diferente do atual. O que temos pela frente são discussões, receios e medos do "novo". As gerações digitais, que já nasceram com a internet fazendo parte da paisagem e com as mídias sociais como elemento básico de comunicação, irão criar um novo mundo. Os receios tenderão a se dissipar à medida que mais e mais pessoas de todas as gerações, lideradas pela geração digital, se acostumarem com a tecnologia, assim como as antigas gerações se acostumaram com a energia elétrica.

As mudanças parecem querer competir com a velocidade da luz. Por exemplo, uma notícia que rodou o mundo, via internet, em agosto de 2011, deixou muita gente espantada com a sofisticação tecnológica. Um norte-americano roubou algumas bolsas de clientes numa loja em Salinas, Califórnia. Já distante do local do roubo, o gatuno encontrou, numa das bolsas, um smartphone de uma das vítimas e começou a navegar para ver o que havia nele. Foi seu grande erro. Ele não sabia que o aparelho tinha o *software* Photobucket, que captura fotos de quem o está manipulando. Assim, foi tirada uma foto do ladrão, e a dona do aparelho a recebeu instantes depois através de um recurso que permite ao usuário do equipamento fazer o upload, ou seja, acessar as fotos em um servidor de imagens. A vítima do roubo já tinha, assim, o melhor retrato falado do ladrão: a própria foto dele. O caso foi levado a uma emissora de TV local. Cerca de uma hora depois, a festa do gatuno acabava na cadeia.

Uma outra demonstração de transformação significativa trazida pela tecnologia é que nós mesmos geramos o conteúdo na rede. Sim, agora somos não apenas consumidores de conteúdo, mas também produtores. Um exemplo emblemático é a Wikipedia. Todos nós já acessamos esse site (http://en.wikipedia.org/wiki/Main_Page[36]) ou pelo menos já ouvimos falar dele. Eu, pessoalmente, recorro à Wikipedia constantemente.

Mas o que ela tem de diferente das outras enciclopédias? Bem, ela não é feita da maneira tradicional, é uma enciclopédia aberta e coletiva. Ela não se baseia em um grupo de iluminados acadêmicos, mas utiliza o conhecimento de milhares de indivíduos de todos os tipos, como você e eu. Pessoalmente, já colaborei com alguns textos para a Wikipedia. Basta acessar a internet, abrir a aba "edite esta página" e inserir o texto. Simples assim! Todos nós somos especialistas em algo e a beleza da Wikipedia é que não existe um assunto tão estreito que não mereça um verbete.

O resultado é que essa enciclopédia revolucionária cresce a um ritmo alucinante. Milhares de artigos são criados por dia e hoje já totalizam mais de 20 milhões em 281 idiomas, sendo quase 700 mil em português.

---

[36] Acesso em: 20 dez. 2013.

Dizem os críticos que, como a Wikipedia não é sancionada por autoridades no assunto, os verbetes podem não ser exatos. Mas onde está a diferença entre ela e o modelo tradicional? Uma enciclopédia comum passa pelas mãos de especialistas que selecionam os verbetes, e podem inserir qualquer informação; a enciclopédia aberta, de certa maneira, também funciona assim. A diferença está no conhecimento coletivo da humanidade. Os verbetes são inseridos e qualquer um pode fazer as correções e modificações.

Entra em cena o conceito da estatística probabilística. Ao contrário do modelo tradicional de enciclopédias, em que um especialista é responsável pelo conteúdo, na Wikipedia ninguém é responsável, o conhecimento parece surgir espontaneamente da colaboração de centenas ou milhares de pessoas. Os verbetes melhoram de qualidade com o volume da colaboração, ou seja, quanto mais colaboradores, mais exato será o conteúdo. A eficiência surge pela escala.

Bem, e o resultado final? Já existem inúmeros casos de trabalhos acadêmicos que citam a Wikipedia como fonte. Alguns estudos e artigos também abordaram o tema da confiabilidade da Wikipedia *versus* outras enciclopédias. O jornal inglês *The Guardian* publicou um artigo[37] ("Can You Trust Wikipedia"), em que uma equipe de especialistas avaliou o conteúdo da enciclopédia em seus campos de conhecimento. O resultado foi positivo.

Também um estudo[38] feito em 2005 pela revista *Nature*, um periódico científico, relatou que em 42 verbetes (uma amostragem) sobre tópicos científicos, há uma média de quatro erros por verbete na Wikipedia e três na *Encyclopedia*

---

[37] THE GUARDIAN. Can you trust Wikipedia?. Disponível em: <http://www.guardian.co.uk/technology/revista2005/oct/24/comment.newmedia>. Acesso em: 17 dez. 2013.

[38] NATURE. Special report internet encyclopaedias go head to head. Disponível em:<http://www.nature.com/nature/journal/v438/n7070/full/438900a.html> Acesso em: 17 dez. 2013.

Britannica. Mas o interessante é que, logo depois da divulgação do relatório, os verbetes da Wikipedia foram corrigidos, enquanto a Britannica teve que esperar pela próxima edição.

Embora seja impossível ter certeza da exatidão dos verbetes, a Wikipedia pode ser uma primeira fonte de informação, mas não a definitiva. Porém, pela probabilidade, a chance de acessar um verbete de excelente qualidade é elevada. O resultado final é uma enciclopédia que, em tese, é a melhor do mundo, pois é mais atualizada e mais abrangente que todas as outras. Um estudo[39] feito em 2002 por pesquisadores da IBM mostrou que o tempo médio de reparos em verbetes de alta visibilidade é inferior a cinco minutos.

O que a Wikipedia sinaliza é um novo mundo de conhecimento, onde a produção colaborativa, fenômeno possibilitado pela internet, será um paradigma econômico.

Cada vez mais, barreiras são derrubadas, inclusive as geográficas, encurtando o tempo de forma assustadora, nos permitindo realizar determinadas tarefas, que antes levavam horas e dias, em segundos ou minutos. O recebimento de um e-mail, não importa onde estejam o emissor e o receptor, é algo praticamente instantâneo, assim como o envio de uma foto ou imagem. A palavra "revolução" já não tem mais aquele velho sentido anterior, isto é, algo político ou social que acontecia de tempos em tempos em algum lugar para derrubar reis ou ditadores. Atualmente, a revolução também é tecnológica. Ela está acontecendo o tempo todo, inclusive neste exato momento.

Analisando a demografia da sociedade brasileira pelos dados do IBGE, observo que em torno de 2020, as empresas terão a maior parte de seus funcionários no quadro de Recursos Humanos na faixa dos 30 anos de idade, os denominados "filhos da internet". Nasceram com a internet como

---

[39] WIKIPEDIA. Wikipedia:Editorial oversight and control. Disponível em: <https://en.wikipedia.org/wiki/Wikipedia:Editorial_oversight_and_control.>. Acesso em: 17 dez. 2013.

pano de fundo. É a chamada Geração Digital ou Geração Y! E nem tente ser contra esta turma. Ela já está aí e veio para ficar. Quem tentar resistir à chegada dela cometerá os mesmos erros de muitas secretárias que resistiram em trocar suas máquinas de datilografia eletrônicas pelos computadores. Com a teimosia, perderam espaço e tiveram de trocar de profissão. Foram trituradas pela tecnologia. A Geração Digital reúne os jovens que nasceram entre os anos 1980 e 2000. Muitos brincam que eles são os filhos da Geração X, aquela que já saiu da maternidade dando de cara com altas tecnologias! A geração digital tem muitas características, mas os estudiosos no assunto afirmam que ela não é fiel a marcas e o que mais busca é a inovação! É aquela turma que a gente vê nos noticiários, que passa horas (muitas vezes até acampa em frente a uma loja), para ser o primeiro a ter um novo equipamento virtual.

Para gerações mais velhas, esta atitude pode não fazer sentido. Porém, esta nova geração continuará, sempre, em busca de novas tecnologias, novos formatos e aplicativos para usá-los em um novo jogo virtual ou para resolver problemas escolares, profissionais e pessoais, e tantas outras atividades do cotidiano. Cuidado, se você nasceu nos últimos 20 anos e ainda não é familiar às novas tecnologias... Apresse-se! Ou você, ao acordar amanhã, estará mais ultrapassado que papel-carbono em máquina de datilografia. Papel-carbono? Máquina de datilografia? Desculpe, mas se você não sabe bem o que são tais "ferramentas do passado recente", mate sua curiosidade e pesquise na internet para saber para que serviram estes "estranhos objetos" há uns 30 anos. Isto é, um período de tempo tão curto e, ao que parece, já tão distante e superado! Outro fato que mostra a evolução da tecnologia e o conflito de gerações: a filha de dez anos de um amigo já acessa a internet há algum tempo. Um dia ela entrou no site da personagem Barbie e mostrou ao pai as variedades de roupas e sapatos da boneca. Aproveitou a oportunidade e fez a fatídica pergunta: "Quando você era criança, que sites você acessava?"

E agora pergunto: como serão as empresas no mundo da Geração Digital? Com certeza menos hierarquizadas, mais globalizadas e com relações empresa-funcionário menos estreitas (fazer uma longa carreira na mesma empresa será paradigma do passado). A pergunta-chave é: as empresas e os gestores estão preparados para incorporar esta geração?

A quitanda da esquina talvez ainda não precise das mídias sociais. Seu público continua sendo aquele pequeno grupo, com pequeno consumo. Mas as grandes empresas já estão usando as mídias sociais há algum tempo. Sumiram os velhos relatórios datilografados pelas secretárias para informar algo simples ou importante das gerências, por exemplo. No lugar deles estão os e-mails, o Twitter, o Facebook propagando a informação através da rede social interna de uma companhia. A área de Recursos Humanos, os Departamentos de Finanças ou de Marketing, todos usam suas mídias para expandir seus conhecimentos, debater tópicos, informar seu público interno sobre os próximos passos.

Para lembrar, mais uma vez, a força e a importância da tecnologia, no dia 25 de janeiro de 2011, explodia uma manifestação popular em várias cidades do Egito, que vivia, há quase três décadas, em uma ditadura liderada por Hosni Mubarak. O governo reagiu, prendeu jornalistas e até um dos executivos do Google, Wael Ghonin, por 12 dias e censurou a mídia para que o mundo não tomasse conhecimento da real situação no país. Foi inútil! Os manifestantes, rapidamente, enviaram para todo o mundo as imagens da revolução através de um pequeno aparelho que, hoje, todos têm no bolso: o celular! Em menos de um mês, no dia 11 de fevereiro, o ditador renunciava. Vitória da democracia e da tecnologia. O mesmo se repetiu na Líbia e na Síria. Há também a poderosa China que tenta, de todas as formas, censurar a internet, limitando-a de acordo com a sua política "mão-de-ferro".

As mídias sociais trouxeram muito conforto e rapidez para os seus usuários. Hoje você pode comprar uma televisão ou uma geladeira, comparar preços e prazos de entrega sem sair de casa, apenas navegando pelos sites de compras, economizando tempo e combustível (cada vez mais caro), escapando de engarrafamentos e evitando, muitas vezes, circular por lugares inseguros. Depois da entrega do produto, se ficar satisfeito com a compra, você ainda poderá, se quiser, fazer algum comentário positivo via Twitter ou Facebook. Eis a propaganda feita de graça se alastrando pelas redes.

Mas, por outro lado, os fabricantes ou prestadores de serviços jamais podem esquecer que o cliente tem cada vez mais poder. Se alguém estiver insatisfeito com uma determinada empresa pelo péssimo atendimento, sua marca também cairá nas redes sociais. E de forma negativa. Será um desastre. Como dizem os publicitários e homens de marketing: muitas vezes uma empresa leva décadas para construir seu nome, que pode ser destruído em apenas alguns minutos. Hoje, com as ferramentas sociais, talvez o estrago ocorra em segundos.

Em 2002, a imagem do *The New York Times*, considerado o principal jornal do mundo, ficou seriamente arranhada diante do seu público e anunciantes. Michael Finkel, colaborador da publicação, fez uma reportagem sobre a venda de um americano para ir trabalhar na plantação de cacau na Costa do Marfim. Tratava-se, claro, de trabalho escravo, proibido pelas leis trabalhistas. Mas o jornal descobriu que o repórter havia inventado a notícia. O mentiroso foi demitido, porém a imagem de credibilidade do jornal já estava abalada! Cuidado, estamos vivendo o que o escritor George Orwell romanceou em seu livro *1984*. Na obra, ele cria uma sociedade coletivista capaz de reprimir qualquer um que se opuser a ela. São criados documentos falsos para enganar e convencer a sociedade sempre que necessário. O romance mostra a ideia de que tudo e todos estão sendo controlados, vigiados. Lançado em 1949, quando o programa Big Brother ainda não existia, o autor já percebia que acabaríamos vivendo em uma sociedade vigiada o tempo todo. Ou foi apenas uma coincidência do destino? Bem, o fato é que, hoje, você pode estar jantando com uma amiga, sem segundas intenções, e sua mulher, em casa, receber a foto do encontro via e-mail, por exemplo. Ou também pode acontecer de você estar parado no sinal vermelho e a placa do seu carro estar sendo filmada pelas câmeras da Companhia Estadual de Trânsito. Uma simples e inocente ida ao shopping e sua placa já foi novamente filmada. É a obra do grande escritor se confirmando cerca de sessenta anos depois. Ou o Big Brother em todos os lugares.

E voltando às mídias sociais, não podemos esquecer de mencionar os mundos virtuais. Houve um momento, em torno de 2006 e 2007 que estes mundos virtuais, principalmente o Second Life, estavam "bombando". O Second Life saía nas capas de revistas, eram feitos seminários por toda a parte a respeito dele, todos diziam que "estavam" ou pretendiam "estar" nesse ambiente. Em 2008, este frenesi começou a diminuir e hoje quase não se fala mais neste mundo virtual. Sinal de que acabou? Não, os mundos virtuais continuam evoluindo, não mais nas capas de revistas, mas em iniciativas empresariais mais consistentes. Minha leitura pessoal é que vemos o amadurecimento do uso do Second Life, deixando de ser um modismo, para ser usado de forma mais consistente. Existem mundos virtuais para todos os gostos e idades. O Second Life, por exemplo, é para adultos. Segundo a Linden Labs, proprietária do Second Life, cerca de 50% de seus usuários tem 35 ou mais anos de idade[40]. Mas também temos mundos virtuais para crianças, como o Club Penguin (http://www.clubpenguin.com/pt/[41]). Alguns mundos desaparecem, como o Lively do Google, lançado em 2008 e descontinuado no início de 2009.

De qualquer maneira, na minha opinião, os anos de 2006 a 2008 nos ensinaram muita coisa. Muitos erros foram cometidos pelo simples desconhecimento do que é um mundo virtual. O Second Life foi visto como um ambiente para divulgação de produtos e marcas, embora ele não fosse orientado à comunicação de massa. Ele se insere na economia da Cauda Longa. Na verdade, ninguém sabia direito quem estava usando um mundo virtual e por que o estava usando. E sem saber disso, as chances de alguma iniciativa dar certo são mínimas. O resultado é que, nos últimos anos, inúmeras ilhas do Second Life foram simplesmente abandonadas. A lista de fracassos é longa, enquanto contam-se os sucessos nos dedos!

Para mim, os mundos virtuais vão aos poucos conquistar seu espaço. Seu principal apelo, oferecer melhor experiência de imersão e interatividade, é por si só impulsionador para sua disseminação. O período de frenesi passou, entramos na fase da desilusão e dentro de alguns anos devemos começar a trilhar a fase de amadurecimento, explorando a tecnologia de forma adequada. As interfaces com o usuário deverão melhorar sensivelmente, e os problemas de interoperabilidade entre os mundos virtuais deverá ser eliminado, ou pelo menos minimizado. Com isso, poderemos ter integração entre as tecnologias dos mundos virtuais e os sistemas e aplicações do mundo real.

---

[40] SECOND LIFE. Disponível em: <http://community.secondlife.com/t5/Blogs/ct-p/Blogs?lang=en-US>. Acesso em: 17 dez. 2013.
[41] Acesso em: 17 dez. 2013.

Mobilidade como estratégia de negócios

Indiscutivelmente, a cada dia os dispositivos móveis ocupam mais e mais espaço na sociedade e nas empresas. Já em 2011, a soma de smartphones e tablets vendidos no mundo inteiro ultrapassou pela primeira vez em número a venda de PCs. A mudança é muito rápida e as previsões de alguns analistas apontam que neste ano de 2013 serão vendidos cerca de dois bilhões desses dispositivos móveis, contra 300 milhões de PCs. É, portanto, um tema que todos estão discutindo. Isso me lembra de uma conversa que tive certa vez com um amigo empreendedor, que estava criando uma empresa voltada ao desenvolvimento de aplicativos móveis. Nosso diálogo foi sobre o potencial deste mercado e as oportunidades de negócio que ele teria pela frente. Os smartphones e tablets já fazem parte do nosso dia a dia e estão rapidamente se integrando a todas as atividades humanas. Estes aparelhos estão cada vez mais sofisticados e possuem diversos dispositivos que permitem conexão de banda larga, sensores e funcionalidade de geolocalização, entre outras funções, que nos abrem inúmeras oportunidades de exploração. Por exemplo, na conversa com meu amigo, identificamos o potencial de seu uso na área de saúde. Já existem aplicativos que medem a frequência cardíaca, testam acuidade visual e daltonismo, monitoram o pré-natal e fazem o controle glicêmico. Um aparelho medidor de pressão acoplado a um smartphone implementa um canal direto de comunicação e informação com o médico. Podemos pensar também em um glicosímetro acoplado a um smartphone, que permite que o próprio paciente controle a dieta e as doses de insulina, e estas informações sejam repassadas ao seu médico. Com estes aparelhos acoplados a smartphones e tablets, implementamos a automonitoração e comunicação direta entre médico e paciente, criando um mecanismo de telemedicina, de forma barata e simples.

Além destas aplicações específicas, está se abrindo um espaço imenso para o uso de tablets e smartphones em qualquer setor de negócios. Hoje já somos tão dependentes dos nossos aparelhos de comunicação, que nenhuma empresa pode impedir ou restringir seu uso corporativo. Um smartphone atualmente tem tanto poder computacional quanto um supercomputador dos anos 1980. Portanto, nenhuma empresa pode ignorar a potencialidade que cada usuário tem em suas mãos ou em seu bolso. Pelo contrário, deve incentivá-lo mais ainda, mesmo que isto demande novos desafios para a área de TI.

Uma maneira de vermos as mudanças que já estão em curso é compararmos o atual momento com o surgimento dos PCs. Na chamada "Era PC", a Web era usada de forma pessoal, para buscas e acesso a sites, mais focada em entretenimento e utilizada em casa. Nas empresas, o acesso às informações e sistemas ficava restrito aos PCs oficiais instalados dentro de seus escritórios. Os funcionários só tinham acesso aos sistemas desenvolvidos e mantidos pela área de TI. Com a disseminação das mídias sociais, os funcionários passaram a acessar a Web também de seus PCs e laptops. Agora a Web já fazia parte das atividades profissionais. No atual mundo dos tablets e smartphones, vemos que os funcionários estão conectados a todo momento, acessando não apenas os sistemas internos da empresa, mas também a Web. E de forma inovadora vemos as aplicações corporativas cada vez mais se integrando com as aplicações externas disponíveis nos mercados de aplicativos móveis, os *apps markets*[42].

Outra mudança significativa é que antes o departamento de TI era o único que homologava, comprava e emprestava PCs e laptops aos funcionários. Hoje, os próprios funcionários trazem de casa seus tablets e smartphones e querem usá-lo na empresa. Saímos de um ambiente homogêneo e controlado para um ambiente heterogêneo, com cada usuário dispondo não só de smartphones diferentes, mas cada um deles acessando aplicativos tanto da empresa quanto dos mercados de apps.

Quer ter uma ideia das diferenças de uso entre laptops e smartphones? Veja a tabela abaixo:

Laptop	Smartphone
Pouca personalização. Praticamente todos têm as mesmas aplicações, homologadas pelas empresas.	Alta personalização. A lista de apps de um smartphone não é a mesma de outro.
Transportável. Meio incômodo de usar em pé ou na fila do banco, por exemplo.	Móvel. Podemos usar até dirigindo, embora não seja recomendado! Sempre acessível.
Poucos sensores. Basicamente, câmeras de vídeo e microfones.	Inúmeros dispositivos e sensores, como GPS, barômetros, câmera fotográfica, etc.

---

[42] Apps são os aplicativos criados para rodar em smartphones e tablets. Geralmente são projetados para serem de fácil uso e cumprirem apenas uma única função. Mas, acoplando-os com outras funções, podem se tornar ferramentas poderosas. Um exemplo é acoplar o FourSquare e outras redes sociais a aplicativos móveis corporativos, disponíveis às equipes de vendas, para que elas possam reforçar seus laços de relacionamento com seus potenciais clientes.

O desafio para a área de TI é criar procedimentos que garantam a segurança e a privacidade dos dados considerados críticos para o negócio. Os modelos tradicionais de controle e homologação não são mais adequados ao mundo dos smartphones. Não é simples separar o lado profissional do pessoal. O FourSquare (citado na nota de rodapé), por exemplo, é de uso pessoal? Mas se acoplado ao sistema de CRM da empresa, não passa a ser corporativo? O departamento de TI tem que começar a colocar em prática novos métodos de gestão, adotando tecnologias específicas que permitam obter um nível de gerenciamento adequado aos seus requerimentos de governança, muitos deles forçados pela aderência a regulações a que estão sujeitos. Recomendo a leitura de um artigo muito interessante, publicado em 2010, pela InfoWorld, que mostra uma tabela comparativa dos recursos de segurança dos sistemas operacionais dos smartphones. Vejam em: <http://tinyurl.com/4vh8rm3>[43]. Não está atualizado, mas serve de referência para um estudo mais aprofundado. Outra alternativa a ser considerada é o uso de virtualização nos próprios smartphones, criando ambientes separados (pessoal e profissional) no mesmo dispositivo.

O mundo dos smartphones e tablets abre oportunidades de interação que não existiam nos laptops e PCs. Nestes, a interação era basicamente o consumo e a criação de conteúdo, e requeria apenas uma interface simples, como tela e mouse/teclado. Com recursos como GPS, câmeras fotográficas/vídeo e novas interfaces como voz e gestos, o engajamento e a interação dos usuários com os aplicativos tornam-se muito mais abrangentes.

Temos aí outro desafio para a área de TI. Os aplicativos deverão ter suas camadas de interface redesenhadas para explorarem as características dos smartphones e tablets.

---

[43] Acesso em: 17 dez. 2013.

Provavelmente, veremos a linguagem de marcação HTML 5 começando a dar sinais de vida nos aplicativos corporativos! Veremos também a área de TI escrevendo novos aplicativos, voltados para explorar as funcionalidades intrínsecas dos smartphones como localização geográfica, acelerômetros, compassos, sensores de proximidade e câmeras fotográficas. Estes aplicativos deverão ser desenvolvidos levando-se em conta o fato dos usuários estarem com seus smartphones em locais e situações que não estariam com seus PCs e laptops e, ao mesmo tempo, por eles quererem uma experiência de uso similar à que já estão acostumados a ter nestes dispositivos.

Hoje, os usuários podem acessar dados e apps de nuvens sem passar pela área de TI. Podem baixar esses tipos de aplicativos e os usarem em lugar de aplicativos oficiais. O que os CIOs devem fazer? Não devem lutar contra, mas, sim, participar ativamente e fazer com que a área de TI seja a influenciadora deste mundo *wireless*.

A conversa com meu amigo gerou algumas conclusões interessantes, que compartilho aqui:

a) O departamento de TI não poderá desenvolver tudo sozinho. Deve deixar os usuários escolherem seus aplicativos, mas sempre exercendo influência sobre o processo. Deve criar iniciativas de "P&D" interno, apoiando os usuários na criação suas próprias soluções e na interface destas soluções via APIs (Application Program Interfaces, que são pontos de entrada de aplicações externas aos sistemas corporativos) seguras (estas desenvolvidas pelo TI) aos sistemas corporativos.

b) Adote práticas, métodos e tecnologias que permitam implementar a política de BYOD (*Bring Your Own Device*) na empresa. Os modelos e políticas atuais foram criadas para o mundo PC. Uma sugestão é começar ao poucos, liberando-a primeiro a alguns setores e depois aos demais. É um processo de aprendizado gradual, que só se vai se concretizar com a prática. Não existe nenhum manual que oriente como fazer isso com sucesso.

c) Não seja pessimista e nem otimista ao extremo. Provavelmente durante muito tempo existirão PCs, laptops, smartphones e tablets. Alguns funcionários deixarão de usar laptops e PCs, outros não. Uma estratégia de adoção e disseminação da mobilidade e estudos de viabilidade financeira ajudarão na tomada de decisão. Não esqueça que um uso descontrolado de redes 3G poderá aumentar em muito os custos operacionais.

d) Não ignore a necessidade de novas habilidades e tecnologias. Os seus desenvolvedores tem fluência em HTML 5, Android e iOS? Existem tecnologias de gestão de dispositivos móveis na organização? A sua equipe de segurança está devidamente preparada para este novo mundo?

No final, ficou um ponto para reflexão: os CIOs têm a grande oportunidade de catalisar, liderar e influenciar este mundo dos smartphones e tablets.

Outro ponto a ser observado é que com o desenvolvimento de apps para tablets e smartphones está surgindo uma nova perspectiva de negócios. Uma vez participei de uma mesa redonda em uma universidade com diversos jovens empreendedores, que estavam muito motivados a criar negócios baseados em computação móvel, "escrevendo" apps. Aparentemente a fórmula para ganhar dinheiro com aplicativos é simples: ter uma boa ideia, saber alguma linguagem de programação, como Java, desenvolver o aplicativo, colocá-lo na App Store ou na Play Store, definir um preço acessível, como 0,99 dólar e, pronto, basta esperar os milhões de downloads e aproveitar o retorno financeiro. Afinal, segundo a Gartner, em 2016 as vendas mundiais de apps representarão 74 bilhões de dólares[44].

A imensa maioria dos aplicativos é grátis, porém aqueles que cobram por estes produtos têm que pagar uma comissão à loja virtual. Em média a loja fica com 30% da receita, e o desenvolvedor com 70%. A própria Gartner estima que mais de 85% dos downloads feitos nas lojas virtuais são de aplicativos gratuitos. Uma pesquisa[45] feita em meados de 2011 baseada na App Store mostrou que os então 370 mil aplicativos existentes tinham sido criados por 78 mil desenvolvedores (individuais ou pequenas empresas), com um preço médio de 2,52 dólares. E da lista dos top 100 mais vendidos, 43 eram *games*. Nenhum aplicativo vendido tinha tornado seu desenvolvedor milionário. A pesquisa mostrou também que 68% dos aplicativos que não eram jogos, tinham o preço de 0,99 dólar ou 1,99 dólares. O máximo de ganhos médio por aplicativo não passava dos 27 mil dólares.

Portanto, o desafio é como gerar receita neste, aparentemente, promissor mundo dos apps. Várias questões podem e devem ser debatidas. Uma delas é básica: precificar o aplicativo. Mas como alavancar um número significativo de downloads que gere receita palpável? Uma estratégia é oferecer o download gratuito e vender espaço publicitário, que, infelizmente, também não gera muito dinheiro. Os sistemas mais utilizados para isso são o da AdMob (do Google) e o iAd (da Apple). É um modelo simples: a cada clique na propaganda durante a execução do programa, o desenvolvedor ganha uma

---

[44] FORBES. Roundup of mobile apps & App Store forecasts, 2013. Disponível em: <http://www.forbes.com/sites/louiscolumbus/2013/06/09/roundup-of-mobile-apps-app-store-forecasts-2013/>. Acesso em: 17 dez. 2013.

[45] GIGAOM. The average iOS app publisher isn't making much money. Disponível em: <http://gigaom.com/apple/the-average-ios-app-publisher-isnt-making-much-money/>. Acesso em: 17 dez. 2013.

porcentagem, geralmente alguns centavos de dólar. Precisa-se, portanto, de milhões de downloads para gerar uma receita significativa.

Existem muitos aplicativos voltados para o setor de games, e nestes, de maneira geral, o modelo é baseado no conceito de *freemium*[46], divulgado pelo livro *Free: the future of radical price*, de Chris Anderson, obra aqui citada anteriormente. No caso dos jogos, permite-se o download gratuito e cobra-se por acessórios, como novos personagens por exemplo. Um caso interessante é o jogo "Tiny Zoo" para iPads. Embora o jogo seja gratuito, a empresa coloca à venda vários bichinhos virtuais pelo qual se paga, em alguns casos, dezenas de dólares. O recurso que estes jogos utilizam é chamado de *in-app*, que permite a compra de conteúdo digital de dentro do próprio aplicativo.

Mas, na minha opinião, um modelo que tende a ser bem-sucedido é o desenvolvimento de apps corporativos. Aqui no Brasil, temos algumas pequenas empresas que tiveram sucesso nesse ramo, como a Indigo (http://i.ndigo.com.br/[47]), que desenvolveu alguns aplicativos de sucesso mundial. Uma pesquisa[48] feita nos EUA e na Europa mostrou que cerca de 60% das empresas compram aplicativos customizados de terceiros, das lojas virtuais ou dos fornecedores dos sistemas atuais. Apenas 42% preferem desenvolver *in house*. Penso que a razão seja a falta de eficiência interna para o desenvolvimento de aplicativos móveis. Para desenvolver aplicativos corporativos, para múltiplas plataformas, é necessária uma ferramenta que permita escrever um único código, mas que rode nos principais ambientes, como Android, iOS e HTML5.

---

[46] Veja definição na página 44.

[47] Acesso em: 17 dez. 2013.

[48] ABERDEEN GROUP. Crowdsourcing Apps in a SoMoClo World. Disponível em: <http://blogs.aberdeen.com/communications/crowdsourcing-apps-in-a-somoclo-world/>. Acesso em: 17 dez. 2013.

Este mercado, entretanto, deverá ser em sua maior parte mantido pelas empresas que já desenvolveram os aplicativos para o mundo do teclado e mouse e que agora os estão reposicionando rapidamente para o *touchscreen*. Nas conversas com executivos das empresas de *software*, as chamadas ISVs (*Independent Software Vendors*), são nítidos o interesse e a movimentação deles em criar novas funcionalidades para o ambiente móvel. Vale ressaltar que o mercado brasileiro não oferece muitas oportunidades para estes tipos de empresas florescerem. Gostaria muito de ver surgir uma outra TOTVS nascida no mundo móvel, mas as chances me parecem pequenas. A possibilidade maior é que as empresas que se destacarem sejam compradas por empresas maiores. De qualquer maneira, para os empreendedores que queiram se aventurar neste mundo da mobilidade, sugiro olhar de perto os setores de mídia e entretenimento, varejo, trasporte, saúde, educação e utilidades. Me parece que estes setores apresentam um bom potencial para criação de aplicações inovadoras.

Uma questão importante é que para criar um aplicativo pago é essencial saber por que e quando os usuários compram aplicativos. E quanto eles estariam dispostos a pagar. Existe um serviço interessante, chamado Mopapp (http://www.mopapp. com/[49]) que monitora o desempenho financeiro do aplicativo.

Outra questão é como destacar um único aplicativo em um mar deles? Na App Store já contamos hoje mais de 900 mil apps. Devemos ter também uns 800 mil para Android. É realmente um desafio e tanto, e uma das melhores táticas é o uso intenso e inteligente das próprias mídias sociais. Recomendações de amigos e entusiastas do app são uma fonte importante de geração de atenção. Um exemplo interessante

---

[49] Acesso em: 17 dez. 2013.

de serviço para localizar apps é a Xyologic, (http://www.xyo.net/[50]). A ideia desta *start up* é bem interessante.

Resumindo, existe mercado, só que como em qualquer área, ganhar dinheiro não é fácil. As oportunidades com os apps existem, mas é importante desenhar um bom e rentável modelo de negócios, ser criativo e, principalmente, acreditar na ideia. Sugiro aos desenvolvedores de apps se manterem atualizados com as últimas informações sobre o cenário de aplicativos, e recomendo concentrar esforços no Android, iOS e HTML 5. Recomendo também olhar o site <http://148apps.biz/>[51], que se especializou em noticiar fatos sobre o que eles chamam de *business side* da App Store. E para ter uma ideia do que existe no mundo Android, recomendo acessar <http://www.androlib.com/>[52].

Enfim, quem sabe, alguém não aparece com um novo Instagram aqui no Brasil?

---

[50] Acesso em: 17 dez. 2013.
[51] Acesso em: 17 dez. 2013.
[52] Acesso em: 17 dez. 2013.

Computação em Nuvem: transformando a TI

A tecnologia sempre exerceu um papel fundamental nas mudanças do cenário de negócios, da Idade da Pedra à Revolução Industrial.

Recentemente observei que as mudanças tecnológicas geralmente sucedem-se às recessões econômicas. A razão é simples: recessões demandam maiores patamares de eficiência e agilidade do que a tecnologia na qual elas surgiram. Por exemplo, a recessão mundial dos anos 1980 foi seguida pela disseminação da computação pessoal. O número de PCs instalados no mundo cresceu de apenas um milhão em 1980 para mais de 100 milhões no fim da década. Sugiro a leitura do artigo "40 anos de IT", feito pelo IDC em 2004[53]. Muito emblemático que o IDC defina o início da TI, como a conhecemos, com o surgimento do *mainframe* IBM/360 em 1964.

Bem, seguindo nosso panorama, a recessão mundial do início dos anos 1990 levou ao uso do modelo baseado na arquitetura cliente-servidor e à Web. Estes modelos usavam o processamento principal em servidores e as interfaces com os usuários nos desktops e laptops. Foi uma mudança em relação ao mundo mais complexo e lento dos *mainframes*. Hoje, estamos novamente vivendo crises econômicas sérias, com a Europa patinando e seus efeitos globais se alastrando pelo

---

[53] Disponível em: <http://pt.scribd.com/doc/10284535/Evolution-of-IT-in-the-last-40-years .> Acesso em: 17 dez. 2013.

mundo. E temos no horizonte o modelo Cloud Computing ou (Computação em Nuvem), que oferece inúmeras vantagens em comparação ao modelo cliente-servidor atual, em termos de facilidade no uso dos recursos e agilidade. A razão para isso é que no modelo de Cloud Computing existe uma camada de automatização que acelera a gestão dos recursos tecnológicos.

A Computação em Nuvem tem que ser encarada como uma mudança na maneira de se olhar e usar TI, e não como simples otimização da infraestrutura tecnológica. Assim como o PC mudou nossos hábitos e o acesso à Web transformou a sociedade, o impacto da Computação em Nuvem deve ser visto com o olhar estratégico, visando a resultados de curto prazo.

Nas empresas, o modelo Cloud deve ser encarado como um plano importante, em que os executivos de alto nível e o CIO devem se engajar de forma colaborativa. Por exemplo, o modelo Cloud pode transformar por completo um setor de indústria (nos setores que trabalham com mídia, livros e música já se pode ver essa mudança) e criar novos modelos de negócio, discussões que estão no nível de responsabilidade do CEO. O impacto comercial da empresa em poder lançar um produto inovador em muito menos tempo, ou mesmo criar um novo negócio, sem precisar recorrer ao atual paradigma de aquisição, instalação e operação de um ativo tecnológico, abre novas janelas de oportunidades. O CIO deve liderar o processo de adoção de Cloud, desenhando e assumindo a responsabilidade pelo *road map* de sua implementação. O CFO (*Chief Financial Officer*) também tem um papel importante, pois contribuirá em muito para criar o *business case* do novo modelo.

Um ambiente de negócios que será muito afetado é o das pequenas e médias empresas. A imensa maioria destas empresas tem dificuldade em lidar com novas tecnologias, carece de *budget* e *expertise*, e não consegue usufruir de recursos tecnológicos que, sob o modelo atual de altos investimentos em capital, ficam restritos às grandes corporações. Veja esta quebra de paradigma: uma empresa resolve analisar dados coletados durante vários anos, nos bilhões de acessos aos seus sites, para conhecer melhor os hábitos dos seus clientes. Ela pode operar tudo isso em algumas horas, por uma nuvem pública, sem necessidade de comprar máquinas e gastar somente alguns milhares de reais. Ou seja, é possível ter Big Data sem Big Servers!

Recomendo a leitura de um relatório[54] muito interessante, de casos de uso dessa ferramenta na Índia, país emergente como o Brasil, em que os dados mostram ganhos significativos com uso de ERP ou *Enterprise Resource Planning* (Sistemas de Gestão Empresarial) em nuvem por parte das pequenas e médias empresas. O uso de Cloud diminui, de forma substancial, a barreira que impede a entrada das pequenas e médias empresas no mundo da computação moderna. Para empresas de economia criativa, cuja matéria-prima é essencialmente digital, Cloud é o caminho natural. Uma pesquisa feita nos EUA mostrou que nos últimos dois anos, 83% das novas firmas de *software* criadas foram diretamente no modelo SaaS ou *software* vendido como serviço. Neste modelo, a empresa usuária não precisa licenciar e instalar o *software* em seus servidores, mas o utiliza a partir dos servidores do provedor da tecnologia.

Cloud traz em seu bojo um novo modelo de TI. Hábitos e modelos de uso de TI, como os conhecemos hoje, serão mudados ao longos dos próximos anos. A TI, liberada das preocupações com questões operacionais, estará cada vez mais envolvida com as estratégias e as redefinições do negócio. A Cloud Computing provavelmente nos levará a uma nova rodada de inovações em processos e modelos de negócio. Com Cloud,

---

[54] ARXIV. Scope of Cloud Computing for SMEs in India. Disponível em: <http://arxiv.org/ftp/arxiv/papers/1005/1005.4030.pdf>. Acesso em: 20 dez. 2013.

uma pequena empresa pode desenvolver e lançar no mercado um novo negócio e escalar seu empreendimento para milhões de usuários em muito pouco tempo. Este fenômeno quebra os tradicionais pensamentos de planejamento estratégico no qual valida-se o cenário atual e não se visualiza disrupções vindas de lugares inesperados.

Entretanto, a migração para este novo cenário não será feito de um dia para o outro. Existem ainda algumas barreiras que estão sendo derrubadas, é verdade, mas que de alguma forma ainda limitam o ritmo de adoção da Cloud Computing. Um ponto que quero destacar aqui é a mudança no modelo arquitetônico das aplicações. Uma utilização do modelo PaaS como plataforma para criação de aplicações demanda mudanças na maneira de se pensar a arquitetura, pois muitas PaaS existentes demandam pressupostos arquitetônicos próprios. Além disso, muitos serviços SaaS implementam interfaces específicas, que podem ser exploradas pelas aplicações. Aliás, suas próprias aplicações podem implementar interfaces que os seus clientes e usuários podem explorar para incrementar as funcionalidades que você provê. Há um artigo breve, mas que vale a pena ler, chamado "The Rise of APIs: lessons from Cloudstock conference[55]" que mostra alguns exemplos interessantes destas interfaces ou APIs (*Application Program Interfaces*, na linguagem técnica).

O uso dos recursos específicos de *Cloud*, como elasticidade, também demanda conhecimentos das peculiaridades das nuvens envolvidas. Explorar plenamente a arquitetuta de Cloud é aproveitar a possibilidade de distribuir a aplicação em componentes ou partes que podem ser replicados pela nuvem, de modo a operarem ao mesmo tempo.

---

[55] DVX.COM. The rise of APIs: lessons from Cloudstock conference. Disponível em: <http://www.devx.com/architect/Article/46125>. Acesso em: 20 dez. 2013.

A questão da interoperabilidade é de extrema importância. Muito provavelmente uma companhia vai utlizar mais de uma nuvem e manter diversas aplicações e bases de dados nas suas próprias instalações ou *on-premise*, e todas elas devem interoperar, pois os sistemas geralmente atuam integrados.

Outros aspectos fundamentais na migração para Cloud é a essencialidade da rede de telecomunicações. Em nuvens públicas, passamos a depender muito mais de redes externas e portanto os provedores de redes passam a ter papel crítico neste contexto. Monitorar o desempenho e disponibilidade da rede, implementar modelos de governança de redes e assinar acordos de nível de serviço com os provedores passa a ser essencial. Enfim, é impossível não sentir os efeitos do processo de Cloud na indústria de TI (novos modelos de precificação e entrega de *software* estão afetando o modelo econômico da indústria) e nos usuários.

Como demonstrado no começo deste livro, existe muito debate sobre o termo mundo "pós-PC". Na minha opinião, o mundo PC continua, só que PC deixa de ser *Personal Computer* e passa a ser *Personal Cloud*. Ou seja, saímos do modelo mental *My Documents* para *My DropBox*.

Gradualmente, o mundo centralizado no PC, que durante 30 anos foi o ponto central da computação pessoal, está migrando para a Computação em Nuvem, onde o PC é um dos participantes. Não desaparece, mas perde sua relevância. Assim, nossos documentos, nossas fotos, nossa "vida pessoal" deixa de ser armazenada em discos rígidos dentro do PC ou laptop e passa a ficar dentro das nuvens. Os aplicativos também começam a deixar o demorado e monótono processo de instalá-los dentro de cada computador, para ficarem disponíveis 24 horas em alguma nuvem.

Claro que as mudanças de conceitos e *mind sets* não são instântaneas. O próprio PC passou por momentos difíceis para sua aceitação. Uma pequena recordação histórica cabe aqui. Computadores pessoais já existiam antes do PC, como o TRS-80 da RadioShack e o Apple II. Já havia a planilha VisiCalc. Mas eram vistos como brinquedos. A computação pessoal só foi considerada séria quando a IBM, então no clímax do seu poder no mundo corporativo, lançou o PC e criou toda uma indústria. Surgiram centenas de desenvolvedores de *software* como Lotus, Ashton-Tate, Microsoft e fabricantes de clones como Compaq e Dell.

Assim, a computação mudou radicalmente. Os PCs passaram de uma ferramenta disponível apenas a especialistas, para algo usado por qualquer um, no ambiente doméstico. Pequenas empresas passaram a ter condições de fazer planejamentos financeiros e administrar seus negócios com mais eficiência. Cerca de dez anos depois do lançamento do PC, a computação pessoal estava inserida no dia a dia de milhões e milhões de pessoas, transformando a vida delas de forma tão profunda quanto a provocada décadas antes pelos telefones e televisores.

Este processo não ocorreu de uma dia para o outro e, no início, enfrentou muitas críticas. Lembro de muitas discussões quando foram implementandos os primeiros PCs em empresas, e muitos dos seus gestores de TI, encastelados nos então CPDs (lembram?), os chamavam jocosamente de eletrodomésticos.

Os usuários estão cada vez mais acostumados com as facilidades proporcionadas pela mobilidade e interfaces *touchscreen*. A próxima geração digital talvez nem saberá mais usar um mouse e muito menos conseguirá imaginar por que era necessário copiar um arquivo para um pendrive para então levá-lo para outra máquina. Smartphones não possuem entrada para pendrives!

Os "computadores móveis" estão cada vez mais intuitivos e não demandam especialistas para instalá-los e configurá-los. Alguém conhece no mercado um curso de como se utilizar o Facebook ou o iPhone? Os próprios usuários entram nas App Stores e escolhem os aplicativos que querem e trocam experiências e sugestões entre si, através das redes sociais. São independentes.

Temos, então, um desafio para o setor de TI do mundo corporativo. Os funcionários têm acesso a computadores e aplicativos que querem usar nas empresas e muitas vezes não o podem. O CEO e o estagiário têm nas mãos o mesmo smartphone. Não há mais distinções entre quem tem tecnologia e quem não tem. Não é mais uma questão de hierarquia, mas de hábito de uso.

Este mundo do *Personal Cloud* provoca uma profunda mudança no que deverá ser a TI de uma empresa. Vamos debater alguns exemplos. Primeiro, as velhas ideias de processos de homologação nos quais selecionava-se quais dispositivos a empresa iria suportar não está mais adequada à velocidade com que os aparelhos surgem no mercado. Estes processos precisam ser revistos e modernizados. O mercado de smartphones e tablets muda significativamente em poucos meses.

Segundo, os usuários hoje escolhem para seus smartphones e tablets os aplicativos que querem, com interfaces intuitivas. Por outro lado, nas empresas, precisam lidar com muitas barreiras para acessar sistemas internos e necessitam fazer cursos de treinamento de vários dias para poder usá-los. Talvez os profissionais de TI devam repensar sobre a arquitetura de sua funcionalidade. Claro que continuarão existindo sistemas integrados e complexos, mas será que muitas vezes pequenos e intuitivos apps não resolveriam muitos dos problemas dos usuários?

Além disso, por que dentro da empresa o usuário só pode ter acesso a determinado sistema por um PC? Em casa ele acessa os serviços que quer a partir de qualquer dispositivo. Talvez possamos começar a pensar não apenas em um mundo monolítico de aplicações complexas, mas em conceitos de uma App Store interna, acessível por qualquer aparelho.

Outra mudança é o conceito de *self-service*. Para se usar um DropBox ou qualquer outro serviço disponível em uma nuvem, o usuário faz suas escolhas por conta própria. É o conceito de *self-service* por excelência. E ele se questiona: por que, para cada processo que preciso da TI na minha empresa, tenho que falar com alguém? Por que não posso ter auto-serviço para solicitar o que preciso?

Sairemos do mundo dos equipamentos para o mundo dos serviços. Cloud Computing, é, em última instância, *IT as a Service*. Para a TI do mundo corporativo isto significa que cada usuário, seja ele funcionário ou cliente, vai demandar acesso aos seus sistemas de qualquer dispositivo, em qualquer lugar. E ele mesmo quer se servir destes serviços. Neste cenário, TI deverá aparecer para seus usuários como uma nuvem.

Assim, o departamento de TI deve desenhar sua estratégia de como adotar estes conceitos, preservando os critérios de segurança e disponibilidade exigidas pela criticidade do negócio. Ele deve repensar os modelos de entrega de serviços aos usuários, via apps e *self-service*. O usuário está cada vez mais autossuficiente e a área de TI deve assumir papel de orientador ou facilitador, mas não de tutor. Este novo papel implica em mudanças na maneira de pensar e agir da TI. Afinal, o mundo do *Personal Cloud* está aí e a pressão cada vez maior causada pelo fenômeno que chamamos de consumerização de TI está forçando as paredes dos *data centers*. O modelo BYOD (*Bring Your Own Device*) e mesmo BYOC (*Bring Your Own Cloud*) não pode ser impedido de entrar.

Mas como nada é absolutamente seguro, muitos perguntam sobre a confiabilidade de ter uma montanha de dados empresariais "nas mãos de terceiros". A soberania de dados é uma questão importante, mas com uma estratégia de adoção de Cloud Computing, que envolva a análise de riscos para cada serviço a entrar em nuvem, os problemas e seus efeitos podem ser minimizados ou eliminados. Por isso, desenhar uma estratégia e uma política de adesão desse mecanismo será não só sensato, mas obrigatório. O primeiro passo a definir será o que se localizará em "nuvens públicas" e o que ficará restrito a "nuvens privadas" (na própria empresa).

O cliente da Computação em Nuvem nem mesmo precisará pagar por uma licença integral do uso da ferramenta. Só pagará, quando for o caso, pelo tempo de utilização ou pelo uso que fez de tal acesso. Outra vantagem: entre a assinatura do contrato e a entrega do serviço, o tempo é extremamente curto para o trabalho ficar disponível, já que não haverá a velha e chata necessidade de instalação de equipamentos, fios e extensões em seu ambiente de trabalho.

A internet, sem sombra de dúvida, criou uma disrupção na indústria de música; o Google criou disrupção na mídia, e os provedores de Cloud criarão disrupções em indústrias.

Um exemplo? A disseminação massiva de ofertas de Cloud Computing pode promover a criação de novos negócios em setores onde os custos de TI são altamente relevantes e impeditivos pelo modelo atual. São setores extremamente intensivos em computação como os de games, animação e produção de vídeos. Mais um exemplo: o jornal *The New York Times* precisava escanear todas suas edições de 1851 a 1989 e, ao invés de adquirir novos *hardwares* ou usar recursos computacionais já sobrecarregados, eles transferiram os seus arquivos escaneados para a nuvem da Amazon. O processamento, em cima de um arquivo de 3 terabytes, levou 24 horas usando 100 instâncias (servidores virtuais) e custou 240 dólares. Se não fosse em *Cloud*, seriam necessários vários meses apenas para adquirir e instalar 100 servidores, e a um custo de dezenas de milhares de dólares.

Outras empresas que adotam Computação em Nuvem? A Netflix e a FourSquare, empresas bem conhecidas no mundo inteiro. Mas, além destes setores envolvidos diretamente com mídia digital, a adoção massiva de Cloud Computing pode incentivar a criação de novos e inovadores negócios que tenderão a usar com mais intensidade a internet. Torna-se cada vez mais comum o uso da internet e das redes sociais em praticamente todos os setores de negócio. A cada dia surgem novidades, como os recentes sites de compras coletivas como o Groupon nos EUA ou o Peixe Urbano no Brasil.

Um exemplo de uso da Computação em Nuvem é a loja virtual Camiseteria. Como todas as pequenas empresas em crescimento, ela estava enfrentando seu limite, pois o crescimento da empresa demandava mais capacidade que os então dois servidores da firma. Estes servidores já estavam hospedados em um provedor externo e daí para utilizar o conceito de nuvem foi um passo. A Camiseteria não precisa mais saber onde estão seus dados, em quais servidores e discos. Na verdade, na Computação em Nuvem, o usuário não precisa saber onde está o servidor e isto não vai fazer a menor diferença para ele.

Assim, a Camiseteria é um exemplo típico dos clientes do modelo de Computação em Nuvem. De maneira geral, as maiores empresas são mais lentas na adoção de novos conceitos e, embora reconheçam o potencial da Computação em Nuvem, ainda preferem ficar com seus servidores guardados em salas bem fechadas. Mas pequenos empresários não podem se dar ao luxo de serem céticos, pois com pouco capital não podem investir em caras instalações para seus servidores. Este é o grupo que mais cresce no uso da Computação em Nuvem. No Vale do Silíco, nos EUA, os investidores não querem ouvir das *start ups* com as quais eles irão gastar dinheiro com infraestrutura física, mas exigem que toda e qualquer infraestrutura de computação já esteja em nuvem.

Portanto, a Computação em Nuvem remove um grande obstáculo para a criação de novas e inovadoras empresas, principalmente as intensivas em uso de TI, pois elimina os investimentos antecipados, diminuindo sensivelmente os custos de entrada do negócio. Como transfere os custos de capital para custos de operação, tende a sincronizar as despesas da empresa com as suas receitas.

Na minha opinião é exatamente esta elasticidade e o modelo "pague pelo que usar", traduzidos pela simplificação do planejamento e da gestão dos recursos computacionais e a significativa redução de custos, que impulsionarão este modelo. No sistema atual, as empresas são obrigadas a investir em recursos computacionais excessivos (para os períodos de maior uso) e pagar por este valor máximo. Com a Computação em Nuvem, as empresas terão ao seu dispor a elasticidade necessária para acomodar a capacidade computacional de acordo com a demanda. A Cloud Computing soluciona um dos mais cruciais problemas atuais da indústria de TI: alinhar a capacidade instalada com a demanda.

Provavelmente, como a adoção do modelo de Cloud Computing será gradual, apenas sentiremos o seu impacto macroeconômico a médio e longo prazo. Já houve um caso similar, que foi a expansão da infraestrutura de comunicações durante a bolha da internet, nos anos 2000. Só sentimos o potencial da disponibilidade desta infraestrutura algum tempo depois de seu estouro. Mas sua "explosão" é que permitiu a criação e disseminação de novos negócios na Web.

Ao olharmos o desenvolvimento da TI, podemos aprender algo com seu passado e, além disso, compreender como as organizações e a sociedade investiram nestas tecnologias. Na época do *mainframe*, poucas empresas tinham acesso à computação (os computadores eram muito caros) e as expectativas delas era que a TI permitisse automatizar seus processos de negócios, tonando-os mais rápidos e baratos. Posteriormente, vimos o surgimento do modelo distribuído, cliente-servidor, que barateou o custo de aquisição da tecnologia, permitindo criar soluções mais voltadas para gerar agilidade e funcionalidade demandadas por departamentos específicos. Entretanto, a rápida proliferação de sistemas diferentes criou uma demanda de integração que culminou no surgimentos dos ERPs.

A situação hoje está bem diferente de anos atrás. A internet já faz parte do nosso cotidiano e a TI está entranhada nos negócios. As empresas começam a não se contentar mais em apenas reduzir custos. Isto é o *business as usual*, obrigação de qualquer gestor que se preze. A TI já fez muito neste sentido, como criar *shared services center* e consolidar seus *data centers*. Agora essa área tem a oportunidade de ser olhada pela ótica da geração de receitas e como plataforma de criação de novos negócios e apoio a estratégias de crescimento e não apenas como uma área operacional.

Ver a TI como geradora de receita é um *mind set* diferente, pois ela sempre foi vista como apoiadora do negócio, para este, sim, gerar novas receitas. A adoção de Cloud Computing permite colocar a TI como centro de geração de receita e lucros. Podemos começar a falar no termo *cloudnomics*. Tal termo pode ser traduzido como um novo modelo econômico para TI, onde métricas como TCO (*Total Cost of Ownership* ou custo total de propriedade, que inclui não apenas os custos de aquisição, mas os de operação, manutenção e depreciação ao longo de sua vida útil) perdem bastante de sua importância e a TI começa a ser analisada pela ótica de um *business case*. Na verdade, qualquer negócio para evoluir deve gerar receita e lucratividade!

Como a Cloud entra neste processo? Ela retira dos ombros da TI muitas das atividades mundanas em que gasta tempo hoje, como *upgrade* de *hardware* e *software*, atividades de suporte básico e assim por diante. Não é incomum vermos CIOs reclamarem que cerca de 80% dos seus gastos e energia são consumidos com a manutenção da operação do dia a dia e apenas 20% com inovações.

Com nuvens públicas, a TI não precisa mais instalar, configurar e atualizar servidores físicos, e com os processos padronizados e automatizados que caracterizam um ambiente em nuvem, o número de técnicos dedicados ao suporte diminui muito. A TI pode se concentrar em inovação e geração de valor para a empresa. Os modelos de custos também se modificam com Cloud e seu conceito de elasticidade. Paga-se pelo uso dos recursos consumidos, o que pode ser diretamente ligado à geração de receita: maior uso de TI, maior geração de receita. É um modelo econômico que muda as regras do jogo. Custa o mesmo alugar um servidor por 1 000 horas ou 1 000 servidores por uma hora.

Um exemplo prático de como o modelo atual de TI limita a geração de receitas significativamente é pensar na exploração de novos negócios que tenham vida curta. No modelo atual, não é justificável economicamente adquirir uma plataforma tecnológica e colocá-la em produção (com altos investimentos antecipados) para ela operar por apenas alguns meses. Com a Cloud, é perfeitamente possível um aproveitamento intenso. Como amostra disso, podemos pensar na produção de uma animação, em que é demandada uma imensa capacidade computacional na renderização final do filme, muito mais do que a soma de todos os meses anteriores de produção e que, após o fechamento, dispensa todos os computadores. Com a Cloud, os computadores são alocados à medida que são necessários. Eles são do provedor, que os usará para outros clientes. O provedor, por sua vez, também usufrui da economia de escala, mantendo milhares de servidores compartilhados por centenas ou milhares de clientes.

A mudança conceitual é muito maior que a mudança tecnológica. Surge o CIO empreendedor, ligado diretamente ao

CEO. Um perfil muito menos técnico e muito mais voltado a negócios e empreendedorismo. Aliás, empreendedorismo em TI, seria uma boa sugestão de MBA para tais profissionais.

Assim, entre as mudanças estruturais para TI vemos, logo de início, a transformação de uma organização centrada em atividades de criação e suporte de sistemas e capacidade computacional, para uma organização voltada a criar uma plataforma computacional onde novos negócios da empresa serão gerados. A escolha dos aplicativos e consequente utilização destes poderão ser deslocadas para os próprios usuários. O fenômeno do "*shadow* IT" (a TI invisível, aquela que está fora da visão dos responsáveis pela informática na empresa) futuramente deixará de ser combatida a ferro e fogo pela TI para ser incentivada. O autosserviço por parte dos usuários deverá ser a nova política da TI. Observo aqui que este processo não é simplesmente deixar de lado os usuários, mas de forma proativa desenhar uma política que permita a eles selecionarem suas próprias aplicações, sejam elas adquiridas externamente ou desenvolvidas dentro de casa, como no modelo de App Store.

Deve-se ter em mente também que transformar a TI em uma unidade de negócios é simples no papel, mas um plano difícil de colocar em prática. Essa mudança ocorrerá paulatinamente. Esta nova TI poderá atuar como incubadora de *start ups* de negócios dentro da própria empresa. Atualmente, criar uma *start up* demanda um elevado investimento antecipado de TI e uma geração de receita imprevisível. O risco é muito grande. Com Cloud, os riscos do negócio são minimizados.

Enfim, como toda e qualquer empresa hoje depende de tecnologia de informação para a sua operação, a criação de pequenas e médias empresas pode se acelerar com o uso da Computação em Nuvem. Não há necessidade de investimentos anteriores em computação, ou seja, ao trocarmos os gastos com capital (capex) por gastos em operação (opex), diminuímos significativamente as barreiras de entrada para criação de novos negócios.

Internet das Coisas:
integrando o mundo físico ao digital

Em 1911, um grupo de empresários decidiu fundir três empresas distintas. Parecia uma ideia um tanto imprudente. Uma das empresas se dedicava ao ramo de relojoaria, a outra atuava na indústria de balanças e a terceira fazia ferramentas para cálculo usadas por organizadores do censo norte-americano. Assim nascia a IBM. Cem anos depois, a empresa sustenta uma imagem mundial de solidez, de criatividade e de solucionadora de problemas na área tecnológica. Em 1950, ela começou a criar os primeiros computadores centrais. Hoje, a empresa é sinônimo de tecnologia. Mais uma vez, a ousadia, o olhar no futuro e a busca incessante de ferramentas para solucionar problemas de tecnologia levaram uma empresa ao topo.

Atualmente, a Internet das Coisas precisa estar presente em praticamente todo ramo de negócios – indústria, portos, aeroportos, comércio, infraestrutura das cidades, área de recursos humanos das empresas. Esta tecnologia operacional pode também entrar no combate a grandes desperdícios que ainda hoje nos espantam. Só para exemplificar com um único dado: o Brasil perde cerca de 12% da soja que produz por falta de infraestrutura em armazenamento e por causa da lenta movimentação nos portos brasileiros[56]. Quanto custa isto em

---

[56] AGROLINK. Brasil perde cerca de 12% da soja produzida no país. Disponível em: <http://www.agrolink.com.br/culturas/milho/noticia/brasil-perde-cerca-de-12--da-soja-produzida-no-pais_158633.html>. Acesso em: 17 dez. 2013.

dinheiro? Quem paga esta conta? Provavelmente, o consumidor de soja paga grande parte do prejuízo.

A Internet das Coisas pode ser definida como uma infraestrutura de rede global onde coisas físicas (objetos) ou virtuais, com suas identidades únicas e atributos, interoperam entre si e com sistemas de informação. Basicamente são objetos interagindo com outros objetos ou com seres humanos via internet. Claro que, para isso, é necessário que eles tenham alguma capacidade de interação, seja esta ativa (como sensores com processadores que rodem *softwares*, que façam parte de um parquímetro inteligente que avise que a vaga será liberada em alguns minutos), ou passiva (como um cartaz em uma parede com um simples código 2D ou uma *tag* na coleira de um cãozinho de estimação). Também pode ser um objeto com operação autônoma, como uma máquina de vendas de refrigerantes e salgadinhos que solicite diretamente ao ERP a reposição automática do seu estoque.

Na Internet das Coisas, os objetos participam ativamente dos processos sociais e de negócios, compartilhando dados e informações "sentidas" sobre o ambiente em que se encontram, reagindo de forma autônoma aos eventos do mundo físico, influenciando ou modificando os próprios processos em que se encontram, sem necessidade de intervenção humana. A interação com as coisas ou objetos inteligentes (*smart things*) dá-se geralmente na forma de interfaces para serviços, uma vez que estes objetos fazem parte de um conjunto maior. Por exemplo, um semáforo inteligente pode ter seu controle de tempo modificado por variáveis simples como hora (maior ou menor fluxo do trânsito) ou data (feriado ou dia da semana), bem como por uma central que, baseada em algoritmos sofisticados, analisa outras informações e variáveis, oriundas de outros semáforos ou de incidentes, como uma colisão em ruas próximas, que alteram o fluxo do trânsito. O semáforo faz parte de um serviço de controle de trânsito. Curiosamente, além do nome Internet das Coisas, podemos achar também na literatura os termos Computação Pervasiva (*Pervasive Computing*) ou Computação Ubíqua (*Ubiquitous Computing*). Neste livro optei por usar "Internet das Coisas", que me parece mais apropriado para passar a mensagem de uma nuvem de objetos inteligentes.

Nessa ferramenta, a comunicação se dará principalmente entre objetos e *data centers*, onde infraestruturas de Computação em Nuvem disponibilizarão capacidade Computacional elástica e flexível o suficiente para acomodar esta grande demanda por recursos de armazenamento e processamento. O uso de recursos computacionais em nuvens é necessário, pois à medida que a computação vai se tornando cada vez mais onipresente, com objetos interagindo uns com os outros e etiquetas de produtos contendo *chips* com Identificação por Rádio Frequência (RFID) colados em latas de cerveja e pacotes de cereais, por exemplo, o volume de dados que irão trafegar pelas empresas e que precisarão ser manuseados em tempo real será absurdamente maior que o atual. A imprevisibilidade da demanda aumentará também de forma exponencial e será impossível implementar sistemas pelo tradicional método de dimensionamento de recursos pelo consumo no momento de pico, pois os custos serão simplesmente astronômicos. Juntando a isso a necessidade de acompanhar a flutuação das demandas de mercado com o crescimento dos volumes e serviços prestados, e com a subutilização dos recursos computacionais hoje disponíveis nas empresas, chegamos à constatação de que precisamos de um novo modelo computacional, mais flexível e adaptável à velocidade das mudanças que ocorrem diariamente no mundo dos negócios.

A Internet das Coisas vai criar uma rede de bilhões ou trilhões de objetos identificáveis que poderão interoperar uns com os outros e com os *data centers* e suas nuvens computacionais. A Internet das Coisas vai aglutinar o mundo digital com o mundo físico, permitindo que os objetos façam parte dos sistemas de informação. Desse modo, podemos adicionar inteligência à infraestrutura física que molda nossa sociedade.

Algumas estimativas já apontam que em cerca de dez anos a maior parte das conexões pela internet será feita com objetos que não são PCs nem tablets ou smartphones. Alguns estudos[57] apontam que, em 2020, haverá cerca de 50 bilhões de objetos ligados à internet e, provavelmente, estes objetos gerarão um tráfego IP maior que o gerado pelos automóveis dos seres humanos. Estas estimativas me parecem bem razoáveis, porque os custos dos equipamentos que fazem a Internet das Coisas acontecer, diminuem a cada ano. Analisando a evolução do mercado global, é possível fazermos projeções que, em 5 anos, colocar um acelerômetro, uma placa bluetooth ou wi-fi em um dispositivo custará a metade do preço de hoje. E provavelmente, em dez anos, menos de ¼ do preço atual, popularizando mais e mais seu uso.

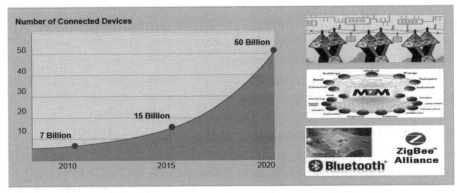

LSource: Company data, IDC, Yankee, Gartner, in Macquarie Group, March 2009

---

[57] CISCO. The Internet of Things. Disponível em: <http://www.cisco.com/web/about/ac79/docs/innov/IoT_IBSG_0411FINAL.pdf>. Acesso em: 17 dez. 2013.

Com tecnologias cada vez mais miniaturizadas, podemos colocar inteligência (leia-se *software*) nos limites mais externos das redes, permitindo que os processos de negócio sejam mais descentralizados, com decisões sendo tomadas localmente, melhorando o seu desempenho, escalabilidade e aumentando a rapidez das decisões. Por exemplo, sensores em um automóvel enviam sinais em tempo real para um algoritmo sofisticado em um processador no próprio veículo, que pode tomar decisões que melhoram a segurança da sua condução, evitando colisões ou mau uso dos seus componentes. Outras informações podem ser repassadas a uma central que monitore o percurso, gerenciando a forma do usuário dirigir o veículo e retribuindo o bom condutor com descontos no seguro. Podem enviar informações que mostram que o veículo está sendo furtado e, portanto, decisões como o bloqueio de sua condução e acionamento da força policial podem ser tomadas.

Podemos ir além. Os carros em breve rodarão pelas ruas sem motoristas. Já existe a tecnologia necessária e iniciaram-se testes com essa finalidade. O veículo pode rodar sozinho, guiado por um pacote de sensores que inclui GPS e lasers que medem a todo momento a distância e a velocidade relativa do veículo em relação a outros elementos, fixos ou móveis, nas ruas. Ou seja, ele pode detectar que o carro à frente freou bruscamente ou que o de trás começou uma ultrapassagem. Atualmente, estes protótipos funcionam melhor nas estradas, pois não há cruzamentos e nem pessoas atravessando continuamente. O nível de dificuldade é bem menor.

A Internet das Coisas tem a capacidade de colocar, por exemplo, uma etiqueta eletrônica em um determinado produto que sairá da linha de produção para o centro de distribuição com destino ao supermercado. Um chip "instalado" na sua etiqueta eletrônica avisará quando o consumidor retirá-lo da gôndola. Se o consumidor tiver o cartão do estabelecimento, ao passar no caixa, o cartão indicará que produto ele está comprando. Ao voltar para fazer novas compras com o cartão do estabelecimento, a operação se repetirá e as compras do cliente serão identificadas, via etiqueta eletrônica. Assim, será possível saber que tipos de produtos o cliente costuma levar para casa ao longo do mês ou do ano.

Numa loja experimental, na Alemanha, profissionais de tecnologia filmaram, para fins de propaganda, um rapaz colocando vários produtos nos bolsos internos de um sobretudo. Ao sair da loja, ele simplesmente passou por um umbral onde um leitor imediatamente leu as etiquetas eletrônicas dos produtos. Nas filmagens, para criar clima de suspense para os espectadores, um guarda o chama, retira o recibo da máquina, sorri para o rapaz, pede desculpas e o entrega. Claro, não precisou dizer a ele que passasse no caixa antes de ir embora com as compras. Tratava-se apenas de um filme para indicar como serão controladas as compras nos supermercados em um futuro bem próximo.

A mesma tecnologia será usada nos hospitais. Remédios com etiquetas eletrônicas permitirão controlar a dosagem exata que cada paciente deve receber. Tudo será registrado através do chip. Numa mina, no Canadá, as etiquetas já estão nos crachás de seus funcionários. Em caso de algum acidente, a empresa saberá exatamente onde está cada um dos mineiros, agilizando e facilitando o socorro o quanto antes.

As grandes cidades mundo afora têm também grandes problemas em muitas áreas: transporte, segurança, energia, saúde, abastecimento, saneamento. Em Estocolmo, na Suécia, as ruas antigas são muito estreitas e sinuosas. Isso dificulta muito o fluxo do tráfego. O governo então decidiu usar a tecnologia para resolver ou, pelo menos, aliviar o problema. Se o motorista circular naquela região em horário de pico, câmeras registrarão a placa de seu carro. Assim, ele pagará mais caro pelo pedágio. Em horários de menos movimento, o valor será menor. Já está em vigor no Brasil, uma resolução para que todos os carros que saírem das montadoras, a partir de 2014, tenham etiquetas eletrônicas[58]. Muita gente vai reclamar de pagar ainda mais pedágios, mas será uma maneira de forçar o usuário a deixar o carro em casa ou longe dos grandes centros, dar preferência ao transporte público, ou ainda dar ou aceitar uma carona dos vizinhos. Aqui, cabe uma sugestão que já foi até motivo de propaganda pública no Brasil, há alguns anos: o chamado transporte solidário. Cada semana, um colega do grupo que mora no mesmo prédio ou condomínio sugere quem vai rodar ou não naquela semana. Se, por exemplo, você pensar no número de prédios e condomínios existentes só na cidade do Rio de Janeiro, dá para imaginar quantos milhares de carros deixarão de circular a cada sete dias. Isso é mais qualidade de vida, economia para o próprio bolso e para o país, e menos poluição ambiental e sonora.

Nosso mundo convive com uma grande ineficiência em todos os aspectos da nossa sociedade, em seus sistemas, processos e infraestrutura. Grande parte desta ineficiência pode ser atribuída ao fato de que o mundo construiu seus sistemas, processos e infraestrutura em silos isolados, sem preocupações com seus inter-relacionamentos. Assim, os problemas de trânsito são resolvidos na área do trânsito, sem atentar para as outras entidades que se correlacionam com o trânsito. Mas o mundo está cada vez mais interconectado e inter-relacionado e as ineficiências do enfoque isolado ficam cada vez mais aparentes. A complexidade da sociedade humana e, principalmente, a complexidade das grandes cidades não podem mais ser vistas de forma isolada, como sempre fizemos, mas sim em

---

[58] TRANSPORTE E LOGÍSTICA. Veículos brasileiros começam a receber chip a partir de 30 de junho. Disponível em: <http://transporteelogistica.terra.com.br/noticias/integra/52/veiculos-brasileiros-comecam-a-receber-chip-a-partir-de-30-de-junho-->. Acesso em: 17 dez. 2013.

uma visão de sistemas. O mesmo acontece com as empresas. Uma otimização da cadeia logística de uma empresa pode entrar em conflito com as medidas de otimização do trânsito das grandes cidades. O sucesso, ou seja, a redução da ineficiência dos processos e sistemas que movem nossa sociedade, só será alcançado com a integração deles e de seus atores, sejam estes governos, cidades ou empresas.

Hoje a tecnologia nos permite pensar em um sistema de sistemas interconectados. O grande obstáculo não é, portanto, a tecnologia, mas sim a nossa maneira de pensar. Geralmente pensamos de forma compartimentalizada, buscando resolver os problemas isoladamente. Uma empresa busca ser eficiente por conta própria, ignorando a possibilidade de parceria colaborativa com outras que estejam enfrentando o mesmo problema. O problema se agrava nos sistemas, processos e infraestrutura dos países e cidades onde o componente político, que se concentra no curto prazo, é mais aparente.

Está ficando cada vez mais evidente que nosso mundo e nossa sociedade estão em um complexo sistema que possui outros sistemas inter-relacionados. A globalização veio acelerar este processo. De maneira geral, podemos identificar os seguintes sistemas básicos que compõem nossa sociedade:

1) Sistema de infraestrutura;
2) Sistema elétrico;
3) Sistema financeiro,
4) Sistema da cadeia de alimentação;
5) Sistema de comunicação;
6) Sistema de água e saneamento;
7) Sistema de transporte;
8) Sistema de governo e segurança pública;
9) Sistema de saúde;
10) Sistema educacional;
11) Sistema de lazer, entretenimento e vestuário.

Coletivamente estes sistemas compõem nossa sociedade e representam 100% do PIB global. Cada sistema é um amálgama de entidades públicas e privadas, que abraçam múltiplas indústrias. Por exemplo, o sistema de saúde, que se ocupa em prover saúde e bem-estar à sociedade, é composto, entre outros, por médicos, hospitais, clínicas, consultórios, farmácias, indústria farmacêutica, distribuidores de medicamentos, governo e órgãos regulamentadores. O sistema de transporte, que se ocupa em mover pessoas e mercadorias de um lugar para outro, por sua vez, é composto por empresas de transporte de massa (ônibus, metrôs e trens), empresas aéreas, empresas de logística, fabricantes de veículos e aeronaves, agentes de viagens, produtores e distribuidores de combustível e energia, governo e órgãos reguladores. Todos estes sistemas inter-relacionam-se em maior ou menor grau, e decisões e ações que são tomadas no âmbito de um acabam afetando todos os outros sistemas. Existe uma nítida relação de causa e efeito, com resultados sendo sentidos tanto imediatamente quanto a longo prazo. Um exemplo simples: medidas que impulsionam a venda de veículos, afetam o uso de transporte de massa, podem sobrecarregar a infraestrutura viária e, a longo prazo, com maior ocorrência de congestionamentos e aumento da poluição urbana, afetam o sistema de saúde, com maior incidência de doenças respiratórias.

Um outro exemplo pode ser o próprio trânsito e seus congestionamentos. As horas perdidas todos os dias nos engarrafamentos das grandes cidades implicam em custos bilionários para toda a sociedade. Estes custos podem ser classificados em dois tipos: o tempo ocioso das pessoas no trânsito e os gastos pecuniários impostos à sociedade.

Uma melhoria no trânsito tem implicações em todos os outros sistemas. Mas esta melhoria só pode ser conseguida com uma visão mais abrangente dos sistemas. A ineficiência não reside apenas em um sistema, mas nos seus inter-relacionamentos.

O trânsito está diretamente inter-relacionado com o planejamento urbano e o deslocamento das pessoas.

Assim, um dos grandes desafios das cidades é a mobilidade (ou imobilidade) urbana, representada pelo trânsito caótico e sistema de transporte público ineficiente. Uma pesquisa recente[59] feita pela IBM, em 20 cidades do mundo inteiro, mostrou que o trânsito é uma das principais preocupações dos seus habitantes. O tempo de viagem entre dois destinos dentro de muitas das cidades mais importantes do mundo é um dos grandes motivos de insatisfação e estresse, gerando imensas perdas em produtividade e qualidade de vida.

As seis cidades piores classificadas encontram-se nos países BRIC ou em desenvolvimento, como Beijing, Cidade do México, Joanesburgo, Moscou, Nova Déli e São Paulo. O rápido crescimento econômico dos países em desenvolvimento não foi acompanhado pela evolução da infraestrutura urbana e o resultado é um trânsito caótico. Por exemplo, somente nos quatro primeiros meses de 2010, Beijing registrou 248 mil novos veículos, uma média de 62 mil por mês. Na Cidade do México, são emplacados 200 mil novos veículos por ano e em São Paulo emplaca-se mais de mil veículos por dia.

O grande desafio é que, à medida que a urbanização aumenta, a tendência é a situação piorar cada vez mais. Claramente que as soluções tradicionais, como construir mais avenidas e viadutos, estão chegando ao seu limite. Não há mais espaço e nem tempo para longas intervenções urbanas, de modo que temos que buscar novas e inovadoras soluções.

A crescente disseminação da tecnologia está permitindo instrumentar e conectar objetos, possibilitando a convergência entre o mundo digital e o mundo físico da infraestrutura urbana.

---

[59] IBM. Smarter Traffic. Disponível em: <http://www.ibm.com/smarterplanet/us/en/traffic_congestion/ideas/>. Acesso em: 18 dez. 2013.

Com uma infraestrutura instrumentada e conectada podemos pensar em um sistema de transporte mais inteligente, conhecida pela sigla em inglês ITS (*Intelligent Transport Systems*).

O conceito do ITS baseia-se na aplicação de tecnologias inovadoras para coletar mais e melhores dados, analisá-los de forma mais rápida e inteligente, e conectá-los através de redes mais eficientes para ações e decisões mais ágeis e eficazes. Uma mobilidade urbana mais eficiente é crucial para a competitividade econômica de uma cidade. Alguns estudos[60] apontam que congestionamentos intensos custam entre 1% a 3% do PIB das cidades.

Embora as consequências do congestionamento sejam similares, as suas causas e soluções são diferentes entre as cidades do mundo. Não se pode aplicar, de forma automática, uma solução que tenha sido bem-sucedida em uma cidade em outra. Por exemplo, em Amsterdã mais de 50% das viagens dos cidadãos são ou a pé ou de bicicleta. Já em Chicago, 90% da movimentação é por carros particulares[61]. Nas cidades dos países desenvolvidos, a infraestrutura já existe e é necessária sua modernização. Na Europa, o transporte público é o principal meio de mobilidade, enquanto que em muitas cidades dos EUA o carro é o principal meio. Já nas cidades dos países em desenvolvimento a infraestrutura está em construção. Também muitas destas cidades estão crescendo de forma muito rápida e desordenada.

Mas como chegar a um sistema inteligente de transporte? É um processo de evolução gradual, que passa pela próprio nível de maturidade dos modelos de governança e gestão de

---

[60] ECONOMIST INTELLIGENCE UNIT. A recuperação do tempo perdido: O transporte público nas áreas metropolitanas do Brasil. Disponível em: <http://www.accenture.com/SiteCollectionDocuments/PDF/Accenture-Public-Transport-Brazil-BrPt.pdf>. Acesso em: 18 dez. 2013.
VIMECA. Comissão Europeia – Livro Branco dos Transportes. Disponível em: < http://www.vimeca.pt/MEDIALAB/IMAGENS/LivroBranco.pdf >. Acesso em: 18 dez. 2013.
[61] IBM. Smarter traffic. Disponível em: <http://www.ibm.com/smarterplanet/us/en/traffic_congestion/ideas/>. Acesso em: 18 dez. 2013.

transporte das cidades. A IBM criou um modelo chamado *Intelligent Transport Maturity Model* que permite classificar uma cidade em um determinado nível de maturidade e ajudar a desenhar os próximos passos.

Por exemplo, analisando a vertente "governança" podemos agrupar uma cidade em diversos níveis, do mais baixo, onde o planejamento de cada modelo de transporte é feito de forma independente, sem coordenação com os demais, até níveis mais avançados. À medida que evoluímos nos níveis de maturidade, começamos a ver a figura da autoridade de transporte, que tem a visão integrada e multimodal, chegando até ao planejamento regional, quando agrega-se a integração aos transportes das cidades vizinhas. Se olharmos a vertente "serviços oferecidos", vemos que nos níveis mais baixos de maturidade não existe a figura do "bilhete único", e portanto cada meio de transporte é pago separadamente e em dinheiro. Nos níveis mais avançados, chegamos a integração multimodal, onde o mesmo pagamento serve para qualquer modalidade de transporte, seja este ônibus, metrô ou trem, e as formas de pagamento são variadas, inclusive via celular. Nos níveis mais avançados de maturidade, o sistema de transporte oferece serviços completos de informação, que orientam a viagem de forma multimodal. Ou seja, indicam qual o melhor meio para se deslocar de um ponto a outro, inclusive com alertas em tempo real de eventuais interrupções ou atrasos nos serviços.

Como cada cidade está em um determinado patamar em seu nível de maturidade relativo ao transporte público e as prioridades também são diferentes, cada uma deve desenhar seu próprio caminho de evolução.

Os passos básicos para implementação de um modelo de transporte inteligente passam por:

a) Desenvolver uma estratégia abrangente de transporte. O planejamento da mobilidade urbana deve ser holístico e envolver todas as modalidades e os aspectos econômicos da cidade. Deve estar plenamente alinhado com o Plano Diretor da Cidade. A estratégia deve considerar a possibilidade de se usar tecnologias inovadoras que podem transformar a maneira como se pensa a gestão do transporte atualmente. O planejamento deve ser a longo prazo. Por exemplo, em 2005, a Transport for London, a autoridade de transporte da cidade de Londres, desenvolveu uma estratégia focada no futuro, chamada "Transport 2025: Transport vision for a growing world city[62]".

b) Adotar a visão do cidadão usuário do transporte público como um cliente e não como usuário anônimo. Na maioria das cidades não existe a visão de cliente de transporte público, mas de usuário anônimo, com pouquíssimas informações sobre seus roteiros, desejos e necessidades. A "experiência do usuário" com o transporte público é geralmente negativa. Identificar, analisar e compreender os padrões de demanda dos clientes é essencial para desenhar uma estratégia adequada de transporte público. Com estas informações pode-se criar serviços inovadores e inclusive meios para incentivar deslocamentos em outros horários, através de preços variados.

c) Implementar um sistema de mobilidade urbana integrada, que inclua não apenas o transporte público, mas o particular, como automóveis e bicicletas. O objetivo é fazer o cliente planejar a sua jornada, a despeito dos tipos de transporte que irá usar.

---

[62] Em português, "Transporte 2025: uma visão do transporte para uma cidade global em crescimento".

d) Gerenciar a implementação de forma efetiva. Toda e qualquer mudança enfrenta resistências. Uma intervenção significativa como a criação de um sistema de transporte inteligente gera receios e preocupações. Um mecanismo de gestão eficiente, aliado a um sistema de comunicação e divulgação, que integre a sociedade no processo, é fundamental para o sucesso do projeto.

É indiscutível que as cidades precisam dar um salto quântico em seus sistemas de mobilidade urbana. A utilização de tecnologias é um passo essencial para modernizarem seus modelos de governança e gestão do transporte público.

Novamente falando sobre a ação de se analisar os sistemas isoladamente, podemos observar que, nas empresas, isto ocorre com frequência. Vamos imaginar que em uma mesma região temos três indústrias: um fabricante de equipamentos eletrônicos e produtos de informática de consumo, um fabricante de eletrodomésticos e um de móveis para escritório. Cada uma delas tem problemas de logística para resolver, incluindo-se aí os relativos às exportações de seus produtos para outros estados e países. Mesmo que cada indústria otimize individualmente sua cadeia logística, os sistemas de infraestrutura e transporte como um todo não estarão sendo beneficiados. Se estas empresas olharem pela ótica holística de sistemas integrados e inter-relacionados, podem colaborar em enviar seus produtos para outras regiões ou países de forma integrada, compartilhando e otimizando não só as suas cadeias logísticas, mas todo o sistema de transporte. Estimativas apontam que, por exemplo, cerca de 10% da capacidade instalada de contêineres está constantemente ociosa por falha na otimização logística.

Melhorar as maneiras de como nosso mundo funciona não é uma utopia. Pode e deve ser feito. Não podemos mais desperdiçar os recursos naturais. Não podemos mais aumentar a emissão de gases do efeito estufa. Temos que usar o fato de que nosso planeta está cada vez mais instrumentado e interconectado para torná-lo mais inteligente e usarmos a capacidade computacional existente no mundo, aliada a sensores e atuadores que se espalham pelos trilhões de objetos para, através de *softwares* que permitam analisar e tomar decisões em tempo real, tornar os sistemas, processos e infraestrutura mais inteligentes. Antes não podíamos eliminar ou reduzir os congestionamentos, pois não tínhamos capacidade de prever e atuar em tempo real sobre o trânsito. Hoje a tecnologia nos permite isso. Mas, precisamos entender o complexo inter-relacionamento existente entre os sistemas e obrigatoriamente mudar nossa maneira de pensar, tornando-nos mais colaborativos.

Mas, quanto aos gestores de TI, como a Internet das Coisas poderá os afetar? A área de TI tem sido a responsável por colocar as empresas na internet. Os CIOs ou os *Chief Innovation Officers*[63] deverão começar a analisar o potencial de oportunidades que a Inteligência das Coisas pode trazer para suas empresas, inclusive criando novos produtos, serviços ou mesmo novos negócios. Alguns exemplos? Criação de serviços baseados em *smarter homes*, integrando câmeras de vigilância, sensores de movimento e temperatura e luz, controlados pelos usuários via smartphones. A indústria automobilística será também um belo exemplo. Automóveis conectados à internet podem obter informações em tempo real das condições de trânsito acoplados a seu GPS, gerar alertas de potenciais defeitos para o motorista e mesmo dirigir o veículo automaticamente. Serão os *e-car*, ou veículos conectados.

Mas, por outro lado, temos grandes desafios. Um deles é a sobrecarga nas redes de comunicação que constituem a internet. A tendência é que a utilização da Internet das Coisas e

---

[63] Os CIOs tradicionais, voltados apenas à operação do dia a dia, tenderão a desaparecer, como os engenheiros de voo desapareceram das cabines dos aviões modernos.

o jargão M2M (*machine-to-machine*) cresça mais rapidamente que o restante das telecomunicações no Brasil. Um estudo da Europraxis estima que até 2016, 3,7% do mercado de assinaturas de serviços móveis seja de objetos se comunicando com outros objetos[64]. Na Internet das Coisas, cada assinatura de serviço equivale a um chip. Estudos internacionais indicam que, entre 2022 e 2025, as assinaturas M2M irão ultrapassar as de voz e dados. O número de assinaturas vem dobrando a cada dois anos e é uma tendência que deve continuar, considerando o número crescente de equipamentos eletrônicos, veículos e sistemas essenciais conectados. Segundo estas estimativas, nos próximos anos, cada habitante terá quatro ou mais itens comunicando-se remota e automaticamente. Isso multiplicará o mercado M2M em relação ao de voz por celular, que geralmente conta com um ou dois chips.

O mercado M2M abre um cenário de novas oportunidades para as operadoras móveis, que podem exercer um papel mais importante na cadeia de valor, assumindo mais importância e maior valor agregado, efetuando tarefas como ativar contas, fazer cobranças e oferecer suporte técnico, além de simplesmente serem os dutos de trasmissão de dados. No modelo tradicional, os meios de telecomunicações oferecem a infraestrutura, mas a conectividade e o relacionamento ficam a cargo de um parceiro especializado em M2M.

Outro desafio será a segurança. Claro que em determinadas situações teremos que ter uma Intranet das Coisas ou uma rede interna, sem conexão externa, de modo a garantir acesso seguro aos objetos que estejam conectados. Mas, na maioria das vezes, teremos que conectar objetos à internet e as preocupações com segurança se potencializarão. Por exemplo, uma rede elétrica com medidores inteligentes conectados aos sistemas empresariais, e estes conectados ao mundo externo pela internet,

---

[64] EURO PRAXIS. Disponível em: < http://www.europraxis.com/>. Acesso em: 18 dez. 2013.

abre uma potencial brecha na segurança. Um *e-car* deverá ter mecanismos de proteção para que não seja acessado de forma indevida, sem autorização de seu proprietário.

Hoje a maioria das chamadas tecnologias operacionais ou tecnologias que estão fora da TI, como sensores ou equipamentos médicos computadorizados, são gerenciados pelas próprias áreas de negócio. E estas não têm a cultura e experiência de TI em termos de segurança de acesso. Estes dispositivos, ao fazerem parte da Internet das Coisas, deverão ter os seus processos de segurança atuais, se existirem, revistos.

Eis um papel importante para os executivos de TI. Atuar de forma proativa, de modo a inserir nas iniciativas de Internet das Coisas das suas empresas a sua prática em métodos e processos de segurança. Portanto, os CIOs também devem começar a olhar a Internet das Coisas pela ótica da segurança. Como vemos, para os gestores de TI, não faltarão novos desafios.

Assim, a Internet das Coisas implica em uma interação entre o mundo físico e o mundo digital, com entidades físicas tendo também uma identidade digital, e a possibilidade de comunicarem-se e interagirem com outras entidades do mundo virtual, sejam eles outros objetos ou pessoas. Mas como resolver a questão do endereçamento de centenas de bilhões de objetos?

A maioria dos servidores e estações-cliente que estão em uso na internet usam o Internet Protocol versão 4 ou IPv4. Mas o IPv4 apresenta diversas limitações, principalmente por não conseguir endereçar o imenso volume de objetos que farão parte da Internet das Coisas. O IPv6 foi desenhado para substituir o IPv4 e eliminar estas restrições. Seu projeto está em desenvolvimento e evolução desde os anos 1990 e, nos últimos anos, vem recebendo bastante atenção por parte dos fornecedores de tecnologia e dos mais importantes governos do mundo.

A principal razão para este interesse é sua capacidade muito maior de endereçamento, permitindo que objetos, como carros, computadores e até mesmo latinhas de cerveja sejam unicamente identificados. O IPv4 consegue enxergar cerca de 4,3 bilhões de endereços e, no final de 2008, apenas 15% (cerca de 644 milhões) ainda estavam disponíveis[65]. Este número é insuficiente para endereçar o imenso volume estimado de objetos inteligentes que deverão entrar em operação nos próximos anos. Basta pensar que somos seis bilhões de pessoas e, em poucos anos, pelo menos 2/3 desta população poderá ter diversos aparelhos que se comunicarão via internet (smartphones, câmeras digitais, automóveis) e, portanto, este número não comportará esta demanda previsível. Para termos uma ideia da imensa potencialidade de endereçamento do IPv6 (que usa 128 bits comparado aos 32 bits do IPv4), se cada endereço fosse uma molécula, elas formariam um volume do tamanho da Terra no IPv6, enquanto os endereços IPv4 formariam um volume do tamanho de um simples iPod.

Para a maioria dos países, a transição para o IPv6 deverá acontecer ao longo de muitos anos, por múltiplas fases, sendo necessário coexistir simultaneamente tanto o IPv4 quanto o IPv6.

Alguns governos estão agindo de forma proativa, como o governo norte-americano que desenhou um plano de migração em várias fases. A primeira, que já se encerrou em junho de 2008, obrigava que os *backbones* (que são as principais rotas de tráfego de dados) do governo federal fossem capazes de aceitar e rotear pacotes IPv6.

O ritmo de adoção do IPv6 deverá se acelerar em todo o mundo. Atualmente, o seu nível de utilização ainda é baixo, situando-se em torno do 1% do tráfego total da internet.

---

[65] WIKIPEDIA. IPv4 address exhaustion. Disponível em: <http://en.wikipedia.org/wiki/IPv4_address_exhaustion>. Acesso em: 18 dez. 2013.

Estima-se que chegue a 5% do tráfego em 2013, crescendo de forma exponencial a partir daí, à medida que mais e mais objetos inteligentes comecem a conversar uns com os outros. Algumas estimativas apontam que em 2018 cerca de 50% do tráfego na internet será IPv6[66].

A implementação do conceito da Internet das Coisas passa pelo princípio de que o mundo está cada vez mais instrumentado e conectado. Claramente o IPv6 é parte essencial deste cenário.

---

[66] WIKIPEDIA. IPv6. Disponível em: <http://en.wikipedia.org/wiki/IPv6>. Acesso em: 18 dez. 2013.

Big Data como diferenciador competitivo

No dia a dia, a sociedade gera cerca de 2,5 quintilhões de bytes de informações sobre as suas operações comerciais e financeiras, bem como sobre clientes e fornecedores, nas informações que circulam nas mídias sociais e dispositivos móveis, como as geradas pelo número cada vez maior de sensores e outros equipamentos embutidos no mundo físico, como rodovias, automóveis e aeronaves. Um único segundo de vídeo em alta definição gera 2 mil vezes mais bytes que uma página de texto. Capturar, manusear e analisar este imenso volume de dados é um grande desafio.

Um assunto que começa a despertar atenção é o Big Data. O termo se refere a bancos de dados de tamanho significativamente maior que os que usualmente conhecemos. É claro que é uma definição bastante subjetiva e móvel, pois um tamanho grande pode ser bem pequeno em poucos anos. Hoje terabyte é o volume que armazenamos em nossos discos *backup* em casa e os grandes bancos de dados já estão na escala dos petabytes. O termo Big Data ainda é um conceito mal definido e pouco compreendido. Com uma rápida pesquisa no Google identifiquei pelo menos uma dúzia de definições incompletas.

Atendo-nos apenas a conceitos, podemos resumir com uma fórmula simples: Big Data = volume + variedade + velocidade de dados. Volume, porque além dos dados gerados pelos sistemas transacionais, temos a imensidão de dados gerados pelos objetos na Internet das Coisas, pelos sensores e câmeras, e os gerados nas mídias sociais via PCs, smartphones e tablets. Variedade, porque estamos tratando tanto de dados textuais estruturados como não estruturados como fotos, vídeos, e-mails e tuítes. E velocidade, porque muitas vezes precisamos responder aos eventos quase que em tempo real. Ou seja, estamos falando da criação e tratamento de dados em volumes massivos. Outro desafio: criar e tratar apenas de dados históricos, pois os veteranos Data Warehouse[67] e as tecnologias de *Business Intelligence* (BI)[68] começam a se mostrar lentos demais para a velocidade na qual os negócios precisam tomar decisões. Aliás, o termo *Business Intelligence* já fez mais de 50 anos. Foi cunhado por Hans Peter Luhn, pesquisador da IBM, em um artigo escrito nos idos de 1958[69].

Quando falamos em volume, os números são gigantescos. Se olharmos globalmente, estamos falando em zetabytes ou 10^{21} bytes. Grandes corporações armazenam múltiplos petabytes e mesmo pequenas e médias empresas trabalham com dezenas de terabytes de dados. Este volume de dados tende a crescer geometricamente e em um mundo cada vez mais competitivo e rápido, as empresas precisam tomar decisões baseadas não apenas em palpites, mas em dados concretos. Assim, para um setor de marketing, faz todo sentido ter uma "visão 360°" de um cliente, olhando não apenas o que ele comprou da empresa, mas o que ele pensa e diz sobre ela, por exemplo, por meio do Facebook e Twitter.

Tratar analiticamente estes dados pode gerar grandes benefícios para a sociedade e as empresas. Recentemente a

---

[67] Trata-se de um sistema de computação utilizado para armazenar informações relativas às atividades de uma organização em bancos de dados, de forma consolidada. O desenho do Data Warehouse favorece os relatórios, a análise de grandes volumes de dados e a obtenção de informações estratégicas que podem facilitar a tomada de decisão.

[68] *Business Intelligence* ou processo de coleta é uma ferramenta de organização, análise, compartilhamento e monitoramento de informações que oferecem suporte à gestão de negócios.

[69] WIKIPEDIA. Hans Peter Luhn. Disponível em: <http://en.wikipedia.org/wiki/Hans_Peter_Luhn>. Acesso em: 18 dez. 2013.

McKinsey Global Institute publicou um relatório muito interessante sobre o potencial econômico do uso de Big Data, chamado de "Big Data: The Next frontier for innovation, competition and productivity[70]".

O Big Data já se espalha por todos os setores da economia. O mesmo estudo da McKinsey mostra que, em 2009, as empresas norte-americanas de mais de mil funcionários armazenavam, em média, cada uma, mais de 200 terabytes de dados. E em alguns setores o volume médio chegava a 1 petabyte.

Certos casos citados no relatório da McKinsey mostram que algumas empresas conseguiram substanciais vantagens competitivas explorando de forma analítica e em tempo hábil um imenso volume de dados. O Big Data torna-se útil pela abrangência de dados que podem ser manuseados. O Data Warehouse tradicional acumula dados obtidos dos sistemas transacionais como os ERP. Estes sistemas registram as operações efetuadas pelas empresas, como uma venda, mas não registram informações sobre transações que não ocorreram, mas que de algum modo podem estar refletidas nas discussões sobre a empresa e seus produtos nas redes sociais. Também a empresa pode registrar diversas informações com a digitalização das conversas mantidas pelos clientes com os *call centers* e pelas imagens registradas em vídeo, do movimento nas lojas. Estas informações, geralmente não estruturadas, estão disponíveis e o que o conceito de Big Data faz é integrá-las de forma a gerar um volume muito mais abrangente de informações, que permita a empresa tomar decisões cada vez mais baseadas em fatos e não apenas em amostragens e intuição.

Claro que existem ainda grandes desafios pela frente. Um deles é a tecnologia para manusear rapidamente este imenso

---

[70] MCKINSEY & COMPANY. Big data: The next frontier for innovation, competition, and productivity. Disponível em: <http://www.mckinsey.com/mgi/publications/big_data/index.asp>. Acesso em: 18 dez. 2013.

volume de dados. Já existem algumas tecnologias orientadas a tratar volumes muito grandes, como o Hadoop e o outros sistemas de bancos de dados específicos como o Cassandra (http://cassandra.apache.org/[71]) que é utilizado hoje pelo Facebook, Twitter e Reddit.

Claramente, novas oportunidades de negócios são possíveis, devido à capacidade de processamento das informações de dados, em tempo real, disponíveis em sensores de localização, como etiquetas de rádio frequência (RFID), de GPS disponível em telefones celulares, de sensores em carros. Enfim, o potencial é quase inesgotável.

Na atual sociedade industrial, os recursos naturais dependem de tecnologia e de conhecimento para que sejam transformados em produtos manufaturados. Afinal, descontraídamente, podemos dizer que um quilo de satélite vale imensamente mais do que um quilo de minério de ferro. Ou seja, ter apenas recursos naturais e exportá-los de forma bruta, importando em troca produtos manufaturados, não garante a competitividade de um país a longo prazo.

Fazendo um paralelo, na sociedade da informação, os dados são os recursos naturais. Sendo assim, é crucial saber tratá-los na velocidade adequada. Dados não tratados e analisados em tempo hábil são dados inúteis, pois não geram informação. Ativos corporativos importantes, os dados podem e devem ser quantificados economicamente.

O Big Data representa um desafio tecnológico, pois demanda atenção à infraestrutura e tecnologias analíticas. O processamento de massivos volumes de dados pode ser facilitado pelo modelo de Computação em Nuvem, desde, é claro, que este imenso volume não seja transmitido repetidamente via internet. Só para lembrar, os modelos de cobrança pelo

---

[71] Acesso em: 18 dez. 2013.

uso de nuvens públicas tendem a gerar processamentos muito baratos, mas tornam caras massivas transmissões de dados.

A principal base tecnológica para Big Data Analytics é o Hadoop e os bancos de dados NoSQL (*Not Only SQL*, ou seja, bases de dados SQL e não SQL). A importância do *Not Only SQL* explica-se pelo fato de o modelo relacional, padrão da maioria dos bancos de dados atuais, ser baseado no fato de que, na época de sua criação, início dos anos 1970, acessar, categorizar e normalizar dados era bem mais fácil que hoje. O modelo relacional baseia-se em dois conceitos: um de entidade e um de relação. Entidade é um elemento caracterizado pelos dados que o identificam. A atribuição de valores a uma entidade constrói um registro da tabela ou banco de dados. A relação determina o modo como cada registro de cada tabela se associa a registros de outras tabelas.

Praticamente não existiam dados não estruturados circulando pelos computadores da época. Também não foram desenhados para escala massiva nem processamento extremamente rápido. Seu objetivo básico era possibilitar a criação de *queries* que acessassem bases de dados corporativas e portanto estruturadas. Para "soluções Big Data", tornam-se necessárias várias tecnologias, desde bancos de dados SQL a *softwares* que utilizem outros modelos, que lidem melhor com documentos, gráficos e processamento paralelo.

A complexidade do Big Data vem à tona quando lembramos que não estamos falando apenas de armazenamento e tratamento analítico de massivos volumes de dados, mas de revisão ou criação de processos que garantam a qualidade destes dados e de processos de negócio que usufruam dos resultados obtidos. Portanto, Big Data não é apenas um debate sobre tecnologias, mas principalmente como os negócios poderão usufruir da montanha de dados que há a sua disposição. Surge, então, a questão da integração: como integrar bases de dados estruturadas e não estruturadas, com diversos *softwares* envolvidos?

Estão surgindo novos profissionais para lidar com essa nova relação. Big Data abre oportunidades profissionais bem amplas. Um novo cargo, chamado de *data scientist* ou cientista de dados é um bom exemplo. Demanda normalmente formação em Ciência da Computação e Matemática, bem como habilidades analíticas necessárias para se encontrar a providencial agulha no palheiro de dados recolhidos pela empresa.

"Um cientista de dados é alguém que é curioso, que analisa os dados para detectar tendências", disse recentemente Anjul Bhambhri, vice-presidente do setor de produtos Big Data da IBM[72]: "É quase como um indivíduo renascentista, que realmente quer aprender e trazer a mudança para uma organização."

A carreira de "cientista de dados" já aparece em profusão, pelo menos nos EUA. Como exemplo, em julho de 2013 acessei o Dice.com, um site americano especializado em carreiras de TI, coloquei o termo *data scientist* e obtive 281 respostas.

Na minha opinião, existe espaço para dois perfis profissionais, um mais voltado a negócios, qualificados para tratar analiticamente as informações geradas por estas imensas bases de dados, e outro com viés mais técnico, ou *Data Architect*.

Pelo viés dos negócios, um artigo[73] interessante que foi publicado pelo *The Wall Street Journal*, edição brasileira, aponta como problema a escassez de talentos. O artigo "MBAs agora preparam mineiros de dados" relata que muitas empresas americanas começaram a procurar profissionais que saibam interpretar os números usando a análise de dados, também conhecida como inteligência empresarial. Mas encontrar profissionais qualificados tem se mostrado difícil. Daí que vá-

---

[72] WIKIPEDIA. Disponível em: <http://www-01.ibm.com/software/data/infosphere/data-scientist/>. Acesso em: 18 dez. 2013.

[73] THE WALL STREET JOURNAL. MBAs agora preparam "mineiros de dados". Disponível em: <http://online.wsj.com/article/SB10001424053111903480904576510934018741532.html>. Acesso em: 20 dez. 2013.

rias faculdades norte-americanas, como a Faculdade de Pós-Graduação em Administração, da Universidade Fordham e a Faculdade de Administração Kelley, da Universidade de Indiana, começaram a oferecer disciplinas eletivas, cursos de extensão e mestrados em análise de dados.

Outro avanço tecnológico que permite tratar dados em tempo real é o que chamamos de *stream computing*. A ideia é fantástica, um novo paradigma. No modelo de mineração de dados tradicional, uma empresa filtra dados dos seus vários sistemas e após criar um Data Warehouse, dispara consultas ou *queries*. Na prática, faz-se garimpagem em cima de dados estáticos, que não refletem o momento, mas sim o contexto de horas, dias ou mesmo semanas atrás. Com *stream computing* esta garimpagem é efetuada em tempo real. Em vez de disparar *queries* em cima de uma base de dados estática, coloca--se uma corrente contínua de dados (*streaming data*) atravessando um conjunto de *queries*. Podemos pensar em inúmeras aplicações, sejam estas em finanças, saúde e até mesmo em manufatura. Vamos ver este último exemplo: um projeto em desenvolvimento com uma empresa de fabricação de semicondutores monitora em tempo real o processo de detecção e classificação de falhas. Com *stream computing* as falhas nos chips que estão sendo fabricados são detectadas em minutos e não horas ou mesmo semanas. Os *wafers* defeituosos podem ser reprocessados e, mais importante ainda, pode-se fazer ajustes em tempo real nos próprios processos de fabricação.

O Big Data deve começar a aparecer na tela do radar dos CIOs em breve. Aliás, já aparece no canto da tela de um ou outro CIO, e provavelmente em alguns anos será um dos temas mais prioritários das tradicionais listas de "tecnologias do ano" feitas pelos analistas de indústria. Portanto, é bom estar atento à sua evolução e eventualmente começar a colocar em prática algumas provas de conceito.

Inteligência Artificial: a nova fronteira da computação

Raciocínio, ideias, criatividade, desejos, sonhos. Tudo isso nasce na mente, talvez a parte mais misteriosa do corpo humano. Sem ela não daríamos um passo. Todo o nosso cotidiano gira em torno dela. Assim que acordamos, ela entra em alerta máximo para que você decida se primeiro escovará os dentes ou tomará um banho. Há toneladas de livros nas prateleiras das livrarias explicando ou tentando explicar como nasce, por exemplo, um raciocínio.

O filósofo francês, René Descartes, foi direto ao assunto: "Penso, logo existo"! Depois de cinco séculos, com a evolução da Matemática e da sociedade, chegamos à era do pensamento rápido. Da necessidade da velocidade para resolvermos o mais rapidamente possível os problemas que surgem a cada momento. É a competitividade exigindo de cada um de nós mais rapidez em nossas atitudes, principalmente nas áreas industriais, comerciais e de negócios, como na Bolsa de Valores, uma espécie de "hospício virtual." Um leigo, ao observar aquele mundo, não consegue entender o que fazem aqueles profissionais com os olhos grudados em várias telas ao mesmo tempo. Parece uma imagem de filme de ficção científica, mas não é. Cada tecla acionada naquele ambiente pode significar mais fortuna ou uma derrocada geral na conta de uma empresa ou pessoa física.

Como tudo avança desde os tempos da caverna, os robôs estão aí já há alguns anos. Hoje eles são muito usados nas indústrias automobilística e eletroeletrônica, por exemplo. Desempregaram em massa os antigos profissionais, mas também criaram empregos na área tecnológica. A indústria automobilística, no Grande ABC, em São Paulo, tinha quase 1 milhão de funcionários nos anos 1980/1990. Hoje não deve ter 20% disso. Mas a vida é assim. Não espere justiça dela. A sociedade moderna está cada vez mais individualizada. Solidariedade é uma palavra muito ouvida nas missas aos domingos, mas na segunda-feira o jogo é outro. Empresários querem soluções para seus problemas, querem aumentar suas produções, desejam, enfim, vender, gerar lucros. É o capitalismo, que muitos chamam de selvagem. E parece ser mesmo.

Há muito tempo o homem vem falando de Inteligência Artificial. A ideia, em resumo, seria a de que um computador fosse capaz de dar respostas consideradas inteligentes ao ponto de "aquela máquina" ser confundida com uma pessoa de verdade. Hoje, os jogos virtuais, os programas de computador, a robótica e programas de diagnósticos médicos utilizam as técnicas da Inteligência Artificial. Mas a IA quer muito mais ainda. Ela quer chegar ao ponto de "humanizar" de tal forma um computador que ele seja capaz de simular ou se igualar à capacidade humana de raciocinar, tomar decisões e alcançar o sonho tecnológico mais importante de todos – o de resolver problemas.

Ao entrar num shopping e comprar uma simples camisa, o consumidor, muitas vezes, não tem a menor ideia de que aquele seu ato, aparentemente tão simples, provoca uma reação em cascata nos bastidores da loja onde a mercadoria foi comprada. O sistema utilizado nos computadores daquela rede aciona vários mecanismos assim que o funcionário do caixa registra a compra. Esta informação vai para o estoque, onde dá baixa numa unidade daquela mercadoria. Se o sistema observa que aquele produto tem tido boa saída, ele já aciona a central de distribuição para que mais unidades daquele produto sejam enviadas à loja. Tudo com uma velocidade tão grande que será computado antes mesmo do consumidor chegar em casa e mostrar sua nova camisa para a mulher. Isso já é uma realidade bem simples e usada nas empresas há anos. Mas estes complexos sistemas são algorítmicos. Repetem a cada dia a mesma coisa. Não aprendem com seus erros.

Dar um passo à frente e chegar à Inteligência Artificial é a próxima fronteira da evolução da tecnologia. A Inteligência Artificial é o grande sonho de realização de cientistas mundo afora. No Japão (sempre eles!), recentemente um grupo de cientistas apresentou um robô que é capaz de servir um copo d'água com gelo. Primeiro, ele enche o copo apenas com água e depois coloca uma jarra com gelo sobre a mesa e com a outra mão, sem auxílio de nenhum ser humano, serve o gelo. Os cientistas são do Instituto de Tecnologia de Tóquio e o sistema que faz a máquina pensar chama-se *self-replicating neural network*, ou, para ser mais simples, os japoneses conseguiram, com este robô, não só matar a sede dos colegas do instituto, mas também avançar na área da Inteligência Artificial.

Mas vamos imaginar que o copo com água ou a jarra com gelo caísse de uma das mãos do robô. Ele teria "inteligência" suficiente para refazer a operação? Até onde sabemos, a resposta é não. Pelo menos, por enquanto. Mesmo para ele, que já consegue ir além de outros robôs, ainda assim, seu poder de raciocínio é muito limitado. Há correntes de pensamento que afirmam que a Inteligência Artificial plena jamais será possível. Talvez esta seja uma boa notícia. Afinal, onde as sociedades colocariam milhões ou até mesmo bilhões de desempregados com tantos robôs fazendo tudo no lugar dos humanos? Se, atualmente, o desemprego, sem a Inteligência Artificial, já é um tormento para os governos e para os próprios desempregados, dá para imaginar o caos que seria se os robôs invadissem definitivamente as nossas vidas?

A Inteligência Artificial não está sendo estudada, claro, só para acabar com empregos. Ela já é usada na área de saúde, por exemplo, para detectar doenças, indicar diagnósticos ou até mesmo para prevenir problemas futuros. O avanço das tecnologias é algo sempre surpreendente. Exemplos não faltam. Quando Henry Ford lançou o modelo Ford T, no início do século passado, criando a montagem e produção em série, surpreendeu o mundo. O nosso genial Santos Dumont testou a estabilidade do 14-Bis, voando bem baixinho em Paris e com a ajuda de um burrico que puxava umas cordas que estavam presas à "aeronave". Parece mentira, mas há livros[74], inclusive com fotos, sobre a façanha. Imaginarmos hoje um burrico puxando um Boeing é virar motivo de piada.

Assim, quanto mais avançarmos nos estudos da Inteligência Artificial, mais benefícios poderemos ter. E avanço é o que não falta. A cada dia, o mundo gera 15 petabytes de dados. Para os leigos no assunto, cada petabyte equivale ao número 1 seguido de 15 zeros. Como tratar este imenso volume de dados e extrair deles informações que nos ajudem a tomar decisões ou mesmo, de forma automática, fazer que os próprios computadores tomem decisões?

Como o que é novidade sempre provoca uma certa resistência nos seres humanos, nas empresas isso não é diferente. Afinal, as empresas só existem porque lá estão as pessoas trabalhando. Mesmo hoje, muitas empresas preferem tomar decisões baseadas nas próprias experiências, em suas intuições ou até mesmo em comparações com fatos que foram sucesso ou fracasso na concorrência. Isso pode até ajudar em alguns casos. Mas como nada é 100% seguro, isto seria o mesmo que uma companhia aérea proibir que seus pilotos decolem em noite de chuva só porque, um dia, um avião da concorrência se aci-

---

[74] Por exemplo, há o livro *A vida dos grandes brasileiros: Santos Dumont* (Editora Três, 2003).

dentou e atribuíram a fatalidade à chuva e à noite. Comparar fatos com os resultados de um concorrente pode até ajudar na tomada de decisões, desde que haja fundamento lógico ou informação mais analítica. Cada empresa é mais ou menos como um corpo humano. Não há dois corpos iguais. O remédio que serve para um paciente poderá ser péssimo para o outro, mesmo que a doença seja a mesma. Metabolismo, efeitos colaterais e outros tantos fatores fazem muita diferença e, assim, podem provocar resultados opostos.

O uso inteligente da tecnologia beneficia empresas, governos e sociedade. É verdade que tudo tem os dois lados. Que toda ação gera sempre uma reação. Mas a sociedade chegou a um grau de desenvolvimento que não é mais possível retroceder. Dá para imaginar a vida atual só com cheques (algo quase extinto, aliás)? Dá para imaginar a rede bancária sem a Tecnologia da Informação? Já somos aproximadamente 7 bilhões de seres humanos, um número assustador. Isso significa que 7 bilhões de pessoas necessitam, por exemplo, de água potável todos os dias. Milhões não a têm. Segundo relatório[75] anual da ONU - Organização das Nações Unidas, em 2050, mais de 45% da população mundial não terá água para as suas necessidades básicas. Ainda segundo o relatório, hoje, mais de 1 bilhão de pessoas vivem sem o volume básico de água para uma vida sob as mínimas condições de higiene e sobrevivência. A ONU prevê que dentro de 40 anos, a população chegará aos 10 bilhões de pessoas. Se isso se confirmar, enfrentaremos uma situação bastante caótica.

Mas além da água potável, os atuais 7 bilhões de seres humanos precisam de moradia, saneamento básico, escolas, creches, transportes públicos, hospitais. É aqui que a tecnologia da informação precisa crescer cada vez mais para oferecer

---

[75] IBM. Water. Disponível em: < http://www.ibm.com/ibm/gio/water.html>. Acesso em: 19 dez. 2013.

soluções eficientes e rápidas para tantos problemas. Isso sem falarmos nos problemas futuros que virão por aí, que muitos de nós nem temos ainda ideia quais serão. Com certeza, Henry Ford não imaginou, ao criar seus primeiros modelos de carros, que eles, 100 anos depois, seriam um dos grandes vilões da poluição sonora e ambiental nas grandes cidades. Que seus veículos, multiplicados aos milhões por outras montadoras, consumiriam toneladas diárias de combustíveis. Há gravíssimos problemas nas grandes cidades. O trânsito caótico e, consequentemente, muito tempo jogado fora em engarrafamentos que parecem não ter fim, devastação de aéreas verdes para dar lugar a novos prédios comerciais, industriais ou familiares, transporte urbano deficitário. Só estes três problemas já são suficientes para assustar qualquer governo sério que esteja em busca de soluções para a administração de uma grande cidade. De novo, a Inteligência Artificial terá de dar sua contribuição para solucionar os imensos problemas que já estamos vivendo, ou o mundo acabará mergulhado num caos inimaginável? Será que a velocidade e a multiplicação dos problemas diante da explosão demográfica vencerá as Tecnologias da Informação? Quando teremos estas respostas?

Bem, já demos alguns passos. Basta observarmos a evolução da Inteligência Artificial em alguns exemplos. Em fevereiro de 1996, o campeão do mundo de xadrez, Garry Kasparov, considerado o melhor jogador de todos os tempos, ganhou três partidas, empatou duas e perdeu uma contra o supercomputador Deep Blue da IBM, obtendo a pontuação final de 4 a 2 (o empate dá meio ponto para cada um dos lados). A única derrota de Kasparov nesse jogo foi justamente na primeira partida, o primeiro jogo de xadrez em que um computador venceu um campeão do mundo sob regras normais de tempo. Mesmo recuperando-se nos jogos seguintes, ao final do jogo, Kasparov declarou que era o "último humano campeão de xadrez", talvez prevendo o que aconteceria no ano seguinte.

Em maio de 1997, após passar por uma intensa atualização, Deep Blue venceu Kasparov em um novo confronto de 6 partidas, com 2 vitórias, 3 empates e 1 derrota (pontuação final: 3,5 a 2,5), tornando-se o primeiro computador a vencer um campeão mundial de xadrez num jogo com regras de tempo oficiais. Mas ainda faltava muito. O Deep Blue não pensava. Era fantástico no xadrez, mas não sabia fazer nada além disso.

Em 2011, a IBM apresentou o supercomputador Watson, promovendo uma competição de perguntas e respostas baseada no programa de TV *Jeopardy*, disputando com os dois maiores vencedores desse jogo. O *Jeopardy* foi usado como demonstração porque muita gente (o público norte-americano) conhece bem as regras desse jogo (já que ele está no ar desde meados da década de 1960) e, ao contrário do Deep Blue, cuja "inteligência" baseava-se essencialmente na sua força bruta e velocidade de analisar jogadas, o Watson foi concebido para entender o sentido da linguagem humana de acordo com o seu contexto, com o objetivo de encontrar a resposta precisa para perguntas complexas. Foi um avanço significativo em relação à primitiva inteligência do Deep Blue.

Sob esse ponto de vista, *Jeopardy* ofereceu um grande desafio porque as perguntas não foram feitas para serem respondidas por um computador. Os participantes desse programa precisam dominar todos os aspectos de uma linguagem natural, como regionalismos, gírias, metáforas, ambiguidades, sutilezas e trocadilhos e não apenas trabalhar com o sentido literal da informação.

Fora isso, Watson incorporava uma nova maneira de recuperar informação de maneira rápida a partir de imensas quantidades de dados, permitindo-lhe assim uma profunda capacidade de análise e interpretação. De fato, a IBM diz que o poder analítico de Watson é capaz de investigar o equivalente a cerca de 200 milhões de páginas de dados (ou perto de um milhão de livros) e permite que ele esteja apto para responder a uma pergunta em aproximadamente três segundos. Essa capacidade de lidar com linguagem natural e responder precisamente questões complexas possui um grande potencial de transformar a maneira com que as máquinas interagem com os seres humanos, ajudando-os a conquistar seus objetivos. Essa tecnologia poderia ser usada, por exemplo, para melhorar a qualidade dos serviços de *help desk*, orientar habitantes locais e turistas a respeito de informações sobre uma cidade, oferecer suporte ao cliente de maneira eficiente em qualquer dia e a qualquer hora e muito mais.

Com isso podemos dizer que Watson é capaz de pensar? Segundo a IBM, sim, mas de uma maneira diferente da dos seres humanos. Isso porque a capacidade de Watson de aprender as correlações entre as informações vem por meio da seleção das informações e a interpretação das mesmas, e não da simples assimilação de conhecimento. Ou seja, ele só sabe aquilo que lhe foi ensinado e ainda não é capaz de aprender algo por sua conta e incorporá-lo à sua base de conhecimento.

É provável que, com o Watson, seja só uma questão de tempo até que os computadores sejam capazes de aprender de maneira autônoma. Nesse momento, eles deixarão de ser simples ferramentas de execução para se tornarem parceiros dos seres humanos, ajudando-os a tomar decisões e realizar as tarefas de maneira mais eficiente. Assim, a crença de que a computação deva fazer muito mais pelas pessoas é a nova fronteira da Tecnologia da Informação.

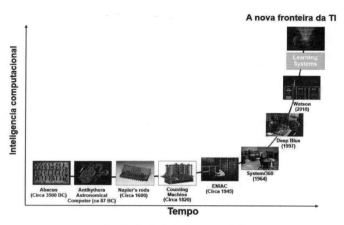

A evolução das "máquinas pensantes"

Mas todas estas tecnologias relatadas nesta parte do livro, isoladas, não têm um impacto significativo quando comparadas com sua atuação em conjunto. De que adiantam dezenas de milhares de sensores (Internet das Coisas) gerando petabytes de dados continuamente, se não houver uma tecnologia que analise e responda, às vezes até mesmo em tempo real, a estas informações? É o Big Data em ação. Para tomada de decisões rápidas, é preciso disponibilizá-las aos gestores e responsáveis pelas decisões a qualquer momento, independente do local onde estejam e, portanto, a mobilidade, com seu smartphones e tablets é o meio para isso. Uma análise pode se tornar muito mais eficaz se as informações colhidas puderem ser compartilhadas com outras pessoas, gerando uma inteligência coletiva. Temos as redes sociais para isso. E obviamente precisamos de capacidade computacional que atenda sob demanda a esta necessidade variável de computação. Falamos da Computação em Nuvem.

Como podemos ver, os grandes resultados serão obtidos pela convergência de todas estas tecnologias, e é isso que abordarei no próximo capítulo.

A convergência e a integração entre as TEI

É indiscutível que a tecnologia avança em um ritmo cada vez mais acelerado, provocando transformações e mudanças em toda a sociedade. Um exemplo? A indústria fonográfica não mudou, mas foi transformada.

Estava na minha tradicional corrida pelo calçadão de Ipanema, curtindo um sonzinho, quando me caiu a ficha: "Puxa, há menos de dez anos como ouvíamos música?" Quanta coisa mudou e ainda está mudando! A indústria da música como um todo não tinha ideia do *tsunami* que estava se formando bem à sua frente...

Vamos recordar: naquela época, a indústria faturava alto, vendendo CDs aos montes. A internet estava começando. E as primeiras iniciativas na Web ajudavam a indústria a vender CDs on-line. À primeira vista, a Web facilitava o processo de compra, pois evitava que os consumidores tivessem que ir até as lojas para comprar seus CDs.

Mas o que a indústria estava vendendo? Um CD com 15 a 20 músicas, das quais queríamos apenas umas duas ou três. Claro que poderíamos ouvir de graça estas músicas, bastando para isso sintonizar alguma estação de rádio que as tocassem. Mas tínhamos que ficar à disposição da programação das rádios. Ah, e também tínhamos o *walkman*, o antecessor do iPod.

Mas o que estava se formando era uma mudança radical que afetaria toda uma indústria bilionária. O PC e a internet começaram a mudar de lado. O PC assumiu o papel de *hub*, armazenando e tocando músicas. Surgiram os tocadores baseados no padrão MP3. Veio a onda do P2P com o Napster. A internet, antes aliada, se tornava o carrasco da indústria fonográfica.

Qual foi a reação desta indústria? Lutar contra! Processar os criadores do Napster, criar tecnologias proprietárias que impedissem a cópia e outras medidas que demonstravam que tinha sido surpreendida e não sabia como reagir. Existe um livro muito interessante que aborda este tipo de reação, bastante comum, aliás, chama-se *O dilema da inovação*, de Clayton Christensen. O livro mostra que muitas empresas fracassam quando confrontadas com mudanças tecnológicas de ruptura na estrutura de seu mercado. É um livro antigo, mas que continua bastante atual.

A internet provocou outro fenômeno avassalador. Um dos alicerces da indústria eram os grandes sucessos, os discos de ouro. As estações de rádio impunham estas músicas a todos nós. Os CDs eram vendidos por causa destes sucessos. O fenômeno da cauda longa, bem descrito por Chris Anderson em seu livro *A cauda longa* foi outro fator de transformação radical na indústria. Os grandes sucessos estão deixando de ser os únicos guias para a venda de músicas.

Enfim, o que os executivos da indústria não perceberam é que estavam gastando tempo e energia tentando defender um modelo de negócios que estava condenado. O CD está se tornando o elo mais fraco da cadeia de valor. E lutar por ele é lutar uma guerra inglória. Uma guerra onde a indústria que processa seus próprios clientes é absolutamente sem sentido!

A música caminha para ser 100% digital. O acelerador destas transformações é a convergência tecnológica. Nós vemos o fenômeno da convergência acontecendo em todos os lugares. Há alguns anos as indústrias de TV, internet e telefonia eram negócios independentes, com executivos especializados.

Hoje, podemos dizer que são uma só indústria. Não há mais como separar a telefonia da internet e da televisão. O celular é um exemplo perfeito desta convergência. Um smartphone é um tipo de celular que, além de permitir fazer ligações e enviar mensagens, possibilita também o acesso a e-mails, aplicativos, redes sociais e o envio de fotos e vídeos para canais da internet. E, além disso, o smartphone possui GPS e pode se "transformar" em uma "carteira de dinheiro", pois aproximando-o de um dispositivo NFC (*Near Field Communication*), você pode fazer pagamentos eletrônicos.

Outro exemplo de integração é o uso das câmeras digitais nos smartphones. Esta facilidade nada mais é que tecnologia de *software* que tira fotos. Seus dispositivos são conhecidos dos usuários de computadores. O visor, por exemplo, é um LCD (tela de cristal líquido), como comumente usado nos notebooks. Mas a principal responsabilidade pela operação da câmera digital é o sensor, que captura as imagens a serem fotografadas.

Os *softwares* podem apresentar algoritmos sofisticados que inovam, em muitos aspectos, a nossa sociedade. Por exemplo, a compra de roupas on-line. O desafio é garantir que a roupa vai servir e modelar o corpo da forma que aparece no site. Matemáticos desenvolveram um *software* que usa as roupas que você tem no armário, entre outras coisas, para prever se o próximo vestuário vai realmente servir. A tecnologia, chamada de "talhe perfeito" já está em uso por alguns varejistas norte-americanos como Macy's e Nordstrom. Conversando com alguns executivos do setor, observei que o caimento perfeito sempre foi o desejo dos varejistas on-line, uma vez que parte de suas vendas feitas pela internet é devolvida. Roupas femininas, por exemplo, sempre são um desafio. O tamanho médio de uma marca pode ser pequeno em outra, porque as grifes de moda desenham suas peças usando especificações próprias e secretas para criar moldes. Os algoritmos do "talhe perfeito" calculam o tamanho e a forma do cliente com base em informações dados por ele/ela e comparam isso com as especificações das peças que o cliente deseja comprar. O *software* então recomenda um tamanho para cada roupa, descrevendo como ela deverá cair em áreas complicadas como busto e cintura.

Mais um exemplo: reunindo um Google Maps com GPS e com as bases de dados dos setores que controlam o trânsito nas cidades, surgiu um equipamento que nos conduz pelos melhores caminhos, identificando em tempo real onde existem problemas de congestionamento.

Assim, a convergência nos mostra que, juntando diversos dispositivos, o resultado é sempre maior que a soma das partes.

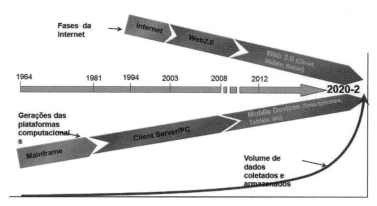

As ondas tecnológicas (Cloud Computing, Mobilidade, Big Data e Social Business) convergem

Uma amostra interessante e importantíssima da convergência tecnológica é sua aplicação no crescimento e desenvolvimento das cidades. Este desenvolvimento sempre esteve intimamente ligado aos avanços de sua infraestrutura, suportada pelas tecnologias marcantes de cada época, como eletrificação, rede de saneamento, construção de edifícios, surgimento da indústria automotiva e assim por diante. Por exemplo, a possibilidade de construir prédios altos e a invenção dos elevadores permitiu a formação de centros urbanos com alta densidade populacional. A criação de redes de transporte público e a disseminação dos automóveis permitiram que as pessoas se deslocassem longas distâncias, não precisando mais morar perto de seus locais de trabalho.

Hoje, com a rápida evolução da tecnologia digital, com computadores cada vez mais baratos, menores e poderosos, e a disseminação da internet, abre-se um espaço significativo para a integração entre as tecnologias computacionais e as infraestruturas físicas das cidades, criando-se oportunidades para a criação de cidades mais inteligentes. Uma cidade pode se tornar mais inteligente se integrar sensores e outros dispositivos à sua infraestrutura, otimizando sua operação e mitigando os inevitáveis problemas que a concentração urbana traz em seu bojo, como os congestionamentos de trânsito.

De maneira geral, as infraestruturas das cidades foram criadas sob a ótica do mundo analógico, com a tecnologia digital restrita às operações administrativas. A integração do mundo computacional à infraestrutura permite criar um nível muito mais amplo de integração entre os diversos sistemas que compõem uma cidade. Estes diversos sistemas sempre atuaram de forma isolada, sem maiores integrações entre si. Por exemplo, o sistema de transporte não interage com o sistema de educação, embora exista inter-relacionamento entre eles. Uma cidade inteligente consegue mapear o deslocamento dos alunos em direção às escolas e com isso tomar decisões que afetam a qualidade de vida destes alunos. Um uso mais intenso de banda larga incentiva o *home office* e, com isso, demanda menos pressão nos sistemas viários, com menos deslocamentos de pessoas em direção aos escritórios.

Cada cidade tem características ímpares e não existe uma solução única que abranja todas elas. As suas especificidades obrigam que os gestores de cada cidade desenhem suas estratégias e identifiquem quais as ações de maior prioridade em detemi-nado momento. As cidades dos países desenvolvidos precisam modernizar suas infraestruturas. O desafio é como inserir a tecnologia digital em locais construídos com suportes antigos. Nos países em desenvolvimento, muitas infraestruturas es-tão ainda sendo criadas. Por exemplo, os projetos de criação de metrôs, VLTs (Veículos Leves sobre Trilhos) e BRTs (*Bus Rapid Transit*) em muitas cidades brasileiras estão ocorrendo devido à Copa do Mundo e às Olimpíadas. É uma oportuni-dade para estas infraestruturas já nascerem com o mundo digi-tal e físico integrados. O BRT é um modelo de transporte co-letivo de média capacidade, originado dos ônibus articulados de Curitiba. Várias cidades do mundo vêm adotando o BRT como um meio de transporte público, pois é mais barato de se construir do que um metrô, com capacidade de transporte de passageiros similar à de um sistema de VLT. Já o VLT ou TRAM, como conhecido nas cidades europeias, é uma espécie de trem ou bonde urbano e suburbano de passageiros, cujo equipamento e infraestrutura são tipicamente mais "leves" que os usados normalmente em sistemas de metrô.

Por outro lado, esta integração implica em novos desa-fios. Um deles é que, como a cidade passa a ser mais depen-dente do mundo digital, a questão da segurança e do controle de acesso a estes meios digitais passa a ser algo mais prioritá-rio. Com as cidades tendo seus sistemas cada vez mais inter-conectados, um vírus de *software* pode afetar a sua operação e causar *blackouts* que simplesmente as paralisem. Os sensores e outros dispositivos nas extremidades das redes tendem a ser os elos mais fracos da cadeia. É necessário colocar mecanismos de segurança que indiquem que os sensores estejam funcio-nando adequadamente e que não estejam contaminados por algum vírus. Além disso, em um mundo cada vez mais móvel, com smartphones e tablets se multiplicando a cada minuto, mais pontos de acesso, nem sempre seguros, são inseridos nas redes de informação das cidades. A complexidade dos sistemas integrados aumenta o potencial de danos causados por falhas. Portanto, a integração físico-digital passaria por uma análise de riscos bem mais cuidadosa do que habitualmente se faz hoje em dia.

A interação físico-digital também demanda novos enfoques de gestão, desde a concepção, integrando diversos atores, que vão dos órgãos públicos envolvidos até provedores de tecnologias e processos, à sua operação, que passa a demandar uma maior integração entre todos estes órgãos. Este talvez seja um grande desafio cultural a ser vencido. Em muitas cidades, os órgãos que atuam sobre ela operam de forma isolada, sem integração de processos e sistemas. Com a integração físico-digital devem passar a operar transversalmente.

É indiscutível que a integração físico-digital abre novas oportunidades para melhoria da gestão das cidades. Por outro lado, cria novos questionamentos que devem ser considerados. Um exemplo é a privacidade. Basta pensar que a instalação de câmeras pelas cidades pode, no início, abrir questões sobre o tema e criar comentários negativos. Mas significativamente vemos que, à medida que elas se inserem no nosso dia a dia e trazem benefícios palpáveis, a sociedade se acostuma com sua presença e as avalia positivamente. Um bom exemplo é Londres, que já tem 10 mil câmeras espalhadas por suas ruas e a população reconhece seu valor em termos de melhoria da segurança.

Outro paradigma que começa a ser rompido é da chamada tarifação de congestionamento ou pedágio urbano. Na prática é a adoção de economia de mercado, cobrando dos usuários a utilização de recursos públicos escassos (como no centro de uma cidade) por preços variáveis, de acordo com a demanda. Isto implica em cobrar tarifas menores quando a demanda for menor, por exemplo, em fins de semana ou madrugadas, e preços maiores, quando a demanda também for maior. A cidade de Estocolmo na Suécia é um bom exemplo desta prática, e hoje esta tarifação está em pleno uso e bem-aceita pelos cidadãos.

A seguir, tratarei e mostrarei exemplos de como a convergência de todas estas tecnologias está gerando disrupções em praticamente todos os setores das atividades humanas, seja no nosso dia a dia, seja nas empresas ou na maneira de como nos relacionamos com nossos governos.

Parte 2

O impacto das tecnologias nas diferentes esferas da vida humana

Quando chegou ao mercado a primeira produção em série dos carros do senhor Henry Ford, carroceiros, cocheiros e ferreiros recolheram seus veículos e cavalos e começaram a procurar outro tipo de emprego. Era a tecnologia batendo à porta de milhares de profissionais para anunciar que a vida estava mudando mais uma vez. Não há outra saída. Ou o profissional se adapta à nova realidade ou tenta a vida fora da sociedade, num monastério budista, por exemplo. A maioria, até hoje, tem se adaptado às revoluções sociais. E os monastérios, ao que parece, continuam com muitas vagas disponíveis.

A tecnologia está se tornando cada vez mais invisível, apesar de estar praticamente em todos os momentos da nossa vida diária. Confira sua onipresença em seu cotidiano: televisão, geladeira, smartphone, tablet, PC, micro-ondas, carro, avião, escada rolante, agricultura, pecuária. Quando vamos almoçar, esquecemos que uma simples folha de alface da salada também foi tratada com tecnologia. Também tem tecnologia por trás daquela singela xícara de cafezinho após o almoço. A pergunta parece ser: afinal, onde ainda não tem tecnologia?

Um exemplo prático? Nos EUA, redes de restaurantes equipam suas mesas com telas que permitem fazer pedidos e pagar a conta sem o garçom. Imaginem o cenário. Nestas telas o cliente tem o cardápio, que pode ser visualizado em imagens de alta resolução, e o pedido é recebido prontamente. A conta é apresentada e processada no momento em que queremos. Sem a necessidade de um garçom para escrever e anotar em um caderninho. Um número cada vez maior de restaurantes americanos, como Chili's e Applebee's, está usando ou testando pequenas telas interativas instaladas nas mesas. A tecnologia se propõe a resolver uma reclamação comum, que é a demora para se conseguir pagar a conta. Além disso, alguns restaurantes identificaram que disponibilizar video games a um custo simbólico, como um dólar, permite que as crianças fiquem entretidas enquanto seus pais conversam mais sossegadamente. Outra experiência interessante é a do T.G.I Friday's, que lançou um aplicativo grátis de smartphone, que mostra o cardápio na unidade local da rede, oferece descontos e pode ser utilizado para pagar a conta.

A entrada do PC em nossas vidas tem pouquíssimo tempo. Foi em 1981, há apenas 30 anos. Naquele tempo existia uma atividade chamada de processamento de dados, usada, por exemplo, pelos bancos. O sujeito ia a uma agência descontar um cheque e o caixa conferia numa imensa lista a assinatura de quem ia sacar e então pagava o valor estampado no cheque. Era uma operação altamente burocrática. Um exército de processadores trabalhava durante a madrugada para entregar, pela manhã, os dados processados em relatórios que iam para os bancos ou empresas que se utilizavam daquele serviço.

Com o avanço tecnológico, os PCs passaram a permitir a gravação de dados. Surgiam, assim, os disquetes, pequenos equipamentos vendidos em lojas especializadas. Hoje, já fazem parte do museu da informática. Ninguém mais usa. Como as mudanças não param, entramos na fase dos *softwares*, tecnologia que continua firme até hoje e apresenta um crescimento assustador. Não é mais possível imaginar uma indústria, um centro de distribuição ou uma grande loja sem a tecnologia da informação.

Um carro zero quilômetro comprado na agência da esquina tem mais da metade de seu custo aplicado em tecnologia: ar-condicionado, direção hidráulica, *air bag*, freios ABS, sistema *flex* de combustível. Milhões de consumidores são beneficiados por este tipo de conforto e nem lembram que trata-se de pura tecnologia. Mas se você deixar o carro na garagem porque não quer sair de casa, a tecnologia também estará facilitando a sua vida. Basta ter um computador, seja PC, tablet ou smartphone, que você poderá não só trabalhar em casa, como ainda comprar uma passagem aérea, marcar uma reunião para o dia seguinte, comprar um produto nos EUA ou em qualquer outro país, checar seu saldo bancário, pagar contas, definir um roteiro turístico para as próximas férias.

O avanço tecnológico é tão fantástico que certas comparações parecem inacreditáveis. Por exemplo, quando você ganha um cartão de Natal com uma musiquinha, este chip tem mais capacidade de computação que todas as forças aliadas em 1945, no fim da Segunda Guerra Mundial. E o que fazemos com ele, depois do Natal? Simplesmente, jogamos fora. O nosso smartphone tem mais capacidade que toda a NASA dispunha em 1969 quando colocou dois astronautas na Lua. O PlayStation da Sony, que custa uns 300 dólares (nos EUA), tem a capacidade de um supercomputador de 1997, que custava dezenas de milhões de dólares. Espantoso? Com certeza, mas é a tecnologia, de novo, mostrando sua evolução permanente.

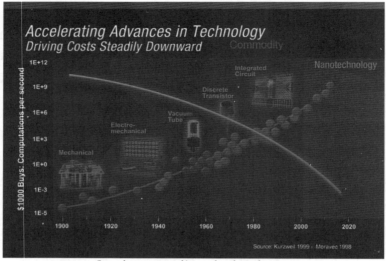
Curva do avanço tecnológico e da redução de custos

A observação constante do mundo à nossa volta é fundamental para as empresas. Muitas vezes a solução de um problema não está em mais um curso ou em reuniões intermináveis que, muitas vezes, só servem para aumentar o consumo de café. Na década de 1970, a seca e a recessão econômica abalaram os Estados Unidos. As piscinas das casas de classe média ficaram vazias – era uma forma de economizar água e dinheiro com a manutenção. Um grupo de garotos sacou que ali estava uma nova pista de skate. Eles subiam e desciam as paredes curvas e cruzavam o fundo das piscinas, mergulhando em novas acrobacias. Virou uma febre mundial. A ideia se alastrou. Hoje, vemos campeonatos de skates com suas pistas curvas, réplicas das piscinas abandonadas na América do Norte por causa da seca e da recessão. Quem copiou a ideia não pagou absolutamente nada aos meninos americanos que criaram uma nova maneira de "surfar sobre um skate". Observar o mundo, o tempo todo, em todos os lugares, é uma das maneiras mais baratas e, muitas vezes, mais eficazes de se ter uma nova ideia que pode virar um produto ou serviço de sucesso no futuro.

Alguns engenheiros de tecnologia dizem que, no futuro, os eletrodomésticos "conversarão entre si", auxiliando no preparo da comida. Será? Mas quando isto acontecerá? Bem, quem tiver esta resposta hoje, ficará milionário. Quem se habilita?

Há coisas que usamos, diariamente, desde que nascemos, e nem nos damos conta. Exemplo? A energia elétrica! Sem ela, indústrias, bancos, shoppings estariam parados. Mas quem se lembra da energia elétrica e da sua importância a todo momento?

Os livros, que há séculos embelezam as estantes de bibliotecas públicas e particulares, hoje já estão nos tablets, sem poeira, sem capa despencada e, muitas vezes, sem custo algum. Então o livro vai desaparecer das livrarias e estantes? Tudo indica que sim. Por tudo isso, cada um de nós tem de estar preparado para as mudanças que não param de acontecer. Não é possível mais voltarmos aos tempos das carruagens ou dos lampiões a gás. A vida poderia, naquela época, ser mais romântica, mais sossegada, mas este tempo passou. Somos 7 bilhões de pessoas num mundo que não para de girar, crescer e evoluir. Alimentar 7 bilhões de bocas exige tecnologia na agricultura e na pecuária. No entanto, o homem já não consegue alimentos para todos por diversos motivos – desde embargos políticos até mesmo insuficiência de produção. As previsões são muitas vezes assustadoras. Alguns dizem que se o mundo chegar a ter algo como 10 bilhões de habitantes, estaremos diante do caos. Qual a saída: controle da natalidade pelo Estado? Consciência pessoal de cada um? São perguntas inquietantes!

A tecnologia sempre surpreende. No dia 18 de setembro de 1950, com apenas uma câmera, nascia a televisão no Brasil, a TV Tupi. O dono da Tupi, Assis Chateaubriand, comprou 50 aparelhos de TV nos Estados Unidos e mandou espalhar por diversos pontos de São Paulo para que a população conhecesse a novidade. Foi uma sensação. Mas talvez o melhor impacto da chegada da TV tenha sido registrado anos depois quando um fotógrafo flagrou uma TV ligada numa aldeia indígena. Espantados com aquele aparelho que exibia imagens de pessoas que até falavam, muitos dos índios foram olhar atrás do equipamento para ver se aquelas pessoas estavam ali... Não estavam, claro. Mas a atitude faz todo sentido. Afinal, até hoje, muitos ainda não entendem como um aparelho ligado apenas numa tomada elétrica pode mostrar novelas, noticiários, filmes, documentários e até transmissões ao vivo de qualquer parte do mundo!

Com tantas modificações nas indústrias e no comércio, o mercado profissional tem sofrido sucessivos abalos sísmicos. Alguns aparelhos têm desaparecido para dar lugar a outros. O fax, algo tão recente, parece extinto. Nos anos 1980/1990, ele reinou quase que absoluto. Atualmente, quando se ouve falar em fax, parece que estamos voltando à era dos dinossauros. Além dos aparelhos, profissões também estão desaparecendo ou se modificando. Já não basta mais um executivo falar fluentemente o inglês. Existem empresas que mandam o executivo estudar mandarim. Afinal, a China está avançando e é preciso que o profissional entenda o que eles querem. Até pouco tempo muita gente nem sabia que o idioma mandarim existia. Mas a supressão de muitas profissões também tem provocado o surgimento de muitas outras. Ninguém sabe ao certo se na mesma proporção. Mas isso não importa. O importante é criar profissionais para os novos mercados, para o mercado que vive conectado nas novas redes digitais. Se um jovem nos dias atuais, buscando um emprego, não soubesse o que é um computador ou internet, seria considerado um ET, para dizer o mínimo. E, claro, estaria fora de qualquer competição no atual mercado de trabalho.

A televisão, quando comparada com a internet, acaba sendo preterida por não permitir uma interação na mesma proporção que esta última. Afinal, basta pensarmos na comunicação rápida, estabelecida entre as pessoas ao utilizarem a internet em seus PCs, laptops e tablets. Esse fato ocorre em vários países, como também no Brasil. Recentemente o *Internet Advertising Bureau*, junto ao ComScore, divulgou uma pesquisa[1] com os dados mais significativos para o mercado digital dos últimos anos: o consumo de internet ultrapassou todas as outras mídias no Brasil. A pesquisa foi realizada em fevereiro de 2012, com 2 075 usuários de internet que têm entre 15 e 55 anos, sendo 51% homens e 49% mulheres. A metodologia buscou equilibrar o número de pessoas de diferentes regiões e classes sociais do Brasil. O resultado é emblemático: o brasileiro, em suas atividades pessoais, já gasta mais tempo com internet do que com qualquer outra mídia. Estes dados, na verdade, só confirmam a tendência que o Brasil já vinha seguindo: somos o país que mais gasta tempo com redes sociais no mundo. A palavra-chave aqui é ubiquidade. Atualmente, usamos mais internet que televisão simplesmente por ser mais fácil. É o quesito técnico que traz mais pontos para a Web, já que não dá para levar por aí uma TV de 32 polegadas. Um tablet ou mesmo um laptop é muito fácil de ser transportado.

Novamente falando sobre as gerações X (a turma que está na faixa dos trinta a quarenta anos) e Y (a garotada de vinte anos), não se pode negar que sua presença é uma realidade. Na década de 1990, os integrantes da Geração X começaram a criar empresas, buscar novos negócios e novas oportunidades. Um exemplo de empreendedor desta geração é o sueco Niklas Zennstrom, que criou alguns dos maiores sucessos da internet como o KaZaa e o Skype. O Skype mudou a maneira de usarmos a telefonia (hoje são mais de 280 milhões de usuários por mês) e, em maio de 2011, foi comprado pela Microsoft por

---

[1] COMSCORE. Disponível em: http://www.comscore.com/>. Acesso em: 19 dez. 2013.

nove bilhões de dólares. Mas antes do Skype, Niklas já havia criado o KaZaa, serviço de compartilhamento de música. O KaZaa chegou a responder por metade da audiência da internet no mundo[2].

Este novo mundo assustou os mercados e provocou perguntas que continuam valendo até hoje: as empresas estão preparadas para conviver com as Gerações X e Y? E o que fazer com aquele funcionário meio arredio às ferramentas da computação? Aposentá-lo? Mandá-lo embora? A revolução está apenas começando. Muito conflito ainda virá por aí. Será inevitável.

Muitas vezes vemos reportagens na televisão em que um executivo do departamento de recursos humanos diz que há, no Brasil, milhares de vagas, mas que não existem profissionais preparados para assumirem aqueles cargos. Isto é péssimo para o país e a solução acaba sendo a importação de mão de obra. Temos de investir cada vez mais no ensino, nas escolas técnicas e nas universidades e em centros de pesquisas, para prepararmos toda esta juventude que está chegando ao mercado de trabalho. De nada adianta o sujeito se formar se ele não está apto a entrar num mercado que vem mudando radicalmente. O Japão é um bom exemplo disso. Há cerca de 60 anos, saiu da Segunda Guerra Mundial arrasado, hoje, está de pé. É uma das maiores potências mundiais. Mágica? Não, o governo japonês investiu pesadamente nos estudos e na tecnologia. O resultado está aí: o mundo encantado e consumindo os produtos *Made in Japan*.

As gerações estão mudando. Até os idosos, batizados de terceira idade, estão conectados com o mundo. Querem mais

---

[2] WIKIPEDIA. Skype Technologies. Disponível em: <https://en.wikipedia.org/wiki/Skype_Technologies>. Acesso em: 17 dez. 2013.
LEIA JÁ. Skype divulga o número de usuários no Brasil. Disponível em: <http://www.leiaja.com/tecnologia/2013/skype-divulga-o-numero-de-usuarios-no-brasil/>. Acesso em: 17 dez. 2013.

qualidade de vida, querem atividades sociais (bailes, jogos, excursões). Já navegam pela internet com desenvoltura. É possível vê-los em cafeterias com um notebook e uma xícara de café ao lado. Estão ligados ao novo mundo. Também querem novidades. Aquela imagem da vovó sentada na cadeira de balanço fazendo a roupinha de crochê para a netinha que vai nascer está indo em direção à extinção. Trata-se de um mundo sem limites de idades. Crianças de três anos já curtem seus joguinhos nas máquinas disponíveis em casa – smartphone, PC, notebook. Ainda não sabem ler, mas sabem reconhecer os ícones e teclam onde estão os jogos.

Segundo a edição de março de 2011 da *Revista Forbes*, Mark Zuckerberg está na posição de número 52 dos homens mais ricos do mundo com algo em torno de US$ 13,5 bilhões de dólares. Com certeza esta grana já aumentou, e muito, na conta do rapaz. Ele criou o Facebook em 2004 junto com três amigos – Dustin Moskovitz, Eduardo Saverin e Cris Hughes quando todos eram estudantes da Universidade de Harvard. Mais uma vez, o olhar atento ao redor de tudo que está acontecendo foi decisivo para lançar o Facebook.

Não basta ser um gênio, é preciso ter a sensibilidade para reconhecer o que ainda falta no mercado, saber sacar o que o consumidor espera encontrar na prateleira de uma loja ou num site de vendas. Detalhe: para quem ainda não sabe, Eduardo Saverin, um dos criadores do Facebook, é brasileiro, tem 29 anos, nascido em março de 1982, em São Paulo. Mais um da Geração X que faz sucesso porque tem visão, faro para um mercado em contínua expansão.

Claro, nem tudo é só sucesso. A própria Wikipédia surgiu da ideia de criar uma enciclopédia on-line chamada Nupedia. Não deu certo. Só tempos depois, nascia a Wikipédia. O Twitter, outra história de sucesso, não nasceu para a ferramenta que ele é hoje. Foi criado para uso em telefones celulares.

Depois, foi adaptado para um uso mais amplo na Web e alcançou o sucesso com a chegada dos smartphones.

Mudanças ligadas ao mercado também podem ser notadas. Quem se aventura em lançar algo novo no mercado precisa avaliar, detalhadamente, todas as possibilidades. Afinal, o mercado é implacável. A publicidade pode até ajudar a alavancar o produto no início, mas se o consumidor detectar falhas graves nas mercadorias não há propaganda que mantenha as vendas em ascensão. Aprender com o fracasso, dizem alguns analistas, muitas vezes é mais vantajoso do que aprender com o sucesso. Aliás, a máquina da economia digital gosta do risco. Uma das figuras fundamentais da economia digital é o investidor, em todas as suas classificações. O investidor-anjo é geralmente um empreendedor com recursos próprios, pessoa física que abre o bolso na gênese de um projeto, mas também oferece conhecimento e alguma experiência na área. De maneira geral, inicialmente, investem entre 50 mil e 1 milhão de reais. Um exemplo foram os 250 mil dólares aplicados pelo americano Mike Markkula no início da Apple, em 1977, montante que lhe deu direito a um terço das ações da empresa. Outro exemplo é o americano Peter Thiel, um dos criadores do PayPal (sistema que permite transferência de dinheiro pela internet), que foi convencido por Sean Parker, o co-fundador do Napster, a aplicar 500 mil dólares na gênese do Facebook, que lhe rendeu hoje mais de 2 bilhões de dólares. Agrupados, os valores investidos pelos investidores anjo é bem significativo. Em 2011, investiram 22,5 bilhões de dólares em mais de 65 mil companhias embora tivessem retorno em apenas 23% destes investimentos[3]. É um risco alto, sem dúvida. Acima dos investidores-anjo, em valores aplicados, temos os capitalistas empreendedores ou *Venture Capitalists* (VCs), que investem

---

[3] WIKIPÉDIA. Angel investidor. Disponível em: <http://en.wikipedia.org/wiki/Angel_investor>. Acesso em: 19 dez. 2013.

de 2 a 15 milhões de reais, com recursos que vêm de fundos de investimentos, interessados em colocar dinheiro em empresas razoavelmente maduras, mas com crescimento acelerado. E acima deles temos ainda os fundos de *private equity*, geralmente com investimentos superiores a 50 milhões de reais. São fundos que capitalizam empresas já robustas de modo a encaminhá-las à abertura de capital na Bolsa de Valores. O retrato claro é que os investimentos que buscam inovação são alguns dos mais significativos fenômenos da geração que não para de tuitar ou curtir. Em uma entrevista à revista *Veja*[4], Eduardo Saverin, um dos criadores do Facebook e personagem do filme *A Rede Social*, disse claramente: "É fundamental não ter medo de errar. O erro alimenta a inovação".

É indiscutível que a internet está mudando nossas vidas, nossa maneira de viver, comprar, pesquisar informações, comunicar e mesmo criar relacionamentos.

Cerca de 2 bilhões de pessoas, ou pouco menos de 1/3 da humanidade, estão conectadas à internet. E este número cresce cerca de 200 milhões a cada ano. É um potencial de mercado inigualável e com um poder de comunicação nunca visto antes. E comunicação e conhecimento são sinônimos de poder. Quem sabe mais, pode mais, manda mais, tem mais acesso a mundos que outros ainda não têm. Imagine um analfabeto diante de uma tela de computador ou de um tablet. Nada acontecerá. No Brasil, já temos mais de 80 milhões de pessoas que usam a internet, cerca de 40% de sua população. Para um país em desenvolvimento é muita gente[5]. As mídias sociais (Facebook, Twitter, e-mails, Orkut, Google+) estão

---

[4] VEJA. Exclusivo para a Veja: Eduardo Saverin, o brasileiro do Facebook, conta sua história. Disponível em: < http://veja.abril.com.br/blog/ricardo-setti/tema-livre/exclusivo-para-veja-eduardo-saverin-o-brasileiro-do-facebook-conta-sua-historia/>. Acesso em: 19 dez. 2013.

[5] IDGNOW! Brasil tem 83,4 milhões de pessoas com acesso à internet, afirma Ibope. Disponível em: < http://idgnow.uol.com.br/internet/2012/08/29/brasil-tem-83-4-milhoes-de-pessoas--com-acesso-internet-afirma-ibope/>. Acesso em: 19 dez. 2013.

avançando cada vez mais em número de usuários. São ferramentas que permitem que o usuário seja não só interativo como também ativo. Ele decide o que vai escrever, que opinião dará sobre este ou aquele assunto ou produto que comprou. Antes mesmo de fazer uma compra ele checa os preços, identifica as melhores opções, compara análises dos produtos feitas por amigos e conhecidos. Não há interferência e nem uma triagem, muito menos censura. Ele, usuário, tem uma máquina nas mãos com ferramentas poderosas. Em segundos, uma opinião polêmica tem a capacidade de estar espalhada pela rede mundo afora. O que acontece aqui no Brasil neste momento poderá reverberar no Japão, do outro lado do mundo, em apenas alguns segundos. É uma espécie de *tsunami*... varre o mundo com uma velocidade espantosa.

Quem não dominar estas mídias estará vivendo no tempo das cavernas, isto é, estará completamente excluído do nosso mundo real. Quem pensou que os primeiros computadores, mais simples, com menos recursos, não fossem sepultar as máquinas de escrever, ficou na esquina com o monstrengo sob o braço sem saber o que fazer com aquilo. Foi uma dura lição, que abriu os olhos de muita gente que não pertencia à Geração X. O "novo" sempre provoca desconfiança nos mais conservadores. Mas esta palavra, ao que parece, também está indo em direção à extinção. Conservador, hoje, cabe mais para a turma dos museus que, com todo respeito, precisam, por motivos óbvios e necessários, conservar o que já fez parte da sociedade.

Um dia, os computadores de hoje também estarão lá nos dos museus. E ainda não sabemos o que estará no lugar deles.

Orkut, Google+ e Facebook fazem parte das redes sociais da internet. Eles permitem a formação de comunidades virtuais e, consequentemente, a conexão com amigos, grupos ou até mesmo pessoas desconhecidas que vão ampliando a comunidade. Sem essa turma, obviamente, não há rede social. Veja então o poder que estas mídias sociais têm hoje. São verdadeiros exércitos cujas armas são equipamentos (PCs, notebook, smartphones) e a força da palavra, da opinião. Atualmente, tudo cai na rede e é motivo de debate, discussão ou, para azar da vítima, de crítica. Antes das mídias sociais, o cliente ou consumidor só contava com a possibilidade de voltar ao balcão da loja para tentar convencer o vendedor que o produto não prestava. Ou então recorria ao Procon mais próximo. Mas isso não dava repercussão alguma. No máximo, alguns parentes e vizinhos ficavam sabendo da fria em que aquele consumidor acabava de entrar. Agora, em segundos, o nome de uma empresa ou de um produto pode estar na tela de milhares de consumidores. Repare que estrago uma negociação desonesta pode fazer a uma empresa. Cada vez mais, ao que parece, o cliente tem sempre razão. Também por isso, muito cuidado com a sua imagem e seu comportamento. Até os celulares mais simples já oferecem lente para fotografia. Naquele almoço de fim de ano ou de aniversário de um colega da empresa, cuidado com a sua empolgação e modere-se na bebida alcoólica. Ou no dia seguinte você poderá não só acordar de ressaca como também ter de encarar a sua mulher com perguntas para lá de indesejáveis.

A internet e as mídias sociais alteram hábitos como os das compras. As transações on-line só crescem. Por exemplo, entre novembro e o início de dezembro de 2011, aconteceram as famosas vendas da Black Friday e da Black Monday, dias especiais e muito esperados pelos consumidores norte-americanos, quando as lojas ofereceram descontos significativos. Elas geraram quase 25 bilhões de dólares nos EUA. Cerca de 3 bilhões de dólares a mais que no ano anterior[6]. No Brasil, o

---

[6] WIKIPEDIA. Black Friday (shopping). Disponível em: <http://en.wikipedia.org/wiki/Black_Friday_(shopping)>. Acesso em: 19 dez. 2013.

fenômeno se repete. O aumento do acesso a computadores e à internet está causando uma verdadeira revolução na maneira como eles adquirem produtos e serviços.

Segundo estimativas, nos próximos cinco anos, de 10% a 15% do consumo mundial será feito nas redes sociais, essencialmente via Facebook. Hoje os internautas norte-americanos já gastam mais de 30% de sua navegação no Facebook e a maior parte deste tempo é passada em seu próprio mural. As pesquisas feitas nos EUA mostram que há entre 40 e 150 vezes mais chances de um usuário do Facebook consumir diretamente dentro de seu mural do que saindo para um site de comércio eletrônico[7]. Daí a importância das empresas aproveitarem este espaço adequadamente do ponto de vista das compras on-line. Na prática, ainda poucas empresas exploram este filão.

Um exemplo interessante é a varejista Magazine Luiza. A empresa criou, em 2011, uma espécie de franquia virtual, acessível a internautas que queiram vender produtos da empresa por meio de seu perfil no Facebook. Em duas semanas, o varejista já tinha obtido 20 mil franqueados[8].

Mas, simplesmente, transpor uma loja de comércio eletrônico para dentro de alguma rede social não funciona, pois a experiência de compra social é diferente. Nas compras via comércio eletrônico a compra é individual. Também nas compras coletivas o mesmo acontece, sendo que a única diferença é que o site compra no atacado para obter descontos e vender mais barato. Já na rede social a interação do consumidor com seus amigos, parentes, colegas e conhecidos é o que faz a coisa acontecer.

---

[7] FACEBOOK. Disponível em: <http://www.facebook.com/commerce>. Acesso em: 19 dez. 2013.

[8] PROGRAMA ALMA DO NEGÓCIO. Abertura de lojas virtuais do Magazine Luiza supera meta, isso é o que traduz a vontade de empreender dos brasileiros. Disponível em: < http://www.almadonegocio.tv/abertura-de-lojas-virtuais-do-magazine-luiza-supera-meta-isso-e-o-que-traduz-a-vontade-de-empreender-dos-brasileiros>. Acesso em: 19 dez. 2013.

O Facebook não revela quantas empresas estão combinando seu negócio principal com o comércio social. Mas recentemente um porta-voz da empresa disse que mais de 7 milhões de aplicativos e sites já estão integrados à sua rede social, permitindo aos visitantes fazerem coisas como compartilhar o conteúdo de um site com seus amigos no Facebook[9]. É uma oportunidade imensa para pequenas empresas, pois elas nunca tiveram antes este nível de acesso ao cliente, com tanta capacidade de rastrear seu comportamento. Agora elas podem saber o nome, e o que eles gostam em uma escala inimaginável há alguns anos.

Mas, estar presente para vender nas redes sociais requer o aprendizado de algumas lições básicas bastante simples:

a) Não se deve simplesmente transpor um site de comércio eletrônico para dentro do Facebook. É fundamental enriquecer a experiência do seu consumidor por meio de funções sociais adequadas ao ambiente;

b) Não se pode negligenciar o serviço de atendimento ao cliente. *Social commerce* é comércio em tempo real, sempre conectado. É preciso responder de imediato e na mesma mídia social as questões colocadas pelos consumidores;

c) Não se deve tirar o usuário do ambiente social e o levar para um site externo. Ele escolheu estar na mídia social e quer comprar conectado a ela. O serviço de compras deve ser inteiramente efetuado na mídia social.

Vemos também que mesmo com toda esta revolução da computação, o mercado consumidor continua, basicamente, funcionando com algumas linhas tradicionais, e nada conse-

---

[9] WIKIPEDIA. Facebook platform. Disponível em: <http://en.wikipedia.org/wiki/Facebook_Platform>. Acesso em: 19 dez. 2013.

guiu mudar, por enquanto. Confira: um produto de qualidade, uma assistência técnica confiável, um nome consagrado no mercado são itens que continuam firmes. E o que o cliente quer é exatamente isso tudo aliado ao que ele considera um preço justo. Isto significa dizer que estas empresas que seguem este modelo podem dispensar as novas ferramentas ou as chamadas mídias sociais? A resposta é um sonoro não. Tudo precisa ser adaptado, sempre, segundo as necessidades que vão surgindo no mercado consumidor. Basta olhar para os carros, aviões, ônibus, metrôs. Quem souber fazer bom uso das novas ferramentas poderá ter ainda mais sucesso nas vendas e na manutenção de clientes. Afinal, quem trazia mais benefícios, eficiência e velocidade: as carruagens ou os primeiros carros do Sr. Henry Ford? Há relatos de que muitas empresas ainda ficam apenas observando a revolução. Elas têm cautela demais, medo de mudar aquilo que está dando certo há décadas. Alguns analistas vão além e afirmam que muitos executivos não sabem ainda o que são mídias sociais, mesmo, algumas vezes, fazendo uso delas, como o Twitter, por exemplo, sem perceber que ali está uma ferramenta poderosa para falar com seu cliente ou fornecedor ou até mesmo aumentar as vendas. Portanto, adaptar-se aos novos tempos é fundamental. Se você demorar a entender isso, terá de se adaptar amanhã, obrigatoriamente. E com muito mais dificuldade e rapidez. Afinal, empresas milionárias como Google, Apple e tantas outras parecem ter, como o maior e melhor capital, a turma que ousa, pensa, observa e lança no mercado, o quanto antes, aquilo com que o consumidor sonha.

"A forma como você reúne, gerencia e usa as informações é o que determina seu sucesso ou seu fracasso". É bom levar a sério esta frase. Quem a citou foi um tal de Bill Gates[10]. O

---

[10] JEXPERTS. Disponível em: <https://twitter.com/JExperts/statuses/229702341593559040>. Acesso em: 19 dez. 2013.

conceito do famoso bilionário norte-americano remete a uma história de dois vendedores de sapatos de empresas concorrentes que chegaram a uma cidade do interior. Um deu uma volta pela cidade, pegou o telefone e ligou para a empresa: "Olha, volto amanhã. Aqui todo mundo anda descalço". O segundo vendedor, à medida que avançava mais pelo lugarejo foi ficando cada vez mais empolgado. Sacou o celular, ligou para a companhia e deu a seguinte notícia: "Mandem todo o estoque para cá amanhã mesmo. Reparei que aqui todo mundo anda descalço, mas agora vão passar a usar os nossos sapatos..."

As mídias sociais abrem novas e inovadoras oportunidades de negócios. Um exemplo são os sites de *crowdfunding* ou "vaquinhas virtuais". Fazer uma "vaquinha" não é novidade. Quase todo mundo já dividiu as despesas para comprar um presente mais caro ou organizar um churrasco. Mas a internet e as mídias sociais abrem um novo espaço, que pode ser usado para ajudar a financiar a produção de um disco, organizar um show de rock ou mesmo contratar um DJ para animar uma festa. Esta é a proposta do *crowdfunding*. Ser uma alternativa aos meios tradicionais de obtenção de financiamento. O conceito ganhou destaque durante as eleições presidenciais americanas de 2008, quando o então candidato Barack Obama usou este mecanismo para arrecadar 700 milhões de dólares, através de 10 milhões de contribuições, com uma média de 70 dólares cada[11]. O conceito é simples: juntar um grande número de pessoas com interesses comuns para levantar recursos de forma rápida e sem burocracia. O processo é fácil: o autor cadastra seu projeto em um site de *crowdfunding* e informa o valor que necessita para concretizar a ideia. Pessoas e empresas interessadas fazem suas contribuições para ajudar a ideia a sair do papel e ganhar vida. Se o valor mínimo não

---

[11] WIKIPEDIA. Barack Obama on social media. Disponível em: <http://en.wikipedia.org/wiki/Barack_Obama_on_social_media>. Acesso em: 19 dez. 2013.

for alcançado, os financiadores recebem o dinheiro de volta. E, pela intermediação, os sites ganham de 5% a 10% do valor arrecadado. Existem diversos sites assim no Brasil, geralmente mais voltados a projetos de música, teatro e TV. Nos EUA, o mercado está mais maduro e já existem sites bem específicos como o Petridish, voltado ao financiamento de projetos científicos.

As mudanças estão em toda parte. Por exemplo, a indústria de comunicação está vivenciando grandes transformações. Mudanças radicais estão acontecendo na música e nas notícias, começamos a ver claros sinais de transformação na televisão, com a entrada da TV digital, e começa a se delinear uma nova onda, que vai transformar um setor meio esquecido, o rádio. Vem aí o rádio digital.

No Brasil, o setor de comunicações é bastante significativo. Somos o segundo maior mercado mundial em número de emissoras de rádio (mais de 3 800), o terceiro mercado mundial em domicílios com TV (temos quase 400 emissoras de TV aberta), o terceiro maior mercado de locação de vídeos e o sexto maior mercado em número de jornais diários e em circulação do mundo. São mais de 500 jornais diários e mais 1 500 títulos de revistas publicados no país.

O rádio está bem disseminado no Brasil. Estima-se que esteja presente em 98% dos domicílios (mais de 133 milhões de aparelhos) e em 83% dos veículos, com quase vinte milhões de aparelhos. O rádio tem uma característica interessante, pois é o único meio que não exige 100% de dedicação ao seu consumo. Nós podemos trabalhar, dirigir, fazer atividades domésticas ou mesmo praticar esportes enquanto ouvimos rádio[12].

O rádio digital melhora significativamente a qualidade do som, fazendo que as transmissões em FM tenham quali-

---

[12] ABERT. Disponível em: <http://www.abert.org.br/site/images/stories/pdf/AHistoriadoR%-C3%A1dionoBrasiVERSaO%2020112.pdf>. Acesso em: 24 mai. 2013.

dade de CD, e que o rádio AM se compare ao FM estéreo de hoje. Além disso, também será possível transmitir dados, como informações em texto ou imagens diretamente para o *display* dos aparelhos de rádio. Abre-se uma significativa diversificação para novos serviços, indo muito além das tradicionais transmissões de músicas e notícias. Com a tecnologia digital vai ser possível desenhar novos e inovadores planos de negócios. Entretanto, um ponto relevante é que não há previsão de interatividade no rádio digital, ou seja, não há a facilidade de canal de retorno, não podendo, portanto, o usuário interagir com outras pessoas através de seu rádio, a não ser por outros meios, como telefonia.

Na minha opinião, a convergência dos meios é inexorável. Os setores de rádio, televisão e telecomunicações vão deixar de ser competidores entre si para atuarem em parceria, dividindo papéis de geração e distribuição de conteúdo; cada um fazendo o que sabe fazer melhor e com o ambiente regulatório modernizado, reconhecendo a convergência digital como um fato concreto.

Como a TV não acabou com o rádio e parece que os MP3 também não acabarão com ele (pelo contrário, os fabricantes estão embutindo receptores de canais de rádio em seus *handsets)*, a inovação proporcionada pelo rádio digital poderá ser um grande desafio ou uma ótima oportunidade de negócios para esta indústria.

Outro setor que está em mutação: a indústria da música. Olhando estatísticas do mercado norte-americano[13], o maior do mundo, vemos que o pico das vendas de músicas gravadas foi em 1999, com 14,6 bilhões de dólares. Em 2010, o total chegou a 5,9 bilhões de dólares, valor principalmente gerado por downloads digitais e serviços de assinatura. O que acon-

---

[13] WIKIPEDIA. Music industry. Disponível em: <http://en.wikipedia.org/wiki/Music_industry>. Acesso em: 19 dez. 2013.

teceu? Bem, a indústria logo no início da mudança apontou o Napster como o grande vilão da história, que surgiu em 1999 e permitiu ao usuário, via compartilhamento de arquivos, ignorar solenemente as gravadoras. O que motivou o crescimento do Napster? Os usuários estavam cansados de pagar caro por uma mídia física, o CD, para obter algumas poucas faixas de seu interesse. A relação custo *versus* benefícios não se mostrava positiva para os usuários. A reação da indústria fechou o Napster e logo após, em 2001, a Apple lançava o iPod, tocador MP3, que energizou a indústria, mas de forma diferente. Hoje a Apple é líder do mercado de downloads digitais com cerca de 70% do *market share*. Mas as mudanças continuaram. A velha indústria que associava música ao meio físico, como o CD, e se baseava na força dos nomes das gravadoras está em xeque.

No final de 2011, a Suprema Corte dos EUA deu um passo polêmico em direção a uma nova legislação para a comercialização e distribuição de música na internet. O órgão manteve a decisão de que um download tradicional de arquivo sonoro na rede não pode ser definido como execução pública de um trabalho musical gravado, nos termos da legislação americana de direitos autorais. No Brasil, a legislação brasileira considera crime a reprodução de obras sem autorização do autor ou seu representante. A exceção se dá quando é feita uma cópia única, para ser usada sem intenção comercial e por apenas uma pessoa. A legislação em vigor diz que o download de obra intelectual em um só exemplar, para uso privado do copista, sem intuito de lucro direto ou indireto, não é crime[14]. A polêmica em torno dos downloads de arquivos e do seu suposto caráter prejudicial à indústria cultural vem de longa

---

[14] CONSULTOR JURÍDICO. Download de filmes e livros para uso privado não é crime. Disponível em: <http://www.conjur.com.br/2007-ago-20/download_filmes_livros_uso_privado_nao_crime>. Acesso em: 19 dez. 2013.

data. Mas, essa realidade promete mudar, ainda que sutilmente e aos poucos. Além dos EUA, a Suíça reconheceu que fazer downloads de filmes e músicas não é ilegal. O governo suíço, através de um estudo sobre o impacto dos downloads na sociedade, chegou à conclusão de que a indústria não necessariamente sai perdendo com o compartilhamento de arquivos que a internet possibilita. Segundo o relatório produzido pelo governo deste país, essa ideia de que a indústria cultural está falindo por causa dos downloads permanece sem fundamento e, por isso, não é necessário tomar nenhuma medida no sentido de punir os internautas.

O governo suíço ainda sugere que a indústria do entretenimento deve se adaptar às mudanças promovidas pelo uso das tecnologias digitais, caso contrário corre o risco de morrer.

"É o preço que vamos pagar pelo progresso. Os vencedores serão aqueles que conseguem usar a nova tecnologia para ter vantagens e os perdedores são os que estão perdendo a oportunidade e continuam a seguir modelos antigos de negócio[15]". Esse é o recado que a Suíça deixa para o resto do mundo.

Na verdade, a discussão sobre a pirataria ser ou não prejudicial tem que ser avaliada de forma mais ampla e não simplesmente do ponto de vista de um dos atores envolvidos. Por exemplo, se analisarmos as estatísticas do cinema no Brasil durante o ano de 2009[16], observamos dados curiosos. É interessante ver que a ideia disseminada pela indústria cultural, de que as pessoas estão deixando de ir ao cinema por causa da pirataria dos filmes, não se sustenta quando colocamos isso em números. O sucesso do filme *Tropa de Elite* em 2007, pirateado

---

[15] FORBES. Swiss governement study finds internet downloads increase sales. Disponível em: <http://www.forbes.com/sites/erikkain/2011/12/05/swiss-government-study-finds-internet--downloads-increase-sales/>. Acesso em: 19 dez. 2013.

[16] CIBERMUNDI. O crescimento do cinema no Brasil em 2009 no contexto da pirataria. Disponível em: <http://cibermundi.wordpress.com/2010/01/14/o-crescimento-do-cinema-no--brasil-em-2009-no-contexto-da-pirataria/>. Acesso em: 19 dez. 2013.

antes de chegar às telas do cinema, já mostrou o quanto a pirataria funciona como publicidade. E esse aumento no número de espectadores prova que o cinema não anda "mal das pernas" como aparenta. As arrecadações continuam bilionárias, vide o caso do filme *Avatar* que, em 17 dias, conseguiu arrecadar 1 bilhão de dólares. Com esses indícios, fica difícil acreditar na argumentação de que a pirataria está destruindo o cinema. Ainda mais sabendo que este discurso não é novo, pois desde o surgimento do gravador de fitas cassetes, a indústria protagoniza esse papel de vítima das novas tecnologias.

Enfim, para onde todas estas incríveis mudanças estão nos levando? Ninguém sabe! Que mundo virá por aí? Vamos continuar nossa jornada abordando como serão as empresas dos próximos anos. Que mudanças veremos nas estruturas organizacionais e que modelos de negócio inovadores poderão surgir?

O impacto das Tecnologias da Informação na Gestão e nos Negócios

A Revolução Industrial, ocorrida no século XVIII, na Inglaterra, transformou, radicalmente, o mecanismo de trabalho. Com a chegada do motor a vapor, tudo mudou no processo produtivo, econômico e social. Três séculos depois, a revolução continua e desta vez em todas as frentes. Mas parece ser na área da computação que a coisa disparou de tal forma que temos a sensação de acordar todos os dias e nos deparar com algo novo acontecendo. Hoje, temos a necessidade de estarmos conectados quase o tempo todo ou então teremos a sensação de isolamento da sociedade. Há poucas décadas, um trabalhador aprendia uma profissão, entrava para uma empresa, fazia o seu trabalho e ia embora para casa. Era algo quase robótico, repetitivo, sem muitas exigências e quase nenhuma novidade. Atualmente, um profissional precisa ser múltiplo, dominar idiomas, fazer cursos, viver se aprimorando o tempo todo. Ou terá de abrir o caderno de classificados de empregos no próximo domingo em busca de um emprego que exija menos qualificações.

Não tem como dar um passo atrás. O mercado ficou extremamente competitivo e exigente. A velocidade das mudanças parece ocorrer na mesma velocidade da luz. Quem não acompanhar ficará no escuro total. Já há certa mistura ou até mesmo uma confusão quando um profissional está em casa e manda um e-mail ou uma informação via rede social para o seu chefe ou colega de trabalho. Afinal, ele está em casa descansando ao final de mais um dia ou continua trabalhando? Antes da criação de todas estas ferramentas, quem ligava para a casa do gerente ou executivo para lhe passar uma informação? Difícil responder algo que parece que não existia. O escritório era um território onde se trabalhava, a casa de cada um era o ambiente onde se descansava.

No máximo, o sujeito que tinha uma ideia sobre algo que ficou pendente na reunião da última sexta-feira anotava em sua agenda para conversar sobre ela na segunda-feira e só. Ninguém chegava em casa e ligava para o gerente. Até por um motivo óbvio: um não tinha o telefone residencial do outro, e o celular ainda nem existia.

Hoje, temos a sensação de que estamos "trabalhando" o tempo inteiro: não só no trabalho, como em casa, no cinema, no teatro, na praia. Se nos surge uma ideia, assim que podemos, acionamos o celular, o notebook, o smartphone e enviamos a mensagem para o executivo ou gerente. É a tal velocidade da luz que não para de nos provocar. Há uma preocupação em dividir as informações o quanto antes, pois sabemos que a concorrência está fazendo a mesma coisa... Conexão o tempo todo. Pode ser até meio neurótico, mas, infelizmente, a neurose também faz parte da vida moderna.

Aliás, há algum tempo que muita gente já trabalha em casa. A Tecnologia da Informação passou a permitir esta mudança. Imagine a mesma situação sem ela: o sujeito, em casa, ligando para o seu colega no escritório, via telefone fixo, e conversando durante horas sobre um assunto de trabalho. Tudo mudou muito.

As mudanças são tão surpreendentes que muitas empresas que viviam na chamada "área de conforto" foram apanhadas de surpresa. A indústria de gravação de discos está entre as vítimas. Hoje, qualquer banda com cinco garotos espertos grava seu próprio álbum no quarto dos fundos da casa da avó. Se eles não souberem fazer isso, algum vizinho saberá e o álbum será disponibilizado sem a necessidade de uma imensa estrutura, que antes era privilégio apenas das grandes corporações. As músicas estão no Ipod, no celular e no YouTube, e as gravadoras estão ficando cada vez mais silenciosas.

O mesmo processo já começa a ameaçar a indústria do livro. Milhares já não compram mais livros de forma tradicional. Com meia dúzia de cliques, o sujeito compara preços e define a compra via internet. Sem sair de casa. E com o direito de ainda acompanhar o jogo do seu time pela TV. É muito conforto, muita facilidade e economia. O sucesso absoluto do site Amazon.com confirma esta revolução. O consumidor compra seu *e-book*, seu Kindle e começa a ler seu romance ou seu livro técnico sem sair da poltrona de sua casa. As estantes, ao que tudo indica, vão ter outra função: comportar porta-retratos ou vasos de plantas. Em breve, o que menos haverá ali serão livros. Nos EUA, por exemplo, as estimativas apontam que, em 2016, cerca de 34% da população adulta estará lendo *e-books* sistematicamente. Para este mesmo ano, estima-se que o número de downloads de livros digitais será de 1,3 bilhão[17].

Mas a guerra entre o mundo tradicional das editoras e o novo mundo criado por empresas como a Amazon cada vez é renovada. A tecnologia já nos permite criar um novo conceito, a impressão sob demanda. Com uma impressora de capacidade industrial e um arquivo de livros digitais fornecido pela editora a Amazon pode facilmente esperar o momento em que um cliente clique em "faça seu pedido" para imprimir o livro, sem necessidade de mantê-lo em estoque. Estas mudanças afetam

---

[17] PEW INTERNET. E-Book reading is up, study says. Disponível em: <http://www.pewinternet.org/Media-Mentions/2012/EBook-Reading-Is-Up-Study-Says.aspx>. Acesso em: 19 dez. 2013.

o setor de livros que se mostra receoso de abraçar inovações em seus modelos de negócio. O próprio lançamento do Kindle em 2007, e os preços oferecidos pelos *e-books*, 9,99 dólares, desencadearam uma verdadeira guerra entre a Amazon e as editoras tradicionais. Os esforços das maiores editoras para contornar a estratégia de preço da Amazon atraiu a atenção do departamento de Justiça dos EUA, que chegou a abrir um processo antitruste contra elas. As editoras preocupam-se com a possibilidade de que uma migração generalizada para a impresssão sob demanda, aliada aos *e-books*, abalem seus modelos de negócio. Afinal, elas levaram décadas construindo cadeias próprias de suprimento, armazenando milhões de livros em gigantescos depósitos, desenvolvendo e refinando a infraestrutura de logística para enviar os livros para as lojas em poucos dias. Claro que a impressão sob demanda reduz estes custos fixos e resolvem o eterno problema da devolução dos livros não vendidos pelas lojas. Mas, por outro lado, coloca em xeque o papel das grandes editoras, uma vez que sua remuneração é baseada na linha de serviços que prestam, desde a orientação editorial até armazenagem e distribuição. A tecnologia da impressão sob demanda dificultará justificar a manutenção da maior parte do preço de atacado de um livro. Por outro lado, as pequenas editoras abraçam este movimento de forma acelerada, pois com isso livram-se do custo do estoque e liberam fluxo de caixa para investir em pesquisa e desenvolvimento de novos lançamentos. Como disse um executivo da americana O'Reilly Media, que aderiu à impressão sob demanda, livrando-se de 1,6 milhão de dólares em custo de estoque: "Você pode investir no futuro técnico da atividade editorial, em vez de acumular livros impressos no armazém[18]". A tecnologia também abre espaço para o *self-publishing*, com novos negócios

---

[18] BLOOMBERG BUSINESS WEEK. Amazon vs. publishers: the book battle continues. Disponível em:<http://www.businessweek.com/articles/2012-04-26/amazon-vs-dot-publishers-the-book-battle-continues>. Acesso em: 19 dez. 2013.

como o Smashwords nos EUA, que permite que autores desconhecidos editem seus próprios livros. Eu mesmo publiquei varios *e-books* chamados de *blogbooks*, com coletânea de *posts* escritos em meu *blog*, agrupados pelos assuntos. E a experiência tem sido extremamente positiva.

Como já dito neste livro, a TV aberta também vem perdendo público ao longo das últimas duas décadas, não só pela péssima qualidade da programação como pela chegada da internet e das TVs a cabo, suas duas grandes adversárias. Há uma palavra que está comandando tudo isso: conteúdo. O consumidor está cada vez mais interessado no conteúdo que cada mídia vai lhe oferecer. Basta entrar em uma loja e observar o diálogo entre um potencial comprador e o vendedor. O tempo todo, o questionamento do comprador será: mas o que este aparelho me oferece a mais em relação àquele? Que vantagem terei em comprar este?

Enfim, ele quer novos conteúdos, novidades, avanço, tecnologia, rapidez, informação. É a gestão de conteúdo. Com o avanço cultural das classes sociais, o consumidor está mais exigente. Ele não aceita qualquer coisa, quer qualidade.

Os jornais diários e muitas revistas semanais também estão tremendo diante do avanço das tecnologias de informação. Há duas décadas, ou um pouco menos, era comum você e seus vizinhos assinarem um jornal diário e uma revista semanal. Pela manhã, você abria a sua porta e lá estavam as publicações. Hoje, você quase não vê mais esta cena. O motivo é simples: por que o sujeito vai assinar um jornal diário se ele tem o noticiário na tela de seu PC ou smartphone? Não faz sentido. E os grandes conglomerados de jornais e revistas já começam a se preocupar com o destino de suas publicações, que vêm murchando em volume a cada ano e, consequentemente, em anúncios. Já há sites que permitem acessar qualquer jornal do mundo, pelo celular, via um aplicativo. É o ex-assinante que trocou seu hábito de consumo. Eis o prejuízo batendo à porta das indústrias de comunicação. É, de novo, a Tecnologia da Informação avançando em todos os campos.

Os jornais terão de investir mais e mais em inovações no mundo digital, mesmo que atualmente as receitas oriundas dos meios digitais sejam insuficientes para compensarem as perdas de publicidade e circulação da tradicional mídia impressa. Uma pesquisa[19] efetuada em 2012 pela Associação Mundial de Jornais ou WAN, em inglês, mostrou que para 2/3 dos 150 jornais pesquisados, as plataformas digitais correspondiam a menos de 10% do seu faturamento com publicidade. Os investimentos em inovação para o mundo digital continuam sendo pagos pelas edições impressas, embora em alguns países a circulação desta mídia continue a crescer, principalmente na Índia e China. Na Europa e EUA, a circulação caiu 17% em 5 anos, e na América Latina, 3%. A publicidade nestes países também caiu, entre 2007 e 2012, de 128 bilhões de dólares para 96 bilhões de dólares. Uma queda substancial.

O grande desafio para este setor é equacionar a queda de receita nos meios tradicionais com a necessidade crescente de inovação para os meios digitais. A resultante será uma mudança nas estratégias de negócio. O conteúdo, antes gratuito, está cada vez mais atrás dos chamados *paywalls*, ou seja, são pagos pelos seus assinantes. Um exemplo é o tradicional jornal inglês *Financial Times* que já tem 300 mil assinantes da versão digital ultrapassando a versão impressa[20].

A mudança por trás da estratégia de negócio é bem ampla. Na mídia impressa, a receita vem de publicidade e o jornal trata os leitores de forma generalizada, sem saber detalhes

---

[19] WAN-IFRA. Disponível em: <http://www.wan-ifra.org/>. Acesso em: 19 dez. 2013.

[20] THE NEW YORK TIMES. With a focus on its future, financial times turns 125. Disponível em: <http://www.nytimes.com/2013/02/11/business/media/ft-looks-back-as-it-moves--into-digital-age.html?_r=1&>. Acesso em: 19 dez. 2013.

de seus hábitos de leitura. Com as mídias digitais, os jornais têm que se reformular. Os próprios dispositivos levam a usos diferentes. No smartphone, a notícia deve ser concisa e útil. Nos tablets, a leitura é mais imersa. Conhecer os leitores passa a ser fundamental. As áreas de análise de dados se tornaram vitais para que os jornais consigam atrair e reter leitores no mundo digital. É uma mudança cultural signficativa. O foco passa a ser o leitor e a sua experiência de leitura. Conhecer como o leitor interage com o conteúdo, seja ele texto, foto, vídeo, comentário ou *post* em uma plataforma social é um dos grandes desafios deste novo mundo digital.

Um exemplo interessante é o jornal americano *USA Today*. Na comemoração do seu trigésimo aniversário, em setembro de 2012, ele apresentou uma grande repaginação. O objetivo foi reposicionar o jornal como uma marca de notícias e não mais como um jornal. A estratégia é integrar os meios impressos e digitais. Por exemplo, na mídia impressa aparecem recursos como os códigos QR que permitem o acesso à links e vídeos a partir da câmera do smartphone. A produção das mídias passa a ser unificada e os comentários dos leitores no Facebook e Twitter serão incluídos na seção impressa das cartas dos leitores.

A gestão das empresas está passando por uma transformação brutal. Departamentos inteiros estão desaparecendo para dar lugar a outros. Isto significa que funcionários perderam seus empregos. A menos que eles estejam preparados para as mudanças e possam a ser reaproveitados. Empresa não faz caridade. O mercado é implacável. Essa é a lei. E este tem sido o grande desafio de todas as empresas que não querem desaparecer do mercado. Parece que ninguém sabe ao certo para onde está indo o mercado consumidor, hoje com tanta informação, sinônimo de poder, negociação, disputa. Alguns analistas de mercado dizem que, se um sujeito cruzou a porta de entrada de uma loja, isto já significa uma primeira vitória para a empresa, já que há milhares de outras portas abertas para o mesmo fim. Então, o vendedor precisa fazer de tudo para que haja a segunda e principal vitória: a realização da venda. Para que isso aconteça, a loja tem de estar bem equipada, com todas as informações disponíveis, variedade de produtos e um vendedor capacitado para responder a todas as perguntas. Diante disso tudo, será muito difícil que o potencial cliente vá cruzar outra porta em busca do produto ou serviço desejado. É famosa a história do Comandante Rolim, dono da empresa de aviação TAM. Ele gostava de receber os passageiros na porta da aeronave e ainda estendia um tapete vermelho, como se fosse a cerimônia da entrega do Oscar. Muitos executivos da concorrência debochavam do Comandante Rolim. Achavam um exagero. Bem, neste período, a Vasp e a Transbrasil pousaram no solo para nunca mais levantar voo. E a TAM continua voando, mesmo sem o Comandante Rolim, morto em julho de 2001, ironicamente vítima de um acidente de helicóptero que ele mesmo pilotava.

As previsões que as empresas fazem para seus negócios também vêm mudando de acordo com as exigências do mercado. Já não é mais possível fazer previsões de longo prazo. Isso é coisa do passado. Quem atua nesta área tem de ficar ligado o tempo todo ao que está acontecendo no Brasil e no mundo: o movimento das Bolsas de Valores, a quebra de grandes empresas ou a fusão entre elas, o balanço de cada uma delas com seus resultados positivos ou negativos, o que a concorrência vem apresentando ao mercado. A volatilidade é grande. O certo é que apenas o incerto é certo. Um exemplo, em 2012, dois grandes sustos inesperados sacudiram o mundo: a quebra da economia da Grécia e a ameaça de calote dos EUA. O planeta prendeu a respiração quando o presidente norte-americano anunciou a dificuldade que o país estava enfrentando. Afinal, a maior economia do mundo mostrava-se doente. Até que um acerto entre os congressistas, o governo e as grandes potências fez o susto desaparecer. Mas muitos ficaram quebrados pelo caminho.

Novos negócios surgem a cada dia, desafiando os negócios tradicionais. Um exemplo é a empresa americana Quirky, que com milhares de colaboradores voluntários na internet e impressoras 3D, subverte a lógica tradicional da indústria. A proposta da Quirky, segundo seu próprio criador, Ben Kaufman, é: "Nossa missão é permitir que qualquer pessoa se torne um empresário". Na prática isso acontece, pois os inventores que enviam suas ideias para o Quirky são donas de casa, estudantes, ou seja, qualquer um que tenha uma boa ideia. Todas as semanas chegam cerca de 1500 propostas e todos os meses pelo menos duas delas viram produtos acabados. A empresa foi criada em abril de 2009 e hoje já tem mais de 80 itens que disputam as prateleiras das grandes redes varejistas como Target e Bed Bath & Beyond com os grande fabricantes tradicionais. Na Quirky, todas as etapas de criação passam pelo crivo de mais de 200 mil colaboradores virtuais, que voluntariamente avaliam as propostas endereçadas ao Quirky. Qualquer um pode lançar uma proposta, pagando apenas 10 dólares. Apenas as aprovadas pela maioria são desenvolvidas na sede da empresa, e impressoras 3D confeccionam protótipos de plástico, que também são aperfeiçoados pelos voluntários. O modelo final é produzido em fábricas chinesas, e os internautas que palpitaram no projeto compartilham o equivalente a 30% das vendas, conforme sua participação no processo. Cada produto tem, em média, cerca de 700 cocriadores[21].

As mudanças em todos os setores já estão acontecendo. Na 101ª convenção da *National Retail Federation*, o mais importante evento do varejo global, que aconteceu em janeiro

---

[21] QUIRKY. Disponível em: <http://www.quirky.com/shop>. Acesso em: 19 dez. 2013.

de 2012, em Nova York, o tema dominante foi o novo papel das lojas tradicionais, de tijolo e cimento, diante do crescimento agressivo das vendas on-line. Para se ter uma ideia do tamanho do problema para as lojas tradicionais, nos EUA, no final de 2011, as lojas on-line ficaram com 15% das vendas do varejo, bem maior que os 5% registrados em 2005. No final de 2012, chegou a 20%[22]. Por isso não é surpresa que os executivos das redes varejistas americanas estejam apostando no declínio das lojas físicas nos próximos anos. Apesar de elas, no início de 2012, ainda deterem 91% do comércio, estima-se que baixará para 73% em até cinco anos e alguns anos depois chegue a 63%. Diante deste cenário, as redes estão começando a repensar as lojas. Segundo a consultoria Deloitte, a loja 3.0, como ela batizou o conceito, seria principalmente um lugar destinado a proporcionar experiências de compra diferenciadas e interações mais próximas entre vendedores e clientes, contando com recursos tecnológicos capazes de levar as facilidades do mundo virtual para as lojas físicas. Os funcionários passariam a exercer o papel de "guias", ajudando os clientes a garimpar novidades. Seriam verdadeiros "curadores".

No Brasil, o comércio eletrônico movimentou 18,7 bilhões de reais em 2011, volume 26% maior que a cifra registrada em 2010, segundo dados divulgados pela E-bit, empresa especializada em informações do segmento, com apoio da Câmara Brasileira de Comércio Eletrônico e da Federação do Comércio de Bens, Serviços e Turismo do Estado de São Paulo. De acordo com o levantamento[23], o tíquete médio ficou em 350 reais. No período, 9 milhões de novos consumidores passaram a fazer compras pela internet, somando 32 milhões

---

[22] DELOITTE. Disponível em: <http://www.deloitte.com/view/en_US/us/Industries/Retail-Distribution/ec434c19fd10f210VgnVCM1000001a56f00aRCRD.htm>. Acesso em: 24 mai. 2013.

[23] EBIT. Disponível em: <http://www.ebit.com.br/>. Acesso em: 19 dez. 2013.

de pessoas que compraram, ao menos uma vez, por meio dos sites de comércio eletrônico.

Faturamento anual do e-commerce no Brasil - Bilhões
Fonte: ebit – www.e-commerce.org.br

Como reflexo dos preços competitivos e das facilidades de pagamento oferecidas pelas lojas virtuais, os produtos de maior valor agregado estão liderando a preferência dos consumidores. Sob esse cenário, o *ranking* de categorias mais vendidas incluiu eletrodomésticos, informática, eletrônicos, cosméticos e perfumaria/cuidados pessoais e moda e acessórios (essa categoria, em particular, teve sua ascensão).

Aliás, a tecnologia, quando usada de forma inovadora e inteligente, pode criar novas maneiras de conectar o cliente com as lojas. A rede norte-americana Maurices, voltada ao público feminino, está usando os celulares e smartphones de forma criativa. Ela envia mensagens para o celular da pessoa que esteja passando perto de uma das lojas da rede. Os clientes que se cadastram no serviço recebem torpedos com ofertas. Este conceito chamado de *geofencing* se propõe a "fisgar" o cliente quando ele estiver perto da loja. Com isso, a promoção pode ser muito específica, como um torpedo oferecendo um desconto no guarda-chuva em um dia cinzento.

A rede de supermercados norte-americana Meijer instalou sensores nas lojas para oferecer informações personalizadas e vales virtuais via celular. Se fizer a lista de compras pela internet, o cliente pode abrir um aplicativo no smartphone dentro da loja para que a lista seja reordenada com base no corredor em que ele se encontra, acelerando o processo de compra.

O que está acontecendo? Os valores do cenário de negócios estão em transformação. Há cerca de 300 anos, as pessoas mais ricas eram as que possuíam mais terras. Por séculos, países fizeram guerras por mais terras. Com a Revolução Industrial, a aplicação de máquinas no lugar de pessoas aumentou de forma exponencial a produtividade. As maiores fortunas se deslocaram dos donos de terras para os donos dos conglomerados industriais. Hoje vemos que a industrialização transformou a agricultura. Para manter a agricultura viva, são necessárias utilizações intensivas de máquinas. Agora vivenciamos o surgimento da sociedade da informação e os valores estão mudando novamente. Países pequenos, sem grandes terras ou mesmo sem grandes indústrias se tornam países altamente geradores de valor. Um exemplo emblemático é Israel. Um país de pouco mais de 7,6 milhões de habitantes (dados de 2010), com cerca de 60 anos de existência, situado em um território sem recursos naturais e enfrentando constantes conflitos militares, gera mais empresas (*start ups*) do que nações maiores, pacíficas e estáveis como o Japão, a China, a Coreia do Sul, o Reino Unido e Cingapura somados. Israel atrai, por habitante, duas vezes mais investimentos de capital de risco (*venture capital)* do que os Estados Unidos, e três vezes mais do que a Europa[24]. A causa da capacidade inovadora de Israel é o fato de que seu povo é, desde cedo, orientado ao empreendedorismo, algo cultural que

---

[24] Mais informações no livro *Nação empreendedora:* o milagre econômico de Israel e o que ele nos ensina, de San Singer e Dan Senor (Editora Évora, 2011).

é instigado nos filhos mesmo antes de eles entrarem na faculdade. Israel hoje tem grande prestígio e é um dos líderes mundiais em um dos mais importantes aspectos da tecnologia, que é a segurança e a guerra cibernética. A segunda maior fabricante de redes de segurança do mundo, a CheckPoint Sofware é israelense. Israel é também considerado um dos três países mais bem preparados para suportar ataques digitais[25]. As tecnologias de segurança e defesa cibernética é um setor da indústria que cresce rapidamente à medida que os governos tentam defender seus sistemas financeiros, suas usinas geradoras de energia e outros recursos públicos de ataques pela internet.

Nos negócios, podemos olhar o exemplo da Amazon. Sem terras e quase sem prédios, desde sua criação, há 20 anos, chegou a mais de 86 bilhões de dólares em valor de mercado, trazendo muito mais valor para seus acionistas que as empresas do varejo tradicional. O seu segredo? Aplicar uma estratégia de informação e não uma estratégia de industrialização. Ela é um varejo altamente tecnológico que pensa de forma tecnológica, e não da forma como as lojas feitas de tijolo e cimento, que aplicam tecnologia como apoio ao negócio, pensam. Na Amazon, tecnologia é o cerne do negócio.

Os desafios são diários, talvez haja um a cada minuto e nem nos damos conta disso. O mundo globalizado ficou pequeno. O Oriente, antes uma terra distante, parece estar ali na próxima esquina, nos olhando, nos avaliando, para então dar o bote na hora certa e derrubar nossas Bolsas ou nossos mercados. No mundo corporativo, a palavra mais falada deve ser mercado. E, de fato, sem ele, não há economia. E isso é tão antigo quanto o surgimento das primeiras civilizações. Já naquela época existia a indestrutível lei da oferta e da procura, criada pelo próprio mercado. E não há congresso ou ditador que acabe com ela. E é esse mercado que

---

[25] CHECKPOINT. Disponível em: < http://www.checkpoint.com/>. Acesso em: 19 dez. 2013.

está em jogo o tempo todo, principalmente com a chegada da Tecnologia da Informação, novo método de buscar opções para a conquista e a preservação dos mercados. É preciso estar preparado, inclusive, para os imprevistos. E eles vivem acontecendo. Caso contrário, não existiria tanta companhia de seguros. Um exemplo é a gripe aviária que explodiu em 2005 e deixou o mundo em alerta. O vírus começou infectando pessoas no Vietnã, Tailândia e Camboja. E infectou aves na Turquia, Inglaterra, Laos, China, Alemanha, Grécia e Canadá. Milhões de aves foram sacrificadas, sinônimo de prejuízo para os seus criadores. O preço subiu no mercado consumidor. Foi algo que ninguém esperava, mas que faz parte dos desafios de todos que estão no jogo da economia mundial. Consultar uma cartomante não é uma atitude nada segura. Então, o melhor é estar sempre atento e tentar estar preparado para tudo. O que nem sempre é possível.

Mas, afinal, o que fazer com as empresas, hoje? Que tipo de gestão elas devem usar? Que profissionais elas devem contratar? A turma das Gerações X e Y? São muitas perguntas e muitas respostas desencontradas. A fartura de informações nas mídias sociais pode ter o mesmo efeito de um remédio, que pode curar, mas dependendo da dose, também pode matar. Talvez seja bom buscar o equilíbrio. Há muita coisa "plantada" nas mídias. Qualquer um, neste momento, pode escrever o que quiser no seu Facebook, por exemplo. O site TMZ foi o primeiro, no mundo, a anunciar a morte do cantor Michael Jackson. Mas a imprensa mundial ficou receosa em acreditar, já que o cantor, aparentemente, não estava gravemente doente. Durante horas a mídia buscou com a assessoria ou familiares do ídolo a confirmação da notícia. Era verdade, mas poderia ser uma imensa mentira, uma jogada de marketing ou algo do gênero. Portanto, é preciso muito cuidado com o mar de informações com o qual convivemos, diariamente. A mentira, a armadilha e os boatos fazem parte do jogo.

A sabedoria popular atribui a São Francisco de Assis a frase: "Comece a fazer o que é necessário, depois faça o que é possível e, de repente, você estará fazendo o impossível". São Francisco de Assis foi um frade italiano que viveu há mais de 700 anos e acabou santo na Igreja Católica. Calma! Ninguém está sugerindo que você comece a visitar mosteiros em busca de santos para contratar para a sua empresa. Mas o que ele disse há séculos faz sentido. Sem ação, sem trabalho, sem observação do mercado, sem a ousadia na dose certa não há como obter sucesso num mercado ávido por novidades o tempo todo. E também não adianta tentar repetir a fórmula de sucesso da concorrência. Mas, pode ser um ponto de partida para avaliar como aquele produto alcançou ou alcança tanto sucesso. Ninguém compra um produto só porque fica sabendo que ele está vendendo muito. A compra precisa servir ao consumidor, resolver seus problemas ou lhe dar prazer e entretenimento.

A indústria manufatureira está diante de mudanças radicais. Uma das tecnologias que tem o potencial de provocar verdadeiros terremotos no setor industrial é a impressora 3D. Em vez de bater, dobrar e cortar o material, estas impressoras constroem coisas depositando o material, camada por camada. É a chamada manufatura aditiva. Vemos na impressora 3D o futuro da manufatura. Peça, por exemplo, para uma fábrica fazer um martelo exclusivo e você receberá uma conta gigantesca. A razão é simples: o fabricante teria que produzir um molde, moldar a cabeça, fazer o acabamento da máquina e então montar as partes. Fazer tudo isso para um único martelo é simplesmente inviável porque o custo seria imenso. A indústria trabalha com fabricação em massa, focada em economia de escala, e, portanto, produzir milhões de martelos faz que o custo de cada um seja bem baixo. Entretanto, a economia de escala não tem esta importância para as impressoras 3D. O seu *software* pode ser ajustado para qualquer modelagem e o custo de preparo é o mesmo, seja para produzir uma única peça ou milhões delas. A manufatura aditiva ainda está nos seus primórdios, o que significa que não pode produzir coisas sofisticadas como um smartphone, mas já está sendo utilizada para peças mais simples. Com ela, é possível a fabricação de peças personalizadas como capas para smartphones. Interessante é que com a diminuição do preço destas impressoras, cujos modelos mais simples custam algo em torno dos 1 300 dólares, a produção caseira pode crescer rapidamente. Algumas empresas, como a americana Shapeways, criada em 2007, oferecem o serviço de impressão 3D de qualquer objeto para pessoas comuns, sob encomenda pela internet. Em 2011, mais de 24 mil unidades de impressoras 3D foram vendidas para uso doméstico nos EUA, seis vezes mais que no ano anterior[26].

Na verdade, tudo nas fábricas do futuro será controlado por *softwares* cada vez mais inteligentes. A digitalização da manufatura terá um efeito disruptor tão grande como em outras indústrias que passaram pelo mesmo processo, como a da fotografia e a da música. E estes efeitos não afetarão apenas as grandes corporações, porque tecnologias como as impressoras 3D darão mais poder às pequenas e médias empresas e mesmo a empreendedores individuais. O Quirky, mencionado acima, é um exemplo de como comunidades on-line já estão se formando, de maneira similar às comunidades como Facebook, criando o que poderíamos chamar de manufatura social.

Esta disrupção vai criar o que já se delineia como a terceira revolução industrial. A primeira começou em fins do século XVIII com a mecanização da indústria têxtil. A segunda teve seu início em princípios do século XX, com o aparecimento da linha de montagem e o início da produção em massa e do conceito de economia de escala. Com a digita-

---

[26] 3D PRITING INDUSTRY. Disponível em: <http://3dprintingindustry.com/>. Acesso em: 19 dez. 2013.

lização da manufatura, a terceira revolução já está ganhando corpo e velocidade. Ela vai permitir que as coisas sejam feitas por preços muito menores, de forma flexível e com muito menos mão de obra. As tecnologias que irão dar vida a esta nova revolução industrial são as impressoras 3D, os robôs de fácil utilização, e novos serviços colaborativos disponíveis via internet. Estaremos saindo do domínio exclusivo da produção em massa para uma produção mais individualizada. Esta revolução não vai implicar no fim da produção em massa, que para muitos produtos comoditizados continuará sendo extremanente válida, mas permitirá a criação de novos modelos de negócios industriais, focados na personalização de cada produto vendido. As grandes fábricas continuarão a existir, embora cada vez mais automatizadas. Mas também veremos milhões de pequenas e médias empresas que irão se beneficiar de novos materiais, robôs mais baratos e fáceis de usar, *softwares* mais inteligentes e impressoras 3D, que poderão produzir em pequenas quantidades. E um número imensurável de empreendedores em pequenas oficinas e garagens, que serão capazes de produzir peças que seriam inimagináveis de pensar antes. Uma consequência desta revolução é a redução significativa no número de empregados nas linhas de produção, cada vez mais automatizadas. Os cargos em indústrias demandarão dos funcionários altos níveis de especialização.

Um outro setor que está sob intenso processo de transformação é o da saúde. A internet nos permitiu dar os primeiros passos nesta direção. Já existem diversas comunidades onde pessoas com doenças podem trocar informações e se ajudar mutuamente. Um exemplo é o site canadense Cure Together que reúne portadores de diversas doenças. Ao se cadastrar, o internauta preenche um questionário relatando seus sintomas, os tratamentos que experimentou e os resultados que obteve. O sistema então indica usuários com o mesmo perfil para ele entrar em contato.

Há uma frase muito emblemática desta mudança no relacionamento entre doentes, dita pelo americano Dave de Bronckart, líder da Sociedade pela Medicina Participativa (SPM, na sigla em inglês): "Acreditamos que o paciente deve deixar de ser mero passageiro e se tornar o condutor responsável de sua saúde[27]". Mas ele alerta: a ideia não é que o doente assuma o lugar do médico e sim que se torne parceiro. "Metade dos fundadores da SPM é médico", revela.

Ferramentas como o Cure Together não são úteis só para pacientes. A base de dados desse site, por exemplo, alimenta pesquisas de universidades como MIT, Stanford e Carnegie Mellon. São informações cadastradas por mais de 26 mil usuários.

Ao monitorar os temas de saúde mais frequentes nas redes sociais, blogs e sites de busca, cientistas são capazes até de detectar epidemias. Nos EUA, por exemplo, um aumento nas consultas relacionadas à diarreia e intoxicação alimentar no Google serviu como pista para identificar um surto de salmonelose. É o que relata um trabalho publicado no *The New England Journal of Medicine* (NEJM) em 2009[28].

Existe também o site Patients Like Me que apresenta estatísticas sobre eficácia e riscos de remédios e outras terapias. Há também uma lista de testes clínicos com novos medicamentos (ainda não aprovados) e o contato das empresas responsáveis. Aliás, em 2011 foi publicado o primeiro artigo baseado em auto-observações em mídias sociais, com pacien-

---

[27] CURE TOGETHER. The smarter way to find the best treatments. Disponível em: <http://curetogether.com/>. Acesso em: 19 dez. 2013.

[28] THE NEW ENGLAND JOURNAL OF MEDICINE. Digital disease detection - harnessing the web for public health surveillance. Disponível em: <http://www.nejm.org/doi/full/10.1056/NEJMp0900702>. Acesso em: 19 dez. 2013.

tes do próprio Patients Like Me. O artigo foi avaliado por especialistas e considerado adequado para uma publicação científica[29]. É um indício que o modelo *top-down*, em que o médico fala e o paciente simplesmente escuta, está em xeque.

Podemos encontrar nos sites americanos Rate MDs e Revolution Health até mesmo um ranking com os melhores e piores médicos. A lista dos "top 10" é elaborada com as notas atribuídas pelos pacientes cadastrados.

Muitos argumentam que os comentários feitos nesses sites, por serem anônimos, não são confiáveis. Mas um artigo do NEJM afirma que eles têm algo a ensinar[30]. No texto, a psiquiatra Shaili Jain ressalta que médicos costumam aprender nos livros ou com os colegas o que faz um bom profissional. "Raramente ouvimos os anseios dos pacientes porque, no mundo real, eles não costumam dizer o que pensam cara a cara", diz ela.

Não só os pacientes, mas a própria comunidade médica começa também a debater e trocar abertamente ideias e experiências em suas redes sociais especializadas, como o Sermo e o Ozmosis.org.

Mas a tecnologia pode ir além. Os desafios que temos pela frente nos obrigam a repensar a saúde como a praticamos hoje. Estudos da ONU, como o relatório "The global economic burden of non-communicable diseases[31]" estima que as cinco doenças crônicas mais comuns (doenças do coração, respiratórias, mentais, câncer e diabetes) custarão, para tratamento

---

[29] MIT TECHNOLOGY REVIEW. Company profile: PatientsLikeMe. Disponível em: <http://www2.technologyreview.com/tr50/patientslikeme/>. Acesso em: 19 dez. 2013.

[30] PLOS. The role of social media in disaster psychiatry (or how I became a fan of Facebook). Disponível em: <http://blogs.plos.org/mindthebrain/2013/01/24/the-role-of-social-media-in--disaster-psychiatry-or-how-i-became-a-fan-of-facebook/>. Acesso em: 19 dez. 2013.

[31] WORLD ECONOMIC FORUM. The global economic burden of non-communicable diseases. Disponível em: <http://www3.weforum.org/docs/WEF_Harvard_HE_GlobalEconomicBurdenNonCommunicableDiseases_2011.pdf>. Acesso em: 19 dez. 2013.

de seus portadores, 47 trilhões de dólares no mundo todo por volta de 2030. A tendência é acelerada pela demografia global, que mostra um envelhecimento da população do mundo. Esta situação tem e deve ser mitigada. Uma ferramenta útil para ajudar a diminuir a incidência destas doenças é a mudança cultural e de hábitos. A tecnologia entra com os games interativos. Com a disseminação de smartphones e tablets, estes games podem e provavelmente serão usados com mais intensidade. O console Wii da Nintendo pode ser usado como meio de incentivar idosos a praticarem mais exercícios. Nos EUA, a HopeLab tem conseguido bons resultados com o uso de jogos para auxiliar no tratamento de crianças com câncer e adultos com obesidade[32]. Outra empresa bastante inovadora neste setor é a Kairos Lab, que produziu o Livn.it, um jogo social criado para modificar hábitos de vida pouco saudáveis.

Com a disseminação de smartphones e tablets, começam a ser criados diversos aplicativos como o WellDoc para controlar o nível de glicose dos pacientes. E com a desmaterialização da tecnologia, começamos a ver equipamentos médicos sofisticados caírem de preço, como o Vsan, um aparelho para exames ultrassom que custa menos de 10 mil dólares. A Internet das Coisas e os sensores conectados permitem visualizarmos um novo cenário. Por exemplo, sensores que ajudam a monitorar a aderência do paciente às prescrições médicas, tomando os remédios nas horas certas, como o Glowcaps da Vitality. Olhando à frente podemos imaginar, sem futurologia, que a convergência destas tecnologias vai gerar o que chamaremos de TaaS ou *TeleHealth as a Service* ("telessaúde como serviço", em português) onde o paciente poderá ser monitorado 24 horas por sensores, usar seus smartphones e

---

[32] WIKIPEDIA. HopeLab. Disponível em: < http://en.wikipedia.org/wiki/HopeLab>. Acesso em: 19 dez. 2013.

tablets para informar sintomas e ser alertado pelos médicos quando em situação de atenção, de forma preventiva.

A tecnologia na saúde avança a passos largos e hoje já é possível colocar um chip numa pílula do tamanho de uma aspirina junto com uma câmera de TV e rádio. Quando você a engole, a pílula inteligente tira imagens de TV de seu estômago ou intestino e em seguida envia sinais de rádio para um receptor próximo. Desse modo os médicos são capazes de tirar fotos dos intestinos de um paciente e detectar cânceres sem precisar realizar colonoscopia.

Outro avanço na medicina impulsionado pela computação é a medicina genômica. Originalmente custava milhões de dólares sequenciar todos os genes de um único corpo humano. O Projeto Genoma Humano custou 3 bilhões de dólares[33]. Com a Lei de Moore baixando os custos e aumentando exponencialmente a capacidade computacional, como vimos na parte 1 deste livro, estima-se que os custos atuais do sequenciamento humano, entre 5 e 10 mil dólares, baixarão, e que este sequenciamento poderá ser feito por mil dólares ou menos, chegando próximo ao preço de um exame de sangue padrão. Com este preço, o processo pode ser efetuado em massa e passaríamos a ter uma medicina preventiva no nosso cotidiano.

No próximo capítulo, debaterei a questão do uso da tecnologia para reformular a educação e ajudar a criar empregos e funções para os próximos anos, empregos que nem sabemos ainda quais serão.

---

[33] INOVAÇÃO TECNOLÓGICA. Empresa anuncia mapeamento do DNA por US$ 1 mil. Disponível em: <http://www.inovacaotecnologica.com.br/noticias/noticia.php?artigo=mapeamento-dna-mil-dolares>. Acesso em: 19 dez. 2013.

A educação atual em xeque

A mudança tem que ser ampla. A nova economia exige mais do indivíduo. O novo modelo econômico que se busca, mais sustentável, pressupõe também um novo modelo de educação mais engajada e inserida na sociedade. Hoje, em essência, as escolas tendem a ser separadas do resto da sociedade. O ensino atual não treina as crianças e adolescentes para uma série de habilidades sociais, emocionais e práticas que são úteis na vida. Por exemplo, a natureza da tecnologia está em transformação. Há um século o modelo padrão de desenvolvimento era a fábrica, com pessoas em horários rígidos fazendo trabalhos manuais e repetitivos nas linhas de montagem. Entretanto, este modelo criou a ideia de que os seres humanos são apenas elos em uma linha de montagem, que devem apenas efetuar tarefas específicas, sem precisar compreender a natureza do trabalho das pessoas ao seu lado ou mais adiante na linha de montagem. Atualmente, a economia de serviços está cada vez mais forte e demanda habilidades sociais e de interação, além de competência para lidar com pessoas, caraterísticas que não eram valorizadas nas linhas de montagem. As habilidades cognitivas para o mundo de hoje também são diferentes. Antigamente, a criatividade individual não era estimulada, porém, no cenário atual, ela é necessária para a criação de uma economia criativa.

Cada vez mais precisamos formar seres sociais pensantes. Por sua vez, professores precisam estar motivados e preparados também. Estamos vivendo o fim do "professor-papagaio",

O impacto das tecnologias nas diferentes esferas da vida humana **189**

que entra numa sala, muitas vezes sequer dá "bom dia" e começa a repetir aquilo que leu no livro didático, à noite, depois da novela. Preparem-se! Os computadores abalarão o lugar dos livros e apostilas. As pesquisas serão todas ali, sem dispensarmos, claro, a visita às bibliotecas, museus e afins. Mas o computador será o material escolar mais importante do ano letivo – tanto na mesa do professor quanto na dos alunos. É preciso que o professor descubra e provoque em seus alunos a aptidão de cada um, para estimular o seu desenvolvimento. Também passou o tempo em que os pais determinavam a profissão dos filhos. Hoje, cada um deve escolher seu caminho profissional ao sentir sua tendência. Há muitos testes vocacionais que ajudam, mas a melhor escolha está embutida na intuição do aluno.

Em meados de 1997, não havia tanta gente conectada à internet. O computador caseiro ainda era muito caro para a maioria dos consumidores, principalmente para os brasileiros. Hoje, já há mais de 260 milhões de celulares no Brasil[34], superando o número de habitantes. E muitos celulares já são computadores de bolso, como os smartphones, por exemplo.

As tecnologias de colaboração e conteúdo digital (basta pensar na Wikipédia, no Twitter ou no Facebook, por exemplo) podem melhorar a qualidade da educação, ampliando o alcance das informações disponibilizadas aos alunos e professores.

A Wikipédia, em especial, tem grande importância no âmbito escolar, pois auxilia o trabalho colaborativo. Outro aspecto positivo da colaboração ativa na Wikipédia é que os estudantes, para verem seus textos aprovados e mantidos on-line, devem debater com os outros colaboradores-editores, que continuamente revisam e alteram os conteúdos. Portanto, devem aprender a articular seus argumentos, compreender e aceitar as razões que eventualmente provoquem a sua modificação ou

---

[34] TELECO. Disponível em: <http://www.teleco.com.br/>. Acesso em: 19 dez. 2013.

eliminação. Um verbete na Wikipédia nunca é um trabalho terminado. Está sempre em constante evolução e aperfeiçoamento, e, muitas vezes, com o passar do tempo, o texto original acaba sendo totalmente substituído. Portanto, um olhar diferenciado a esta nova enciclopédia pode transformá-la em um excelente auxiliar no processo de aprendizado, fortalecendo muitas habilidades necessárias aos profissionais do século 21.

A escola precisa formar homens que vão fazer a nova sociedade. Profissionais que entendam das múltiplas funções que terão de desempenhar. O conceito de emprego está sendo substituído pelo de trabalho. A atividade produtiva passa a depender de conhecimentos e o trabalhador deverá ser um sujeito criativo, crítico e pensante, preparado para agir e se adaptar rapidamente às mudanças impostas por essa nova sociedade. O diploma em si não signfica mais uma garantia de emprego. A empregabilidade estará cada vez mais relacionada à qualificação pessoal e as competências técnicas deverão estar associadas à capacidade de decisão, de adaptação a novas situações, de comunicação oral e escrita, e de trabalho em equipe. O profissional será cada vez mais valorizado na medida em que estabelecer relações e assumir liderença.

Assim, no futuro, na sociedade de conhecimento, o aprendizado será contínuo, as tarefas rotineiras serão executadas por computadores e robôs e neste ambiente de mudanças, a construção do conhecimento deixa de ser algo individual, para ser fruto de uma vasta colaboração cognitiva.

Logo viveremos em cenários onde as decisões terão de ser tomadas rapidamente. Afinal, o concorrente estará em seu calcanhar o tempo todo, ou emergirá de um setor de negócios inesperado. Também poderá ser alguém que surja com um novo modelo de negócios, destruindo os modelos já estabelecidos.

É preciso ficar atento o tempo todo às mudanças em todos os ambientes (no mercado consumidor, nas tendências do

O impacto das tecnologias nas diferentes esferas da vida humana **191**

cliente). E a escola nada mais é do que um celeiro que tenta formar a sociedade do amanhã. Lá também estiveram, sentadinhos, meninos como Albert Einstein, Bill Gates, Steve Jobs, Winston Churchill. E meninas como Simone de Beauvoir, Indira Gandhi, Margareth Thatcher, Evita Perón que, ao se tornarem adultos, marcaram o século XX. Eis, de novo, a importância da escola, da educação.

A pressão para se obter uma educação de qualidade e, posteriormente, uma carreira profissional de sucesso, pode causar tragédias. No Japão, por exemplo, há notícias de alunos que não conseguiram tirar a nota máxima, se desesperaram diante da cobrança dos pais e preferiram tirar a própria vida a continuar com a humilhação a que eram submetidos. Não, não é desta revolução que estamos falando. Queremos escolas sadias, professores sadios, alunos sadios. Enfim, um ambiente interativo onde a troca de conhecimentos será primordial. Jamais a sala de aula poderá se transformar numa arena para toureiros (mestres) e touros (alunos). A "luta" aqui terá de ser outra, em busca de vitórias pessoais e coletivas. Para que os vitoriosos cheguem ao mercado de trabalho preparados para novas vitórias, novos desafios.

O professor não será mais o único em sala que terá o conhecimento. Alunos, conectados com as mídias e sites, estarão preparados para aprender e até mesmo "ensinar". Haverá uma troca de informações. Será o fim da "decoreba", da enxurrada de datas, nomes e feitos históricos. Claro que estas informações continuarão a ser repassadas, mas através da interação, do debate, do entendimento. Será a revolução que vai formar "seres pensantes". As escolas do futuro terão que garantir o direito de aprender bem, usando as novas tecnologias que já estão disponíveis. Jamais o computador, ao que parece, substituirá o ser humano, exceto quando for para apertar um parafuso na indústria automobilística, o que já acontece há décadas. A máquina será um instrumento fundamental para os novos desafios. O estudante chegará à escola para produzir conhecimento próprio, trocar informações com colegas e ser orientado, claro, pelos mestres. É preciso dar aos alunos a aprendizagem de que ele precisa em vez de aulas maçantes, copiadas de um quadro negro ultrapassado.

O currículo também precisará ser revisto. Impor dez, ou mesmo doze disciplinas aos alunos, distribuídas em míseros 45 minutos de aula por matéria é algo inadequado. O método atual trata o conhecimento como uma coisa descartável, efêmera. O hábito de leitura, por exemplo, precisa ser implantado não como uma obrigação, para se passar em uma prova. O modelo atual é um péssimo estimulador. O aluno deve ter prazer em descobrir a literatura nacional e internacional. E aprender na narrativa de romances, contos e poemas, a escrever corretamente, interpretar um texto e sentir o sabor do idioma.

Talvez o caminho da mudança venha pela proposta da Unesco, que por meio de sua Comissão Internacional sobre Educação para o Século XXI, estabelece quatro pilares de um novo tipo de educação, com enfoque em aprender a conhecer, aprender a fazer, aprender a viver junto e aprender a ser.

Aprender a conhecer tem como pano de fundo o prazer de compreender, de conhecer e de descobrir. Uma das tarefas mais importantes hoje da educação em um mundo conectado e com centenas de milhões de sites à disposição na internet é ensinar como chegar à informação.

Aprender a fazer significa que a educação não pode aceitar a imposição da opção entre teoria e prática. É fundamental a aplicação prática dos conhecimentos teóricos.

Aprender a viver junto ressalta a importâcia de vivermos em um mundo cada vez mais conectado e interligado.E aprender a ser exige de cada pessoa uma grande capacidade de autonomia e postura ética. Os atos e as responsabilidades pessoais interferem no destino coletivo.

A educação, em todos os níveis, deverá dar ênfase não apenas ao desenvovimento pessoal dos estudantes, mas também deverá prepará-los para sua vida profissional. O computador está cada vez mais presente em nossas vidas. Mas é preciso estarmos atentos. Jovens e até mesmo crianças estão trancando-se em seus quartos para viver somente no mundo virtual. Todos precisam da convivência social, da troca de experiências reais, do entrosamento na sociedade onde vivem, participar dos problemas do seu bairro, da sua cidade, do seu país. O mundo virtual esteve presente o tempo todo na Primavera Árabe, quando milhares, milhões, trocaram informações sobre a situação política da Líbia e do Egito, por exemplo. Mas a revolução só se concretizou quando todos saíram de suas casas e ocuparam prédios públicos, ruas, praças e avenidas! E, de novo, o computador foi o grande instrumento, mas não foi ele que fez a revolução. Foi o homem político, o homem social que mudou o rumo da História.

As salas de aula precisam mudar, inclusive de formato. Já não é mais possível mantermos alunos olhando a nuca dos colegas. É preciso criar ambientes interativos, em que uns vejam os outros, olhem nos olhos, troquem experiências, informações, emoções, pesquisas. As aulas precisam virar debates saudáveis, precisam aproximar o professor dos alunos. O mestre precisa sair da frente de seus alunos para misturar-se a eles, mostrar que ele também é igual, que ele apenas nasceu antes deles, mas que também já se sentou naquelas mesmas cadeiras. O contato face a face, o diálogo, deixa claro quem de fato sabe e quem ainda precisa aprender. Não há como "colar" numa prova oral, por exemplo. Num diálogo, também não. Também não há como copiar um trabalho ou um texto da internet e apresentar ao professor como sendo o autor. A sala de aula de hoje desaparecerá, mas para dar lugar a outra, interativa, interessante, dinâmica.

O professor terá o papel de coordenador de ensino e não de figura de "o único que sabe". Esta distância, que reinou por séculos, vai desaparecer. E os alunos se sentirão mais importantes neste ambiente escolar. Sentirão que serão parte importante daquele encontro diário. Aliás, muitos alunos já entram, hoje, em sala, muitas vezes, sabendo o que o professor ainda não sabe, pois eles já leram os novos fatos na internet. Ou seja, os alunos dos dias atuais conseguem transportar uma biblioteca inteira em seu laptop. E muito mais.

Certa vez, um turista viu sob uma árvore frondosa um mestre e seus alunos. Era na Índia (um país muito pobre, mas rico em ideais) e o ambiente ao ar livre era a sala de aula. Questionado pela curiosidade do turista, que perguntou por que a aula estava sendo dada ali, o professor respondeu: "Enquanto não tivermos dinheiro para a escola, vamos ensinando aqui mesmo..." O turista partiu com mais uma lição de vida!

Em alguns países, como nos EUA, já vemos universidades oferecendo dupla titulação para melhor formar profissionais em um mundo cada vez mais multidiciplinar. O ensino atual é extremamente cartesiano. Vamos olhar, por exemplo, uma área profissional extremamente especializada, como a medicina. Um estudante de medicina se forma sem ter uma ideia de como o mecanismo de seguro-saúde funciona ou mesmo de como montar um consultório. Nos EUA, escolas de medicina como as da Columbia, Universidade da Pensilvânia, Harvard, Dartmouth e Cornell já oferecem graduação dupla e, recentemente, uma escola na Suécia, o Karolinska Institutet, se tornou a primeira faculdade na Europa a oferecer graduação conjunta de medicina e negócios. Para mim está claro que o sistema de saúde não funciona num vácuo. Um médico deve conhecer sua especialidade, mas também deve conhecer o lado administrativo para ser capaz de melhorar a eficiência e o valor do sistema. O objetivo destes cursos é formar médicos que, além da medicina, entendam os principais conceitos do mundo dos negócios e que sejam adeptos do trabalho em equipe. O professor Stefanos Zenios, professor de gerenciamento de saúde da Stanford Graduate School of Business diz "não estamos apenas ensinando os negócios inerentes à medicina. Estamos ensinando negócios em geral. Trata-se das competências profissionais da administração, como orçamento e contabilidade, mas também habilidades interpessoais, que definem como você trabalha com culturas e formações diferentes, como você promove mudanças e influencia os outros[35]". Aqui no Brasil as discussões sobre a inserção de disciplinas relacionadas à gestão de negócios e empreendedorismo nas escolas de medicina ainda são incipientes. O modelo que temos hoje, consolidado, é voltado a formar bons médicos e deixar a especialização em gestão da saúde para programas de pós-graduação. Temos muito espaço para percorrer.

Nos EUA, estudos[36] mostram que 70% dos novos empregos criados entre 1998 e 2004 são ocupações de "interações intensivas", que dependem de interações entre as pessoas e envolvem julgamento, intuição e colaboração. Essa tendência é replicada em praticamente todo o mundo em maior ou menor grau, inclusive no Brasil.

A escola também terá de mostrar aos alunos os graves problemas que multiplicam-se mundo afora. O lixo é um deles. Milhões de toneladas são geradas todos os dias, principalmente nos grandes centros urbanos. Esquecemos que o lixo é

---

[35] STANFORD BUSINESS. Stefanos Zenios. Disponível em: <http://www.gsb.stanford.edu/users/stefzen>. Acesso em: 19 dez. 2013.

[36] CISCO. Equipando todos os alunos para o século XXI. Disponível em: <http://www.cisco.com/web/about/citizenship/socio-economic/docs/GlobalEdWPPortuguese.pdf>. Acesso em: 19 dez. 2013.

apenas levado de um lugar para o outro, mas continua "dentro" do nosso planeta! Um assunto indispensável para professores e alunos de hoje e de amanhã que, como todos nós, terão de ter consciência e responsabilidade sobre tudo, inclusive sobre a geração, a redução e o destino do lixo! Todos os assuntos e problemas da sociedade precisam ser debatidos em sala de aula. Soluções podem estar ali na cabeça de jovens estudantes que serão profissionais no fututo. Será na escola que as novas gerações aprenderão a "criar o futuro social".

A mudança de paradigma para um aprendizado em um mundo globalizado e conectado pressupõe que as escolas capacitem os alunos a:

a) adquirir uma série de habilidades necessárias para terem sucesso em um mundo globalizado e conectado;

b) compreender as instruções personalizadas que lhes permitirão atingir plenamente seu potencial;

c) se conectar pessoal e digitalmente às suas comunidades e interagir com pessoas de diferentes culturas;

d) continuar aprendendo com o passar dos anos. A educação não tem fim e é contínua por natureza. A educação deve deixar de ser algo centrado nas fases precoces da vida para se tornar algo necessário ao longo de toda a vida do indivíduo.

Ainda sobre as futuras transformações na educação e mercado de trabalho, gostaria de compartilhar uma experiência. Aproveitei um dia chuvoso para ler um texto muito interessante, chamado "Virtual Worlds, Real Leaders: on-line games put the future of business leadership on display[37]", produzido pela IBM e pela Seriosity Inc., a partir de um estudo conduzido por pesquisadores da Universidade de Stanford e do MIT Sloan School of Management.

---

[37] IBM. Virtual worlds, real leaders: online games put the future of business leadership on display. Disponível em: <http://www.ibm.com/ibm/gio/media/pdf/ibm_gio_gaming_report.pdf>. Acesso em: 19 dez. 2013.

Por que este estudo? Em um cenário de empresas globalizadas, distribuídas e inovadoras, atuando de forma colaborativa e virtualizada, como seriam seus líderes? Quais as habilidades e competências necessárias? Onde conseguir estas habilidades e competências?

Uma resposta é que os jogos (principalmente os MMORPG[38], ou *Massively Multiplayer Online Role-Playing Games*) criam contextos que podem mostrar como seria a liderança do futuro. Os líderes das comunidades criadas em torno destes jogos conquistam esta posição por meritocracia e são influenciadores, mas de forma colaborativa e não impositiva, aceitam riscos e falhas, tomam decisões de forma rápida e sem dispor de um conjunto completo de informações. Além disso, a liderança é temporária, muitas vezes surgindo para uma determinada missão, ao término da qual, uma nova liderança aparece. Este último é um ponto importante, uma vez que, como não há expectativas de a liderança ser permanente, acaba-se encorajando colaborações e experimentações. Claro que surgem líderes que ficam muito tempo na liderança, mas pela simples razão que são reconhecidos como tal pela comunidade e não impostos pela organização. Contrasta com o modelo de liderança atual, de posição permanente, que tende a criar gerentes arredios a experimentações e inovações.

Uma pesquisa complementar feita com uma comunidade de cerca de 200 *gamers* da IBM (funcionários) mostrou que eles acreditam que jogar MMORPG melhora suas competências de liderança no mundo real e quatro em cada dez jogadores disseram que aplicam técnicas de liderança aprendidas nestes jogos para melhorar sua própria eficácia no trabalho.

---

[38] É um jogo de interpretação de personagens on-line e em massa para múltiplos jogadores, que permite a milhares de jogadores criarem personagens em um mundo virtual dinâmico ao mesmo tempo na Internet.

Uma interessante dedução do estudo é que, embora não se possa dizer que cada pessoa dentro de uma organização pode e deve ser um líder, lideranças podem eventualmente emergir se dadas as ferramentas adequadas para as circunstâncias adequadas.

Estes estudos mostram que as pessoas que acham que o adepto de jogos virtuais é mais agressivo que os demais no quesito competição corporativa estão enganadas. Na verdade, a frequência, a velocidade e a intensidade com que ocorrem as disputas no mundo virtual ajudam a suavizar a relação "vencer ou perder". A nova geração está tão acostumada com isso que o sentimento por trás da competição ficou mais leve, o que pode se traduzir em benefícios para o negócio. Os pesquisadores acreditam que os video games terão influência direta na formação dos novos líderes. Se as empresas conseguirem transferir o entusiasmo que as pessoas demonstram quando jogam em casa para o ambiente de trabalho, terão profissionais mais engajados. Os jogos incentivam a produtividade, no sentido de que neles as pessoas sabem exatamente e de que forma estão contribuindo para o todo, para a realização de um objetivo maior.

Muitos dos jogos envolvem times e então a competição não é apenas entre indivíduos. Você colabora com uma equipe e compete com outra. São movimentos importantes para a nova dinâmica dos negócios. Hoje, por exemplo, nos EUA, as pessoas chegam a usar os jogos 40 horas por semana e a idade média dos jogadores é de 35 anos. Já é algo que todos estão fazendo ou se familiarizando[39].

Um aspecto interessante dos jogos é que o fracasso é esperado e é bom, pois é possível aprender com ele. Assim, na

---

[39] IBM. Virtual worlds, real leaders: online games put the future of business leadership on display. Disponível em: <http://www.ibm.com/ibm/gio/media/pdf/ibm_gio_gaming_report.pdf>. Acesso em: 19 dez. 2013.

empresa, caso alguma ideia não tenha resultado positivo, você pensará em outra ação e experimentará outras alternativas rapidamente. No mundo corporativo tradicional é difícil termos *feedbacks* instantâneos; muitas vezes ele só acontece no fim do semestre ou no fim do ano. Portanto, os videogames deverão ser encarados de outra forma. As empresas deveriam induzir seus funcionários a imaginar que o trabalho se passa dentro de um jogo. Cada um faz parte de um time, recebe pontos de reconhecimento sobre todos os aspectos de sua atuação e sabe como as coisas estão indo. O mais interessante seria que o funcionário se envolvesse na história da empresa, mesmo em grandes corporações. Assim, este processo de "gameficação" começaria a ganhar espaço nas empresas. Vale ressaltar que "gameficação" não é a simples liberação de jogos, mas o uso das tecnologias de jogos para criação de treinamentos de forma lúdica, desenvolvimento de manuais interativos de produtos, elaboração de tutoriais, novas formas de engajar clientes, novas formas de aprendizado!

As pesquisas[40] vêm demonstrando que as pessoas que jogam video games tomam decisões 25% mais rápido que outras, sem prejuízo em sua precisão. Os estudos mostram que os jogadores mais assíduos podem fazer escolhas e lidar com elas até seis vezes num segundo, quatro vezes mais rápido que a maioria das pessoas. Além disso, jogadores experimentados podem prestar atenção em mais de seis tarefas ao mesmo tempo, sem se confundir, em vez das quatro que as pessoas normalmente podem manter na memória. Um estudo de três anos, com 491 estudantes de primeiro grau, nos EUA, mostrou que quanto mais as crianças jogavam jogos de computador, maiores eram as suas notas em testes de criatividade.

---

[40] THE WALL STREET JOURNAL. Quando videogame faz bem para o cérebro. Disponível em: <http://online.wsj.com/article/SB10001424052702304537904577278080766496576. html>. Acesso em: 17 dez. 2013.

Outro ponto a se notar é que, no fututo, fazer cursos on--line será tão comum quanto assistir à televisão hoje. Os métodos de ensino terão que ser atualizados: uso intensivo da internet e das tecnologias de redes sociais, entregando conteúdo personalizado. Por que os conteúdos devem ser os mesmos, se as pessoas são diferentes? As tecnologias interativas e colaborativas permitem gerar conteúdos personalizados e não vejo nenhum sentido em manter aulas massificadas, tratando todos de forma igual, como vemos hoje.

Os sistemas educacionais terão *softwares* de acompanhamento integrados, onde os registros acadêmicos estarão disponíveis e serão atualizados. Acredito que muito do que será aprendido não será nas escolas tradicionais (já não o é hoje) e, portanto, todo este registro educacional terá que ser armazenado de forma integrada e acessível de qualquer lugar ou dispositivo de acesso. Todo o conteúdo, portanto, deverá ser armazenado e disponibilizado via tecnologias de Computação em Nuvem.

E os professores? Serão ainda professores ou facilitadores? O uso de smartphones e netbooks não poderá mais ser proibido nas aulas. Afinal, eles serão o meio mais comum a ser utilizado para facilitar e incrementar o aprendizado. Talvez novas funções de ensino venham a surgir, como o *personal educator*, que atuará muito mais como orientador do que como professor.

As habilidades a serem aprendidas também deverão ser outras. Estamos falando de crianças e adolescentes que irão trabalhar em profissões que nem existem ainda. Mas, com certeza, serão profissões baseadas em conhecimento.

Uma experiência interessante, proposta para formar pessoas preparadas para um mundo em constante disrupção é a Singularity University. A ideia fundamental é preparar cientistas para o que seu criador, Raymond Kurzweil, chama de iminente singularidade. Baseando-se em avanços nas áreas da tecnologia da informação, inteligência artificial, medicina, nanotecnologia, genética e outras, muitos estudiosos acreditam que nas próximas décadas a humanidade irá atravessar a singularidade tecnológica e é impossível prever o que acontecerá depois deste período. Kurzweil é um dos que afirmam que a singularidade tecnológica é um evento histórico de importância semelhante ao aparecimento da inteligência humana no planeta. Ele, em 2005, escreveu um livro *The singularity is near: when humans transcend biology* onde prevê que em torno de 2019 um computador pessoal de mil dólares terá tanta potência bruta quanto um cérebro humano. Logo depois os computadores nos deixarão para trás. Em 2029, um computador pessoal de mil dólares será mil vezes mais potente que um cérebro humano. E, em 2045, um computador de mil dólares será um bilhão de vezes mais inteligente do que todos os seres humanos combinados. Depois de 2045, os computadores se tornarão tão avançados que farão cópias de si mesmo, cada vez mais inteligentes, criando uma singularidade desenfreada. Para Kurzweil, não haverá uma invasão de máquinas inteligentes. O que ocorrerá é que nos fundiremos com a tecnologia, colocaremos dispositivos inteligentes em nossos corpos para vivermos mais e com mais saúde[41]. É uma ideia extremamente controvertida e, com previsões tão longínquas assim, não é fácil de atingir o alvo. Na verdade, não sabemos se a singularidade realmente acontecerá. Pessoalmente considero que chegaremos a um cenário onde as tecnologias da computação e robótica evoluirão para serem auxiliares dos humanos, mas não imagino que "viveremos em um computador" ou que alteremos nossos corpos até eles se tornarem irreconhecíveis.

---

[41] KURZWEIL, Ray. *The singularity is near:* when humans transcend biology. New Jersey: Viking Books, 2006.

De qualquer forma, esta questão abre um espaço formidável para discutirmos o conceito de inovação.

Inovação como necessidade de sobrevivência empresarial

Inovação. A definição do termo varia muito e depende de quem responde à questão. Uma boa definição é a de Scott Berkun, autor do livro *Mitos da inovação*, de 2007, que alerta para a diluição do termo. O que ele diz é que, para muitas pessoas, a inovação não passa, na verdade, de um "produto muito bom". Ele prefere reservar a palavra a inventos capazes de transformar a sociedade, como a imprensa, eletricidade, o telefone e mais recentemente o iPhone e tablets. Inovação sempre existiu, mas o termo se popularizou na década de 1990, época da bolha da internet e de livros como o de Christensen, *O dilema da inovação*, e o de James Utterback, *Dominando a dinâmica da inovação*. O termo rapidamente seduziu as empresas e os executivos que viram nele algo que os identificasse como ágeis e criativos. A febre da inovação gerou toda uma indústria de consultores, e uma recente pesquisa feita pela Capgemini mostrou que uma em cada quatro empresas tem um diretor de inovação. Mas pesquisas começam a mostrar que esta inovação é mais propaganda que realidade, com uma maioria de executivos assumindo que suas empresas não têm uma estratégia clara de inovação que suporte de forma sustentável o posto de diretor de inovação. Para Christensen, há três tipos de inovação: a inovação na eficiência, pela qual o mesmo produto é feito a um custo menor, como transferência eletrônica pela internet pelo próprio cliente ao invés de ser feita por um caixa de banco; a inovação sustentadora que converte um produto já bom em algo ainda melhor, como no caso de um automóvel híbrido; e a inovação de ruptura, que transforma coisas caras e complexas em algo simples e acessível, como a migração do paradigma dos computadores de grande porte para os PCs. Para as empresas, o maior potencial de crescimento reside na inovação de ruptura, sendo que as demais poderiam ser chamadas de progresso comum, pois não mudam de forma significativa o negócio das empresas. Como a inovação de ruptura pode levar muitos anos para dar frutos, as empresas não investem neste modelo. É mais fácil investir em progressos comuns e dizer que está inovando.

Um fator primordial para garantir o crescimento econômico consistente de um país é o aumento de sua produtividade. Este aumento é mensurado quando o país consegue produzir mais com o mesmo nível de capital e trabalho. Em consequência, sua renda *per capita* cresce. No Brasil, enfrentamos um grande problema de competitividade simplesmente porque a taxa de inovações das empresas brasileiras é muito baixa quando comparada à taxa de outros países desenvolvidos e emergentes.

Mas, afinal, o que vem impedindo as empresas de inovar? São muitos os fatores que emperram o processo. Imediatamente, surge aquela velha explicação de que em time que está ganhando não se mexe. Grande erro. O mercado mundial, hoje, está em constante processo de mudança. A concorrência é acirrada. E o consumidor nunca teve tanto poder em suas mãos depois da criação das redes sociais. Um produto ou um serviço pode subir ao pódio ou cair em desgraça devido a um simples comentário positivo ou negativo divulgado no Facebook ou Twitter. Uma opinião pode se alastrar como fogo numa floresta seca em dia de vento forte. A surpresa é outro fator que pode derrotar o "time que está ganhando". Fazendo uma comparação:

a empresa X está percorrendo a mesma rodovia como faz há anos, viajando com tranquilidade em companhia de seu velho sucesso repetitivo quando, de repente, surge na sua frente, saindo do meio do mato, o carro da concorrência. É o fim da viagem tranquila do "time que estava ganhando". O mercado, hoje, é isso – vive sobressaltado. A disputa é dura e, algumas vezes, até desleal. Por isso, é preciso estar preparado para os imprevistos, para as surpresas. Se sua empresa está vencendo os obstáculos, criando novas frentes, inovando, ótimo. Mas não pare, não se deite e durma sobre o sucesso. Ou você acordará com a queda repentina, com o fracasso batendo à sua porta. As empresas precisam inovar o tempo todo. Não há outra saída. É só lembrarmos daqueles que tentaram resistir às mudanças com a chegada dos computadores. Ficaram para trás. Foram derrotados. A vida é evolução desde os tempos das cavernas e não parou: vieram as descobertas do fogo, da energia elétrica, da roda (um dos maiores inventos humanos), das máquinas e motores a vapor com a chegada da Revolução Industrial no século XVIII. E, no século XX, a sociedade disparou para uma evolução espantosa. Estão aí os aviões a jato, os trens-bala, os carros cada vez mais confortáveis e inteligentes e a computação, um mundo que, por enquanto, mostra-se infinito em suas possibilidades. Quem é capaz de dizer do que será capaz de fazer um *software* em 2030? Aliás, quais das atuais empresas de tecnologia ainda terão relevância ou mesmo existirão em 2030?

Na verdade, um ciclo de inovação mais veloz cria "reinados" mais curtos. Como o Facebook, que parece insubstituível hoje, várias outras companhias já pareceram insuperáveis em algum momento de sua história. Todas viram surgir rivais que as sucederam como símbolo da inovação global. A constatação é óbvia. À medida que os ciclos de inovação ficam mais rápidos, os períodos de domínio tecnológico das grandes empresas ficam mais curtos. A IBM, que fez 100 anos em 2011, só teve um concorrente à altura em meados da década de 1980 com o surgimento da Microsoft. Os produtos concorrentes das duas empresas eram *softwares* para PC, e vale ressaltar que, curiosamente, a IBM é que foi a pioneira da criação desses artefatos. A Microsoft dominou o cenário por 20 anos até surgir o Google, que se tornou a empresa símbolo da era da internet. O interesse despertado agora pela Apple e pelo Facebook, este criado em 2004, no mesmo ano em que o Google abriu suas ações na Bolsa de Valores, mostra que há um novo reinado começando. É menos de uma década de diferença. Todas as companhias citadas continuam relevantes. A veterana IBM é a segunda empresa de tecnologia em valor de mercado, só perdendo para a Apple. A questão é por que as empresas líderes, que se tornam referências globais de tecnologia, perdem a próxima onda tecnológica? Alguns estudos apontam que, ao se tornarem referências globais e terem o aval de Wall Street, passam a ter obrigações legais que causam inevitáveis distrações. A preocupação, antes centrada nos laboratórios, é dispersada entre diversos públicos, como acionistas, analistas de mercado e imprensa especializada. Não alcançar uma previsão de resultados financeiros pode ser tão ou mais destrutivo quanto lançar um produto que funciona mal. Com milhares de funcionários e um mercado consumidor imenso, as empresas acabam se fixando em produtos já lançados no mercado. Um exemplo é a Microsoft, cujos Windows e Office continuam sendo as fontes principais de receita. O mesmo ocorre com o Google, extremamente dependente do seu mecanismo de busca. Assim, a despeito de imensos investimentos em pesquisa, essa camisa de força acaba permitindo o surgimento de empresas menores e muito mais ágeis, que captam melhor as novas necessidades do mercado.

Inovar, em um ambiente econômico cada vez mais desafiador e competitivo, não é mais uma opção, mas uma necessidade de sobrevivência, não apenas para empresas, mas também para os países. O registro de patentes é considerado um índice de desenvolvimento tecnológico e de pesquisas das nações. O Brasil, segundo pesquisas em várias fontes, entre 2005 e 2009, subiu da 27ª posição no ranking de países que mais registram patentes para a 24ª. Há cinco anos, o país registrava 270 patentes. Em 2009, esse número chegou a 480, ultrapassando a Irlanda, África do Sul e Nova Zelândia. Apesar do avanço, o Brasil ainda está distante de outras economias. Para você ter uma ideia, só a China registrou, em 2009, mais de 7 900 patentes. E já superou a França e o Reino Unido em inovação. O Brasil ainda apresenta um outro problema nesta área. A maioria de suas patentes está nos setores convencionais da indústria como máquinas, componentes mecânicos e transportes terrestres. A área eletrônica correspondeu a apenas 10% das nossas patentes[42]. Ou seja, está em declínio.

Um estudo de 2008 sobre o cenário da inovação no mundo publicado pela OCDE (Organização para a Cooperação e Desenvolvimento Econômico) revelou que novas peças se movimentam no jogo da disputa tecnológica: as nações emergentes, como os BRIC (grupo formado por Brasil, Rússia, Índia e China). Estas nações já representam 20% dos investimentos globais em inovação, quase o dobro de meros dez anos atrás. O estudo revelou que enquanto os números deste bloco de países continuam crescendo, a fatia das regiões ricas como EUA e Europa, diminui. Num outro estudo[43], este do *Economist Intelligence Unit*, de 2009, mostra o Brasil bem abaixo do que poderia estar, devido ao tamanho de sua economia, no ranking das inovações tecnológicas. Este ranking leva

---

[42] THE GLOBAL INNOVATION. Disponível em: <http://www.globalinnovationindex.org/gii/>. Acesso em: 24 mai. 2013.

[43] OECD. Innovation and growth rationale for an innovation strategy. Disponível em: <http://www.oecd.org/science/inno/39374789.pdf>. Acesso em: 19 dez. 2013.

em conta insumos como investimentos em P&D (pesquisa e desenvolvimento), a capacitação científica e a penetração da banda larga, além de fatores políticos, incentivos, estabilidade econômica e registro de patentes.

Analisando alguns dos países em desenvolvimento como Índia, China e Brasil vemos estratégias diferenciadas. A China busca atrair capital estrangeiro em *joint-venture*, dentro do conceito de "aprender fazendo parecido". Os chineses estão seguindo a mesma trajetória que os coreanos trilharam nas décadas de 1980 e 1990. Hoje, a Coreia do Sul está em 17º no ranking dos países inovadores, resultado do esforço para absorver e adaptar tecnologias importadas, com alta produtividade. A maior parte dos recursos em P&D vem do setor privado (75%)[44]. A Índia, por sua vez, se destaca nas soluções voltadas para o consumo de baixa renda, embora também tenha excelência na indústria farmacêutica em *softwares*.

Os esforços feitos pelo governo e o setor privado para incentivar a inovação tecnológica no Brasil ainda não foram suficientes para o país acompanhar emergentes como Índia e China, quando o assunto é o registro de invenções ou processos produtivos nos escritórios internacionais de patentes. Comparado a outras nações do Bric, o país fica na lanterna.

Um estudo comparativo[45] baseado em registros de patentes, feito pelo escritório Montaury Pimenta, Machado & Vieira de Mello, especializado em propriedade intelectual, revela que, nos últimos cinco anos, o United States Patent and Trademark Office (USPTO, escritório americano de pa-

---

[44] SCHWARTZMAN. Inovação Tecnológica e Desenvolvimento Econômico. Disponível em: <http://www.schwartzman.org.br/simon/blog/inovacaomg.pdf>. Acesso em: 19 dez. 2013.
PORTAL DE PERIÓDICOS ELETRÔNICOS – PUC/GOIÁS. Inovação tecnológica: uma análise comparativa Brasil-Coréia do Sul. Disponível em: <http://seer.ucg.br/index.php/estudos/article/viewFile/688/527>. Acesso em: 19 dez. 2013.

[45] GAZETA DO POVO. Brasil é lanterna do Bric no registro de patentes. Disponível em: <http://www.gazetadopovo.com.br/economia/conteudo.phtml?id=1292975&tit=Brasil-e-lanterna-do-Bric-no-registro-de-patentes>. Acesso em: 19 dez. 2013.

tentes) concedeu 684 pedidos ao Brasil, contra 9 483 para a China, 4 191 para a Índia e 1 123 para a Rússia.

Portanto, o Brasil ainda está, em minha opinião, em busca de seus caminhos. O fascínio por inovações radicais (invenções) não é o melhor percurso para se fazer. Precisamos primeiro ter a capacidade de realizar aquilo que os outros já fazem e depois inovar. Inovar aprendendo com invenções alheias, com foco no aperfeiçoamento e novos usos é uma tática que reduz riscos e custos, importante para um país com falta de capital. Um exemplo: os celulares mais modernos ou smartphones envolvem mais de 5 mil patentes e nenhum dos atuais maiores fabricantes foi o inventor do aparelho!

O cenário brasileiro atual é propício à inovação. Um jornalista americano da revista *New Yorker* afirmou que o Brasil alcançou uma rara trifeta (modalidade de aposta em que o apostador acerta, no mesmo páreo, os três primeiros cavalos, pela ordem de chegada). São eles: alto crescimento econômico (diferente dos EUA e Europa), liberdade política (diferente da China) e desigualdade em baixa, com ascensão das classes sócio-econômicas C e D e aumento da classe média (diferente de quase todos os lugares). Além dos megaeventos esportivos, setores importantes como agronegócios, turismo e energia poderão desempenhar papel fundamental no crescimento econômico brasileiro.

Surpreendentemente, o problema da pouca inovação no Brasil não é um problema de legislação. Nós temos no país um conjunto de leis que se destinam especificamente a financiar inovação. Temos Finep e BNDES com vários programas que buscam fomentar a inovação, subsidiando atividades de P&D, inclusive com recursos não reembolsáveis e a fundo perdido.

Na prática, se compararmos um país inovador como os EUA com o nosso, podemos chegar a algumas conclusões. Aqui não é necessário inovar para garantir a sobrevivência empresarial. Existem ainda fortes barreiras à competição que acabam permitindo que setores ineficientes operem sem maiores problemas. Com subsídios, o país acaba protegendo estes setores e, em consequência, eles acabam investindo mais em *lobbies* que em P&D. Outra barreira é a baixa qualificação da mão de obra.

Mas o que é inovar? Antes de tudo, é necessário separar muito bem o conceito de invenção do conceito de inovação. Inovação significa um ciclo de ponta a ponta que pode começar com uma invenção, mas chega até o produto e sua aplicação pela sociedade. Inovação é o resultado de um processo criativo que culmina na geração de valor para um negócio. Valor pode ser conseguir mais clientes, um novo processo ou um produto inovador. Já a invenção é um subconjunto da inovação e por si não gera nenhum resultado prático. Como disse, acho que precisamos, primeiro, ter a capacidade de fazer o que os outros já fazem e depois então inovar, com foco no aperfeiçoamento e novos usos. Trata-se de uma tática que reduz riscos e custos, algo muito importante para um país que tem falta de capital para investimentos vultosos.

Inovar não significa apenas usar uma nova tecnologia, mas também usar tecnologias já existentes para fazer algo de forma diferente. Vamos olhar um exemplo interessante que é o comércio via internet na Nigéria, um país africano que está em crescimento acelerado. A Nigéria é o país mais populoso da África, e sua população relativamente jovem representa oportunidades de crescimento. O país deve se tornar um dos cinco mais populosos do mundo até 2050 (hoje é o sétimo) e cerca de ⅓ dos atuais 167 milhões de habitantes já entrou na classe média[46]. Naturalmente a ascensão social vem acompanhada da expansão do consumo, e o comércio eletrônico cresce substancialmente. Mas num país que se tornou sinônimo de

---

[46] WIKIPEDIA. Nigeria. Disponível em: <http://en.wikipedia.org/wiki/Nigeria>. Acesso em: 19 dez. 2013.

fraude na internet, as pessoas preferem entregar o dinheiro a um portador a informar o número do cartão de crédito aos sites. É por isso que o site de compras nigeriano DealDey tem uma frota de motoqueiros para cruzar as ruas engarrafadas e receber pagamento em dinheiro pessoalmente dos consumidores on-line. Solucionar problemas de confiança nestes tipos de compra exigiu uma solução off-line.

De volta ao Brasil, precisamos rever nossa política de incentivo à inovação. Em minha opinião, não basta criar leis sem implementar mecanismos eficazes. Temos que organizar adequadamente os mecanismos de incentivo à inovação. Mais de 60% dos financiamentos à pesquisa são feitos com recursos públicos. Em países desenvolvidos, a iniciativa privada banca 60% dos custos, às vezes 80%, como nos EUA e Japão[47].

As universidades precisam estar mais antenadas com o mercado e menos ideológicas. Na minha opinião, a ideia de que as universidades sejam as únicas responsáveis por criar inovação não tem mais validade. O papel das universidades é formar pessoas e manter contato com as fronteiras do conhecimento, reduzindo a distância entre criação e inovação. A função das empresas, por outro lado, é estar em contato com o mercado, de onde realmente surgem as inovações. Além disso, temos outras questões ainda não resolvidas, como o alto custo do capital, um complexo e distorcido sistema tributário e uma infraestrutura deficiente, com uma ainda baixa disseminação de banda larga. Também é absolutamente necessário dispor de recursos humanos capacitados e com mentalidade empreendedora, o que ainda não é muito comum na formação universitária. As universidades deveriam incentivar mais intensamente o empre-

---

[47] ISTO É DINHEIRO. Governo cobra mais inovação no setor privado. Disponível em: <http://www.istoedinheiro.com.br/noticias/80091_GOVERNO+COBRA+MAIS+INOVA-CAO+NO+SETOR+PRIVADO>. Acesso em: 19 dez. 2013.
IEDI. Desafios estratégicos em ciência, tecnologia e inovação. Disponível em:<http://www.iedi. org.br/admin_ori/pdf/desafios.pdf>. Acesso em: 19 dez. 2013.

endedorismo, complementando seus currículos de formação técnica com disciplinas que fornecessem visão empresarial. Algumas já o fazem, mas ainda em número insuficiente.

É necessário criar no país e nas empresas uma cultura de inovação. Não é uma tarefa fácil. Requer pessoas que genuinamente vibrem com as perspectivas de mudanças, criação, autonomia e riscos. Nas empresas fala-se muito, mas ainda faz-se pouco. Muitos dizem que gostam deste tipo de ambiente, porém na prática não é verdade. Iniciativa é outro fator muito importante para a inovação acontecer nas empresas. Os executivos devem apoiar, de forma clara e explícita, as pessoas que arriscam, que propõem novas ideias, testam novos conceitos e abordagens.

Alguns fatores são fundamentais para uma empresa ser inovadora:

a) Tempo e espaço. É impossível alguém ter alguma ideia inovadora dentro de um escritório barulhento, com interrupções frequentes. Deve-se ter tempo e espaço dedicado para isso. Um exemplo é o Google, que libera período do expediente para projetos próprios, que acabam criando coisas fantásticas como o Google Earth e o GoogleTalk.

b) Diversidade. É fundamental estimular as conexões entre as áreas e o contato entre os funcionários. A maioria das grandes ideias não são inteiramente novas. Partem de algo que já existe. O eBay, por exemplo, juntou algo que já existia há muitos anos, os leilões, com a internet, permitindo que milhares de pessoas fizessem seus próprios leilões.

c) *Insights*. Como ter *insights* não é frequente, as empresas precisam fomentá-los entre seus funcionários. Além disso, precisam valorizar quando um funcionário acredita que teve um *insight* e olhar com mais atenção para ele. Quem sabe se a solução para um problema que vinha se perdurando há tempo não apareceu neste *insight*?

As empresas precisam se aproximar mais das universidades. E o governo tem que incentivar mecanismos que criem empreendedores na área de Tecnologia da Informação. A inovação tende a ser gerada em sua maioria por pequenos negócios. A burocracia é outra praga a ser combatida. Muito papel, muito carimbo e muita assinatura emperram qualquer iniciativa. O velho modelo organizacional baseado na hierarquia é outra pedra no caminho da inovação. Engessados demais, os profissionais ficam com medo de desafiar o convencional e de sugerir novas formas de fazer as coisas.

Ainda estamos com problemas nos currículos das universidades. Elas deveriam incentivar mais intensamente o empreendedorismo, complementando a formação técnica dos alunos com disciplinas que forneçam uma visão empresarial do mundo que eles vão encontrar. É bom lembrar que a inovação não acontece no vácuo, não surge do nada. Exige talentos e investimentos. Por trás de grandes sucessos, há muita pesquisa, muito dinheiro e muito trabalho.

Em um dos muitos eventos dos quais participei, certa vez, em Brasília, ouvi duas frases que gravei na memória: "Países competitivos exportam produtos, enquanto países não competitivos exportam pessoas"; ou ainda: "Competir com países com salários baixos significa comparar-se a países pobres". Comparando as duas ideias, concluo que o Brasil não deveria buscar competir com a Índia e a China pela mão de obra mais barata, mas sim em produtos de maior valor agregado.

Estamos a todo momento ouvindo notícias de que o país tem milhares de vagas de emprego, mas não tem profissionais qualificados para ocupar essas posições. Então ou importamos profissionais, ou deixamos de abrir novas indústrias e oferecer novos serviços. E tome prejuízo econômico, financeiro s e social.

O sistema escolar brasileiro está ultrapassado. Ele ainda não entendeu a dinâmica da sociedade digital. Muitas escolas estão com a mentalidade aplicada no século XIX. Simplesmente, ignoram os fantásticos efeitos da Web 2.0. E as estruturas políticas atuais foram criadas naquele século e não conseguem acompanhar as mudanças que a sociedade está demandando.

Recentemente, li um artigo que dizia que a internet está mudando os hábitos dos editoriais dos jornais norte-americanos. Com a internet, através de suas redes sociais, as pesquisas de opinião com os leitores que antes demoravam meses para serem realizadas, são feitas hoje em tempo real. Olhar o público em busca de um *insight* sobre como cobrir determinado tópico nunca foi uma tarefa fácil nas redações, onde persiste a crença de que os leitores buscam não apenas informações, mas também posicionamento editorial.

Hoje, segundo a notícia, os principais jornais americanos acompanham de perto o tráfego na internet e começam suas reuniões matinais de pauta com uma lista de dados tirados da Web, os itens mais buscados nos sites de notícias, as reportagens que geram mais comentários no Twitter. O que estamos vendo na prática é a internet pautando a mídia tradicional.

Enfim, afinal, o que significa inovar, hoje? Bem, diante de tantos sustos diários que enfrentamos no mundo dos negócios, as empresas precisam fazer constantes mudanças em suas organizações, transformando continuamente suas ofertas de serviços e produtos ao mercado, seus processos e até mesmo seus modelos de negócio. E inovação de forma contínua não é algo nada fácil de administrar. Então, o que é preciso fazer? Rever o processo de capturar ideias que estão fervilhando nas cabeças dos funcionários, clientes e parceiros de negócio. Inovação é, definitivamente, um fator-chave de diferenciação (ou talvez seja o fator principal) entre as empresas que se destacam e as que vivem no lugar-comum do mercado. O tempo excessivamente longo entre a geração das ideias e o resultado final é outra área que precisa mudar, para conseguir acompanhar o ritmo atual dos mercados.

Segundo alguns estudiosos, existem sete características importantes para se criar uma comunidade de inovação de sucesso:

1) Criar espaço para inovações nas empresas. Geralmente, executivos e funcionários não têm tempo para trocar ideias. As empresas precisam criar agendas para esta discussão;

2) Garantir pontos de vista variados. É essencial envolver pessoas de funções, localizações e níveis diferentes, por causa de suas perspectivas únicas. E também para garantir que as ideias sejam aceitas pela empresa inteira;

3) Criar um diálogo entre a diretoria e os participantes;

4) Convidar e não pressionar os funcionários a participar da comunidade de inovação;

5) Aproveitar talentos e energia ociosa ajuda a diminuir o custo de desenvolvimento de um produto;

6) Entender que os benefícios colaterais podem ser tão importantes quanto as próprias inovações;

7) Medir os resultados.

Os desafios estão aí. As cabeças pensantes também. Falta colocar em prática a tão falada inovação. Quem se habilita?

Mas, falar é uma coisa e colocar em prática é outra bem diferente. Criar uma cultura de inovação dá muito trabalho e é necessário criar processos que traduzam as ideias em inovação. Um funcionário de uma empresa que tem uma brilhante ideia e não sabe como levá-la adiante gera uma frustração muito grande. O resultado é que as empresas falam constantemente sobre inovação, no sentido de revolução, quebrar paradigmas, mas acabam aplicando apenas as inovações mais simples e direcionais.

Na verdade, muitas vezes são apenas pequenos ajustes e refinamentos em processos e produtos já existentes, que têm vida curta e não criam diferencial competitivo sustentável. Em pouco tempo os concorrentes estarão fazendo a mesma coisa.

Por sua vez, uma inovação disruptiva tem potencial de transformar o negócio e o mundo, apontando novas direções. Afetam o mercado em que se inserem e criam novos mercados, novos líderes e eliminam outras empresas, que eram as principais representantes no paradigma anterior.

Surge um desafio: a ruptura é cada vez mais gerada pela intercessão de diversos conhecimentos. O que isso significa? Que precisamos criar uma cultura de inovação impulsionando a colaboração de toda a empresa e mesmo de seus clientes e parceiros de negócio.

Na verdade, quando falamos em inovar, sabemos que criar coisas novas sempre motivou o ser humano. Portanto, motivação para mudar sempre existiu. O que temos agora em nossas mãos é um meio extremamente mais eficiente, que são as tecnologias de colaboração e criação de redes sociais.

O cenário P&D está em transformação. O modelo tradicional, com as universidades desenvolvendo a pesquisa básica e a indústria encarregada do desenvolvimento e *go-to-market*, foi criado pelo então conselheiro científico do presidente americano Franklin Roosevelt, Vannevar Bush, no fim da Segunda Guerra Mundial. Seu documento, chamado *Science, the Endless Frontier* definiu o processo de pesquisas dos EUA e serviu de modelo para todo o mundo.

Este modelo foi indiscutivelmente muito bem-sucedido, com inúmeras tecnologias e produtos inovadores chegando ao mercado. Mas hoje o contexto é diferente. O ritmo de expansão do conhecimento humano está se acelerando. A velocidade das mudanças está cada vez mais intensa e as pesquisas devem trazer retorno muito mais rapidamente que antes.

Como resultado, questiona-se cada vez mais se este modelo, que mantém separados a pesquisa (em uma bolha, isolada do mundo real) e desenvolvimento, ainda são válidos.

Na IBM, por exemplo, o processo de aglutinar pesquisa e desenvolvimento já começou. A IBM tem nove laboratórios de pesquisa, inclusive um criado no Brasil, em 2010, e seus pesquisadores, que antes eram avaliados pelo número de relatórios e patentes, hoje, além das pesquisas, desenvolvem projetos em parceria com consultores, em projetos inovadores para clientes.

Mas não é só isso. Como cada vez mais a inovação vem de funcionários e clientes, e não fica mais restrita à P&D, a IBM criou um programa chamado *Technology Adoption Program* (TAP) que busca identificar funcionários inovadores, apoiá-los em seus protótipos e aglutinar estas inovações com outros funcionários que as testam em primeira mão (*alpha testers*). Um exemplo de sucesso gerado por este programa foi um modelo matemático de qualificação de *leads* de vendas que ajuda os vendedores na definição de suas prioridades.

Existem outras iniciativas de P&D que saem do modelo tradicional e abrem janelas para a colaboração. Colaboração não é novidade entre cientistas, pois o conceito de *peer review* já está bem entranhado nesta comunidade. A novidade é a colaboração entre empresas.

Uma iniciativa muito interessante é a InnoCentive (http://www2.innocentive.com/[48]). Esta é uma comunidade inovadora que busca criar uma rede de pesquisadores e cientistas para desenvolver pesquisas aplicadas. É uma mudança radical no conceito de se fazer pesquisas: parte do princípio de que não dá para se fazer tudo dentro da própria empresa! Muitas companhias (entre elas estão a Boeing, DuPont, Novartis e Procter & Gamble) recorrem a esta comunidade para buscar inteligência

---

[48] Acesso em: 19 dez. 2013.

que não terão "dentro de casa" e poder desenvolver pesquisas específicas, retornando produtos e serviços muito mais rapidamente que se fossem desenvolvidos internamente. Funciona mais ou menos como o eBay, com empresas buscando soluções de P&D e pesquisadores mostrando seus resultados. Claro que existe aí um negócio muito lucrativo para os dois lados. Pesquisadores obtendo recompensas financeiras pelos seus trabalhos e empresas acelerando seu *time-to-market*.

Desenvolver "fora de casa" é uma quebra no modelo tradicional. A Procter & Gamble é um exemplo bem interessante. Há alguns anos, eles fizerem uma pesquisa interna e viram que estavam investindo 1,5 bilhões de dólares em P&D, gerando centenas de patentes, das quais apenas 10% chegava ao mercado através de produtos. Mudaram a estratégia: agora eles colocam todas as patentes disponíveis para serem licenciadas, desde que existam há pelo menos cinco anos ou que estejam em uso em algum produto da P&G por pelo menos três anos[49]. Segundo a empresa, isto provoca uma maior pressão por inovação, pois o estoque de inovação tem que ser constantemente renovado. A IBM faz coisa similar, licenciando muitas das suas patentes ao mercado. Aliás, já existe um *marketplace* eletrônico dedicado à comercialização de inovações e patentes, o Yet2 (www.yet2.com[50]). Vale a pena dar uma olhada no site.

Manter um forte P&D interno ainda é importante, mas cada vez mais torna-se essencial abrir o processo de gerar inovação para colaboração interna (funcionários) ou externa (clientes e parceiros de negócios). Este novo contexto vai obrigar as empresas a repensarem suas estratégias de P&D.

---

[49] INNOSIGHT. How can you build a growth factory? Disponível em: <http://www.innosight.com/impact-stories/procter-and-gamble-growth-factory-case-study.cfm>. Acesso em: 19 dez. 2013.
INNOSIGHT. How P&G tripled its innovation success rate. Disponível em: <http://www.innosight.com/innovation-resources/how-pg-tripled-its-innovation-success-rate.cfm>. Acesso em: 19 dez. 2013.

[50] Acesso em: 19 dez. 2013.

Mas também vai obrigar as universidades a atuarem mais integradas com a indústria. Não podem mais ficar isoladas em suas pesquisas do mundo real. Alguns pesquisadores ainda dizem: "Temos que pesquisar sem contaminação". Bem, na minha opinião, invenções e ideias criativas só têm valor se transformadas em inovações que gerem negócios.

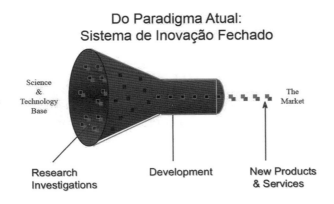

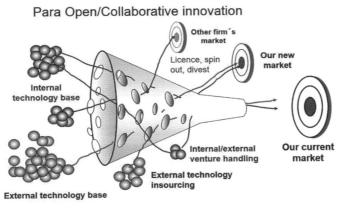

Fonte: Prof Henry Chesbrough UC Berkeley, Open Innovation

As tecnologias de colaboração e mídias sociais incentivam a cooperação e devem ser vistas como base para qualquer iniciativa mais séria de inovação. Mas a tecnologia por si só não é suficiente.

Criar cultura de colaboração e inovação não se faz simplesmente adquirindo a tecnologia A ou B, mas é um projeto de longo prazo, com intenso comprometimento das lideranças da empresa.

Colaboração, por exemplo, quebra paradigmas. Muitas empresas agem como se suas Unidades de Negócio (UN) fossem concorrentes, com os vendedores priorizando os produtos de sua UN, em detrimento das estratégias ou de um melhor negócio para a empresa como um todo. O que vale é o fechamento da cota no fim do mês. Mesmo às custas de um prejuízo para a estratégia global do negócio.

Por outro lado está claro que o cliente quer uma solução para seus problemas. Ele não quer comprar produtos isolados. E para oferecer uma solução, muitas vezes é necessário cruzar os limites das unidades de negócio e seus organogramas. Bem, para isso é essencial o trabalho em colaboração.

As ferramentas de colaboração criam redes sociais que extrapolam as estruturas organizacionais, alcançando até colaboradores externos. Em uma rede social, não existe organograma, mas sim uma rede de troca de informações e conhecimentos. Fantástico, não? Mas não é simples de construir. Muitas empresas não têm cultura de colaboração (nem mesmo entre seus próprios departamentos) e veem com receio a participação de pessoas de fora em discussões sobre produtos e inovações.

A mudança passa por uma reengenharia da mentalidade e da cultura (o *mind set*) da organização. Em uma rede social, parceiros, clientes e fornecedores devem ser vistos como colaboradores e as fronteiras do que pode e o que não pode ser debatido abertamente se expande significativamente. As estruturas organizacionais devem refletir o espírito de um ambiente colaborativo. O mesmo deve acontecer com as políticas de RH e recompensas.

O processo de evolução de um *mind set* isolado e individualista para um contexto colaborativo e aberto é gradual. Não se consegue dar saltos, mas evolui-se gradualmente, à medida que amadurece na empresa o conceito de colaboração. Não se colabora por decreto.

A colaboração permite inovar e criar novos modelos de negócio. Um exemplo é o surgimento do modelo de desenvolvimento de *software* chamado Open Source. Acredito que ninguém tenha ainda a clara percepção de até onde o modelo Open Source poderá ir. Muitas vezes pensamos de forma linear, baseados nas nossas próprias experiências. Mas talvez estejamos vendo um fenômeno que muda significativamente a nossa percepção e realidade da indústria de *software*. Vemos exemplos fantásticos de uso de "inteligências coletivas" como a enciclopédia Wikipédia, onde qualquer um de nós pode colaborar, o que acabou gerando uma enciclopédia que não deve nada às mais tradicionais.

Se imaginarmos o desenvolvimento de um projeto deste tipo nos moldes tradicionais, o que teríamos? Para começar, seria uma especificação fantasticamente ambiciosa de criar um sistema de autoria colaborativa que abrangesse todo o conhecimento humano, envolvendo colaboração de centenas de milhares de pessoas em todo o mundo, que poderiam colaborar de forma livre e espontânea (e voluntária, sem ganhos financeiros) sobre qualquer tema. Imagine desenhar os *workflows* para gerenciar o processo de captação de artigos, validar o seu conteúdo (checando consistência e ortografia, em múltiplas linguagens), gerenciar as alterações, implementar controles de segurança e direitos de acesso, e tudo o mais que um complexo sistema como esse demandaria? Além disso, imagine a capacidade computacional para armazenar este imenso conteúdo que cresce rapidamente (são mais de 1 500 novos artigos escritos por dia) e, ao mesmo tempo, preservar todo o histórico dos textos, pois cada colaboração e suas subsequentes modificações devem ser preservadas por toda a vida.

Se tentássemos desenvolver este sistema da forma tradicional é provável que ainda estivéssemos debatendo exaustivamente suas especificações. Mas, o que aconteceu? Simplesmente começou-se a fazer a enciclopédia. Foram criadas algumas normas e procedimentos (regras de conduta, que são baseadas fundamentalmente em comportamento social), especificaram-se os formatos para criação de textos, definiu-se uma visão clara e consistente e lançou-se o projeto ao *cyberspace*!

Para um projeto destes dar certo, é importante quebrar paradigmas. A rede social é um fator que não pode ser ignorada. A internet faz que cada desenvolvedor esteja a apenas um clique de distância um do outro, não importa a real distância geográfica que os separa. Isto muda muita coisa. Projetos Open Source, como o sistema operacional Linux, são exemplos de como o processo colaborativo pode transformar uma indústria. O seu desenvolvimento é feito por centenas de colaboradores, desenvolvedores de *software*, muitos deles trabalhando em empresas concorrentes. O objetivo é construir e manter um sistema que possa ser usado por todas as empresas.

Portanto, a combinação de Open Source e "inteligência coletiva" pode estar embutindo um novo mundo. Um exemplo prático: catástrofes e desastres sempre acontecem, e nestes últimos anos vimos uma série deles afetando diversos países, como os terremotos no Haiti e Chile e inundações no Brasil. Logo após cada catástrofe, surgem novos e grandes desafios, quando inúmeras equipes de socorro tentam socorrer as vítimas. Gerenciar o pós-crise dos desastres não é uma atividade comum e demanda conhecimentos, tecnologias e *softwares* desenhados para tal.

Em 2004, logo após o *tsunami* que devastou países da Ásia, um grupo de desenvolvedores e especialistas em desastres do Sri Lanka começou a desenvolver um *software* Open Source chamado Sahana. O Sahana (www.sahanafoundation.org[51]) é um projeto Open Source, que ajuda na coordenação das inúmeras atividades de gerenciamento humanitário de desastres. Este projeto vem sendo usado por ONGs e entidades governamentais de apoio e emergência de diversos países. A lista de desastres onde ele foi ou vem sendo usado já é bem extensa:

2005: no *tsunami* no Oceano Índico e no terremoto na região de Kashmir, no Paquistão.

2006: no terremoto em Yogyjakarta, na Indonésia.

2007: após o ciclone Sidr, em Bangladesh e no terremoto em Ica, no Peru.

2008: nas inundações em Bihar (Índia), no terremoto em Chengdu, capital da província de Sichuan, na China e no ciclone Nargis, em Myanmar.

2009: nas Filipinas e Indonésia.

2010: nos terremotos do Haiti e Chile e nas inundações na Guatemala.

O *software* é composto por diversos módulos, como registro das pessoas desaparecidas e localizadas, registro das organizações envolvidas nos resgates, sistema de gerenciamento de solicitações de resgate e apoio, gestão dos hospitais de emergência, registro dos abrigos e campos de refugiados, gestão do *staff* de voluntários e gestão de estoque de alimentos e medicamentos. Sahana significa "alívio" em cingalês, uma das línguas nacionais do Sri Lanka. Também vem sendo adotado por diversas ONGs e organizações assistenciais, bem como pelos planos de emergência de diversos países e cidades, por exemplo no *Coastal Storm Sheltering Plan*, criado para a cidade de Nova York, em 2007. Também é a base tecnológica para o *National Disaster Coordinating Council* das Filipinas e do *National Coordinating Agency for Disaster Management* da Indonésia.

---

[51] Acesso em: 19 dez. 2013.

As características de cada desastre e de cada região são únicas e é necessário uma solução tecnológica abrangente e aberta, facilmente adaptável, sem dependência de algum fornecedor de tecnologia. O uso do modelo Open Source é a solução mais adequada, porque dificilmente são alocados investimentos em tecnologias e *softwares* para *disaster management* quando os desastres não ocorrem. De maneira geral, as ações tendem a ser corretivas e não preventivas e há uma tendência em definir-se outras prioridades para consumir os *budgets*. Um *software* Open Source não demanda custo de aquisição e seu desenvolvimento e evolução, uma vez que é feito por comunidades de desenvolvedores voluntários que cedem horas para trabalhar no projeto, não demanda custos de manutenção e *upgrade*.

A Sahana Foundation é hoje apoiada por diversas empresas, como a IBM e o Google, para citarmos algumas. Tipicamente o Sahana é instalado nos servidores de cada organização responsável pelas ações de gestão dos desastres, mas a partir do terremoto no Haiti, foi hospedado no próprio site da Sahana Foundation para ser usado também de forma compartilhada em futuros desastres, sem necessidade das demoras das instalações físicas em cada local afetado.

A fundação trabalha em conjunto com diversas universidades no mundo inteiro e, na minha opinião, deveria ser também adotada pelas universidades brasileiras, que estariam assim contribuindo com seu conhecimento e força de trabalho (alunos e professores) para ações humanitárias. Acredito que este esforço de estudantes e professores na evolução e localização do Sahana para a realidade brasileira (inclusive tradução para a língua portuguesa) poderia contribuir de forma mais duradoura para o alívio em caso de desastres do que a simples doação de alimentos e roupas. Um relatório, o *"Can student-written software help sustain humanitarian FOSS?*[52]" descreve um caso real de estudantes atuando na evolução do Sahana. Pode ser um exemplo para os cursos de graduação em Ciência da Computação aqui no Brasil.

A comunidade de desenvolvedores Open Source do Brasil também deveria contribuir com este projeto. É uma ação humanitária que pode trazer grandes benefícios para aquelas pessoas que estão no meio de alguma catástrofe ou que sofrerão futuramente.

---

[52] Disponível em: <http://www.cs.trincoll.edu/hfoss/images/9/9c/Morelli_etal_ISCRAM07.pdf>. Acesso em: 19 dez. 2013.

O impacto das TEIs na política e no governo

Desde os tempos da Grécia Antiga, período em que os filósofos Sócrates (469 a.C.) e Aristóteles (384 a.C.) viveram, já se discutia a questão das cidades. Impostos, infraestrutura, harmonia dos espaços públicos. Hoje, quando o mundo acaba de chegar ao espantoso número de 7 bilhões de habitantes, que cada vez mais moram nas cidades, o assunto é dos mais importantes. Cidades como Rio de Janeiro, São Paulo, Nova York, Tóquio, Pequim e Nova Déli estão explodindo de moradores. E quanto mais gente, mais problemas e, consequentemente, mais necessidade de soluções imediatas. O trânsito, a segurança e a saúde pública são segmentos que gritam por soluções para ontem. Isso tudo envolve política ou, para ser mais direto, decisões de governo. A Tecnologia da Informação é uma realidade na sociedade mundial e ela terá de chegar à política e ao governo.

Há cerca de 15 anos, o prefeito de Nova York, Rudolph Giuliani, revolucionou o combate ao crime na cidade criando o programa "Tolerância Zero". Foi um sucesso tão estrondoso que virou notícia mundial. Entre os métodos adotados, ele criou a vigilância nos bairros, feita pelos próprios moradores, que davam apoio à polícia. Um aposentado que se tornava voluntário, recebia um treinamento das autoridades e um radiotransmissor. Ao encontrar qualquer cidadão suspeito em sua rua, ele logo acionava um carro da polícia. O cerco imediato era inevitável. E assim os índices de criminalidade caíram quase a zero na cidade mais famosa do mundo. Foi a união da política com o eleitor, com o cidadão.

Estas mudanças que conectam cada vez mais os cidadãos com os governantes aumentam com o uso das mídias sociais. A Primavera Árabe, que começou a varrer os ditadores do poder, provou que isso é possível. O poder das mídias é algo incontrolável. Uma notícia se alastra pelo Facebook ou Twitter como um incêndio numa floresta.

Há décadas, fala-se que é preciso fazer uma reforma fiscal no Brasil. Por que ainda não fizeram? Cabem muitas respostas, mas uma delas parece ser: "Isso vai mexer com muitos interesses..." Então continuamos pagando um volume absurdo de impostos. E pior: eles não retornam em bens públicos – educação, saúde e segurança pública, por exemplo. Enquanto isso, a saúde pública segue doente. A segurança pública virou um mar de insegurança. E a educação vai tirando notas próximas de zero com professores desmotivados, com salários aviltantes, entre outros problemas. E os aeroportos já não conseguem decolar com seus serviços falidos. Tudo, absolutamente tudo, precisa ser mudado no Brasil. Com a Copa do Mundo de Futebol, em 2014, o país virou um canteiro de obras, provando assim o quanto está despreparado com seus serviços públicos. Isso porque, no Brasil de hoje, um terço do salário do cidadão com carteira assinada, destina-se ao pagamento de impostos. Três a quatro meses de trabalho por ano destinam-se aos cofres públicos. Mas o governo precisa começar a entender a força que tem a população com a chegada das mídias sociais. Um erro desses gestores pode se espalhar imediatamente pelas mídias e uma passeata estará nas ruas dois ou três dias depois. Muitas organizações, que há décadas detinham o poder de convocar o público para uma manifestação, como a UNE (União Nacional dos Estudantes), por exemplo, hoje já não têm a mesma força. Um único estudante pode postar sua indignação numa rede social e a coisa se espalhar como fogo pela internet. E virar uma imensa passeata dias depois.

Aliás, já existem até índios navegando na internet. Como informação é sinônimo de poder, a política e os governos precisam mudar o modo de fazer as coisas, de tomar decisões. Nunca o consumidor ou o cidadão tiveram tanto poder nas mãos. Antes, por exemplo, apenas um cidadão ou um atendente do Procon de determinada cidade sabiam quando algo relacionado a alguma venda estava errado (por exemplo, um produto que não funcionava ou um serviço prestado erradamente). Agora, qualquer consumidor insatisfeito pode jogar no Facebook ou no Twitter a sua insatisfação e aquela informação chegará a milhares de pessoas.

A liberdade de expressão é fundamental para o desenvolvimento de um país. O caso da China é emblemático e curioso. Há anos ela vem se tornando um grande mercado na economia globalizada, mas seus dirigentes insistem no velho modelo comunista. Porém com a Coca-Cola e o McDonald's, apenas para citar dois símbolos do capitalismo, ocupando mercado em pleno solo chinês, parece uma contradição classificar tal país como comunista. Além disso, existe outra incoerência: o governo oriental conduz com mão de ferro o controle da internet no país mais populoso do mundo. Ainda assim, o país cresce. A Índia é outro exemplo. Segundo maior país em população, ela é uma mistura assustadora entre ricos e pobres. Há cidades que estão muito bem economicamente. Enquanto outras parecem estar em plena Idade Média. O país exibe ilhas de prosperidades e de misérias. Os países, hoje, são verdadeiros desafios para seus dirigentes. A população nunca esteve tão presente nas cidades. Também por isso, as cidades viraram regiões que exigem grandes soluções na área dos serviços públicos – saúde, segurança, transporte. Isso significa que elas precisam estar preparadas para funcionar a contento. Caso contrário, vem o caos. E isso pode ser assustador. Imaginar um colapso no serviço público, envolvendo ao mesmo tempo ônibus e metrô, é ter diante dos olhos um quadro para perder o sono. E a população, neste momento, é cruel: não quer saber se o problema é greve ou incompetência. Ela quer, simplesmente, usar os serviços públicos para chegar ao trabalho ou retornar para casa. Ela paga por isso, através de impostos, e assim tem o direito de exigir o pleno funcionamento dos serviços.

Não há debate sobre desenvolvimento de um país em que a educação não seja citada com destaque. De fato, nenhum país desenvolvido chegou ao topo sem a educação de seu povo. É simplesmente impossível desenvolver-se sem uma boa escola. No Brasil, ainda temos graves problemas de ensino. O ensino público agrega um exército de professores desmotivados, sem infraestrutura, sem um currículo à altura dos novos tempos. O velho quadro e um pedaço de giz ainda reinam pelo Brasil afora, quando já deveríamos ter um professor com um laptop dando aulas para seus alunos também conectados. A aula precisa ser mais um debate do que um momento da chamada "decoreba". O aluno precisa aprender a pensar e não a decorar. Ele, amanhã um profissional, precisará argumentar, debater um assunto, e não tentar lembrar e repetir o que ouviu em sala de aula. No Brasil, gasta-se menos de 5% do PIB com Educação. Um aluno custa quase metade do que custa um preso. Parece piada! Não é.

Não podemos mais ficar olhando a banda passar debaixo da nossa janela. Temos que fazer parte da banda, participar de debates, criar situações que obriguem as autoridades a tomar decisões. Atualmente, já há jornais brasileiros de grande circulação que abrem espaços para que seus leitores participem da notícia. Um deles tem uma coluna específica onde publica a foto enviada pelo leitor feita pelo celular e o comentário do mesmo. Ali, qualquer um pode denunciar uma irregularidade que viu na rua ou em outro ambiente púbico. É, mais uma vez, a prova de que as mídias sociais funcionam, têm poder de alcance, podem e devem ser usadas para interagir com governo e autoridades. O que não podemos é ficar sentados na poltrona de casa diante da televisão apontando os erros. Ninguém nos ouvirá e as coisas ficarão como estão. É preciso atuar, participar, ser voluntário, fazer parte de ONGs.

Os governos e a sociedade têm uma responsabilidade muito grande em lidar com um dos maiores desafios do planeta. A explosão populacional e a concentração urbana. As cidades já são locais de moradia e trabalho de mais da metade da população do mundo. E todos que nelas habitam e trabalham dependem da infraestrutura para desenvolverem suas atividades. E esta infraestrutura é uma extensa e complexa rede de componentes que incluem pessoas, empresas, sistemas de transporte, comunicação, segurança pública, água, saneamento, energia, saúde e assim por diante. Interrupções em algum componente desta infraestrutura, como no fornecimento de energia ou no sistema de telecomunicações, têm o potencial de paralisar toda a cidade e suas atividades.

A urbanização traz inúmeros benefícios para o desenvolvimento econômico. As cidades são centros econômicos de inovação, cultura, conhecimento, novas ideias e suas aplicabilidades. Existe uma clara e positiva correlação entre o crescimento econômico e o grau de urbanização de um país. Embora nem todo país urbanizado seja desenvolvido, não há um único país desenvolvido que não esteja altamente urbanizado. Portanto, sem sombra de dúvida, as cidades são polos de atração para talentos e capital humano. Mas, por outro lado, a urbanização acarreta imensos desafios sociais e econômicos. Nas cidades dos países emergentes, como o Brasil, o crescimento rápido da economia e da urbanização gera uma pressão muito forte na infraestrutura das cidades, causando problemas de trânsito, quedas de energia, bolsões de pobreza, criminalidade e deficiências nos sistemas de ensino e saúde. O mesmo acontece em outros países, como na Índia, onde se estima que em 2050 cerca de 700 milhões de indianos estarão morando nos centros urbanos[53].

Uma volta pelo Brasil nos mostra que as suas grandes cidades apresentam uma infraestrutura que não dá conta do seu crescimento. Em maior ou menor grau, os problemas são praticamente os mesmos. A densidade populacional cresce de forma desordenada. É um crescimento orgânico com as cidades se espalhando em termos de população e área geográfica. Imaginando que a economia do país aumentará em torno de 5% ao ano, em cerca de cinco anos ela será quase 30% maior que hoje. Isto implica em mais carros nas ruas, mais aparelhos domésticos consumindo energia, mais procura por serviços, e assim por diante.

Hoje, em algumas cidades brasileiras, já se fala no "apagão da mobilidade", com seu trânsito caótico e engarrafamentos crônicos afetando a qualidade de vida e roubando recursos da economia. Segundo a Fundação Dom Cabral, estima-se que somente em São Paulo, os gargalos urbanos roubem 4 bilhões de reais a cada ano[54].

Tentar resolver os problemas da maneira que comumente estamos acostumados, ou seja, apenas pelo lado físico, abrindo mais ruas e avenidas, não será suficiente. Nem sempre haverá espaço para abrir novas avenidas e nem sempre será possível obter orçamentos que aumentem significativamente a força

---

[53] UNITED NATIONS. World population to 2300. Disponível em: <http://www.un.org/esa/population/publications/longrange2/WorldPop2300final.pdf>. Acesso em: 19 dez. 2013.

[54] NOSSA SÃO PAULO. Trânsito em grandes cidades só melhora com o metrô. Disponível em: <http://www.nossasaopaulo.org.br/portal/node/11077>. Acesso em: 19 dez. 2013.

policial. Além disso, uma nova avenida pode simplesmente resultar em maior volume de tráfego, aumentando o problema e gerando mais poluição. Mas é indiscutível que algo precisa ser feito urgentemente. Por que não começamos a criar uma urbanização mais inteligente?

Precisamos resolver os dilemas econômicos, sociais e ambientais que nortearão as políticas públicas, de foma inovadora, quebrando hábitos arraigados e gerando novos modelos de uso da infraestrutura urbana.

A tecnologia tem um papel fundamental neste processo "revolucionário". Entretanto, as soluções para cada cidade não serão necessariamente as mesmas. As características específicas de cada uma demandarão soluções próprias, mas todas, sem dúvida, serão ancoradas no uso intensivo de tecnologias.

Por exemplo, algumas soluções inovadoras para transporte e trânsito já vêm sendo colocadas em prática, com sucesso, em cidades como Estocolmo, Londres e Cingapura. Em Estocolmo, um novo sistema inteligente de pedágio reduziu de maneira impressionante os congestionamentos de tráfego e as emissões de carbono[55]. Em Londres, um sistema de gerenciamento de congestionamentos também reduziu o volume de tráfego, tornando-o semelhante aos níveis da década de 1980. Em Cingapura, um sistema pode prever velocidades no tráfego com precisão de 90%. Assim, com algumas melhorias, o sistema vai poder prever, em vez de apenas monitorar, diversas condições do trânsito.

Mas, por que fazer isso? Como as cidades são polos econômicos, indiscutivelmente começarão a competir entre elas pela atração de mais negócios e para fazer crescer sua economia. Para atrair talentos e negócios é imprescindível uma infraestrutura de qualidade, que possibilite uma mobilidade

---

[55] IBM. Smarter cities. Disponível em: <http://www.ibm.com/smarterplanet/us/en/smarter_cities/overview/>. Acesso em: 19 dez. 2013.

urbana segura e adequada, que ofereça serviços de saúde e educação de bom nível, e que crie opções de lazer. Em resumo, ofereça qualidade de vida. As cidades deverão ser gerenciadas como empresas, visando crescimento econômico, mas aliando este crescimento à sustentabilidade e qualidade de vida. A atratividade baseada única e exclusivamente em isenção de impostos e doação de terrenos para indústrias está se esgotando rapidamente.

A reengenharia do modelo de urbanização passa por um bom planejamento a longo prazo, perfeitamente conectado às inovações tecnológicas. A infraestrutura urbana deve ser baseada na convergência dos mundos analógicos e físicos, com o mundo digital.

Na Coreia do Sul, está sendo construída uma nova cidade, chamada Songdo (http://www.songdo.com/[56]) para servir de experimentação do modelo de urbanização do futuro. Mas nem sempre será possível criar uma nova cidade e mudar a cidade antiga para o novo local. Portanto, os desafios para a criação de cidades inteligentes são imensos. Os processos de revitalização urbana devem ser elaborados e implementados sem interromper o dia a dia dos cidadãos. A gestão das cidades pode e deve ser redesenhada. Muitas vezes os órgãos administrativos atuam de forma isolada, sem conexão entre si. Ou atuam de forma sobreposta, com conflitos de interesse surgindo a todo instante. Processos arcaicos e a falta de tecnologia para integrar sistemas e dados também são outra fonte de ineficiência administrativa.

Os orçamentos são sempre limitados e muitas vezes falta planejamento nas ações. É comum vermos cidades resolvendo suas questões de infraestrutura através de medidas de curto prazo, sem sustentabilidade no longo prazo.

---

[56] Acesso em: 19 dez. 2013.

234 | Tecnologias Emergentes

Portanto, para exercerem seu papel de "motores da economia", a maioria das cidades deve assumir atitudes proativas e holísticas de melhoria de suas propostas de qualidade de vida para seus cidadãos. Redesenhar os modelos obsoletos de gestão e processos de governança, que na maioria das vezes não se alinham mais com a complexa sociedade em que vivemos. E reconhecer o papel fundamental que as tecnologias podem assumir nos seus projetos de urbanização sustentável.

Claramente esta infraestrutura evolui para se tornar mais e mais tecnológica. E esta tendência é irreversível, uma vez que o mundo está se tornando cada vez mais instrumentado, interconectado e inteligente. Um mundo ou uma cidade mais instrumentada consegue obter e tratar dados de forma muito mais rápida e eficiente. Um exemplo simples pode ser a instalação de sensores que monitorem em tempo real a rede de distribuição de água e detectem o grau de contaminação e vazamentos no instante em que estes ocorrerem. Isso demonstra que a tecnologia já nos permite medir e controlar coisas que não conseguíamos antes. Assim, a interconexão possibilita que estes sensores troquem informações entre si com sistemas de computação na retaguarda, acionando e coordenando ações corretivas e até mesmo preventivas de forma inteiramente automática. Deste modo, a cidade se torna mais inteligente, se utiliza modelos e algoritmos analíticos em cima das informações obtidas por estes sensores, melhorando de forma significativa o processo de tomada de decisão da gestão pública.

Quando falamos em cidades mais inteligentes, devemos inevitavelmente abordar a questão dos prédios e edifícios mais inteligentes (*smarter buildings*). Alguns estudos[57] apontam que

---

[57] IBM. We can—and should—make green buildings even smarter. Disponível em: <http://www.ibm.com/smarterplanet/us/en/green_buildings/overview/?ca=v_green-buildings>. Acesso em: 19 dez. 2013.

as construções[58] são responsáveis por 42% de toda eletricidade consumida mundialmente e por volta de 2025 serão os maiores emissores de gases do efeito estufa do planeta. Nos EUA, estima-se que os edifícios consumam hoje 70% de toda eletricidade e sejam responsáveis por 38% da emissão dos gases do efeito estufa. Além disso, uma construção como um grande *data center* dobra seu consumo de energia a cada cinco anos.

Diante deste cenário não é de espantar que existam muitos esforços para tornarem os prédios mais inteligentes com medidas menos prejudiciais. Tornar uma construção mais engenhosa significa utilizar de forma mais inovadora novas tecnologias, integrando-as entre si e com sistemas de informação externos. Exige também mudanças e ajustes nos procedimentos e práticas em todo o ciclo de vida de um prédio, começando com sua construção, passando pela operação e terminando na sua eventual demolição.

Um prédio mais inteligente começa por seu projeto, que deve levar em consideração as questões de consumo de energia, sustentabilidade ambiental e qualidade do material a ser empregado. O uso de tecnologias em todo o seu ciclo de vida deve ser considerado nesta etapa. Neste momento inicial, por exemplo, tecnologias de simulação podem ser empregadas para assegurar que o projeto esteja dentro dos requerimentos desejados.

O estágio da construção é a fase onde os requerimentos do projeto são colocados em prática. O uso de tecnologias como RFID (*Radio-frequency Identification*) pode ajudar, e muito, a rastrear os materiais e máquinas usadas na construção.

Os estágios a seguir, operação e manutenção, envolvem a operação dos sistemas e tecnologias de forma integrada. Os dados coletados em tempo real por sensores de temperatura e presença são tratados e integrados com os sistema de gestão

---

[58] Quando falo em construções, refiro-me a prédios comerciais e residenciais, hospitais, aeroportos e rodoviárias, prédios governamentais, condomínios, fábricas, e assim por diante.

do prédio. E, finalmente, na demolição, novamente o uso de tecnologias como RFID, pode ajudar na gestão de materiais que envolvam impacto ambiental.

Mas como funciona, na prática, um prédio inteligente? Ele usa extensivamente redes de sensores para obter, em tempo real, informações que possam gerar análises que permitam a gestão do prédio adaptar continuamente os sistemas que monitoram os serviços (*facilities*) do próprio prédio, como água, temperatura, iluminação e o uso de elevadores, tornando-os mais eficientes e reduzindo o desperdício.

No futuro, a evolução destes sistemas permitirá a criação de algoritmos que possam atuar de forma preventiva, identificando eventuais problemas antes que eles aconteçam. Por exemplo, a identificação da aproximação de uma tempestade muito severa pode gerar ações preventivas para evitar danos à construção e aos seus ocupantes. E integrando um prédio inteligente com outros, cria-se uma rede de prédios inteligentes que atuarão de forma integrada. Poderão também, em determinadas situações, sincronizar o uso de energia para os seus sistemas de ar-condicionado, diminuindo eventuais riscos de apagões, quando o sistema elétrico estiver sobrecarregado. Esta, por exemplo, é uma situação onde os prédios inteligentes estarão se comunicando com os sistemas de energia da cidade. É um exemplo típico de *smarter city*.

Ainda tratando sobre o funcionamento da tecnologia nos prédios inteligentes, vale ressaltar que a primeira camada tecnológica é a rede de sensores que coletam dados em tempo real. A seguir, temos tecnologias que agregam estes dados e permitem analisá-los, também em tempo real, de modo a interferir no próprio processo. E finalmente temos tecnologias de sistemas de gestão, que permitem construir uma central de operações do prédio, centralizando a operação de seus serviços, da iluminação à segurança.

Existem alguns casos de referência que podem ser vistos como prova do conceito, como um projeto entre a IBM e a cidade de Dubuque, no estado de Iowa, EUA. A proposta do projeto é criar uma das primeiras cidades sustentáveis dos EUA e mostrar que é possível implementar o conceito de *smarter cities* em comunidades de pequeno porte e não apenas em grandes cidades, já que Dubuque é uma cidade com cerca de 60 mil moradores. O projeto pode ser acessado em <http://www-03.ibm.com/press/us/en/pressrelease/28420. wss[59]>. Também é interessante ler sobre o projeto da IBM com a Universidade Carnegie Mellon, nos EUA, para a criação de um laboratório de pesquisas voltado à incubação de projetos de cidades inteligentes (http://www-03.ibm.com/press/us/en/pressrelease/32225.wss[60]). Uma das propostas do projeto é capacitar pesquisadores, engenheiros e arquitetos a desenvolverem projetos de *smarter cities* e *smarter buildings*. Recomendo também ver a experiência com a Universidade de McMaster no Canadá, no planejamento de um campus baseado em *smarter buildings* (http://www-03.ibm.com/press/us/en/pressrelease/33838.wss[61]). Lá, o campus universitário é uma verdadeira cidade com inúmeros prédios e grande potencial de redução de desperdício de energia, espaço e água, e sua implementação via *smarter buildings* serve como centro de capacitação para seus alunos.

Minha percepção é que, nos próximos anos, veremos uma evolução muito intensa das soluções que envolvem o conceito das cidades inteligentes, ou seja, soluções que façam a convergência do mundo digital com o mundo físico da infraestrutura das cidades. Veremos mais e mais soluções inovadoras que embutirão em seus processos e algoritmos tecnologias, como

---

[59] Acesso em: 19 dez. 2013.

[60] Acesso em: 19 dez. 2013.

[61] Acesso em: 19 dez. 2013.

sensores e atuadores que serão capazes de absorver, transmitir e analisar informações em escala massiva, permitindo reações de forma automática às mudanças nos próprios ambientes que estejam monitorando e controlando.

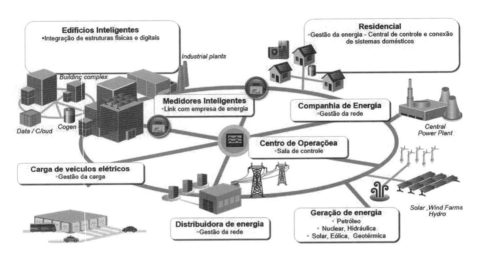

Conectando edificações inteligentes com smart grid

Mas, para chegarmos lá, ainda temos que dar muitos passos. Os gestores das cidades, para adotarem o conceito de cidades mais inteligentes, ou *smarter cities*, devem, antes de mais nada, definir um "Roteiro para Cidades Inteligentes" que:

a) Contemple uma estratégia de longo prazo, mas com objetivos e ações concretas de curto prazo;
b) Priorize os investimentos que produzam maior impacto na própria sociedade;
c) Integre os diversos sistemas que compõem a complexa rede de conexões da infraestrutura da cidade e otimize os seus serviços e operações.

Embora seja um princípio básico, muitas cidades não têm um plano diretor adequado e atualizado. E muitos dos planos diretores existentes são meros relatos de desejos e visões futurísticas, sem compromissos com o mundo real. Na imensa maioria das vezes, os sistemas das cidades reagem a situações de crise não atuando de forma preventiva. Por exemplo, após um crescimento desordenado em determinada região da cidade, são tomadas medidas corretivas para melhorar o gargalo do trânsito formado pela multiplicação de veículos nas vias não preparadas para tal volume de trânsito. Um sistema preventivo coordenaria o crescimento populacional da região com os sistemas de trânsito, segurança pública e saneamento. Os especialitas em trânsito estimam que uma grande cidade deve rever suas metas e estratégias de circulação a cada cinco anos. Quais cidades fazem isso?

Portanto, o primeiro passo na direção de se tornar uma cidade inteligente é definir o que a cidade quer ser em 15 ou 20 anos. Uma cidade inteligente é aquela que oferece qualidade de vida e atratividade para novos negócios, variáveis profundamente influenciadas pelo grau de eficiência percebida dos *core systems* da cidade, como transporte, segurança pública, saúde, educação e outros.

Como fazer tal mudança? Uma sugestão simples é começar com um diagnóstico ou *assessment* que analise a situação atual dos sistemas que compõem a cidade e ajude a construir a visão do que será esta cidade 20 anos à frente.

Cada cidade tem características, prioridades e vocações próprias e a estratégia de ação que pode dar certo em uma, não poderá ser automaticamente transplantada para outra. Um exemplo simples pode ser o sistema de trânsito. Em algumas cidades, existe um deslocamento de manhã em direção ao centro e à tarde no sentido inverso. Em outras, os deslocamentos são em todos os sentidos, sem fluxo e contra fluxos definidos. Soluções para um modelo característico de trânsito nem sempre funcionarão adequadamente para outros.

Algumas cidades têm sua economia baseada no modelo industrial e outras na economia de serviços. As demandas por determinadas infraestruturas têm caracteríticas diferenciadas, por exemplo, nas economias industriais ainda existe uma certa concentração do deslocamento em determinados horários. Nas economias baseadas em serviços, os deslocamentos diluem-se por todo o dia. Os modelos de trânsito devem refletir estas características.

O plano diretor deve buscar a integração de todos os elos que compõem a rede de sistemas das cidades. A visão da cidade e de seus sistemas deve ser holística. Por exemplo, em economias baseadas em serviços, o uso de *home office* e, consequentemente, banda larga deve ser priorizado. Portanto, estamos falando da integração dos planos dos sistemas de transporte, comunicações e energia. Muitos dos serviços podem ser prestados sem a presença física dos envolvidos. Além disso, uma decisão que envolva um sistema não pode ser tomada sem analisar o impacto nos demais. Por exemplo, uma decisão sobre o sistema de energia deve considerar o seu impacto nos sistemas de água, transporte e de negócios da cidade.

O mesmo plano diretor também deve definir claramente os objetivos de curto prazo que serão alcançados. Especificações como "melhorar o trânsito" devem ser acompanhadas de metas bem definidas como "redução do tempo médio de viagem entre os bairros X e Y de 30 para 15 minutos em um ano". Para disseminação de tecnologias de informação e comunicação, hoje tão essenciais quanto o saneamento, deveremos ter medidas de como delimitar em um período determinado de tempo o percentual da cidade coberta ou iluminada por banda larga (via cabo ou *wireless*), o percentual das residências com computadores, o percentual da população com acesso à internet, o percentual da população acessando serviços de *e-gov*, o percentual de órgãos públicos com *websites* públicos, o percentual de compras públicas efetuadas por pregões eletrônicos e assim por diante.

Vamos exemplificar com algumas estratégias hipotéticas. A primeira pode ser diminuir os congestionamentos. A gestão e operação dos sistemas de transporte têm grande influência na economia das cidades. Algumas estimativas[62] apontam que os congestionamentos impactam negativamente o PIB das cidades entre 1,5% a 4%. Um estudo recente mostrou que o impacto negativo no PIB chega a 2,4% em São Paulo, 2,6% na Cidade do México e 4% em Manila, nas Filipinas. Se nada for feito, a situação tende a piorar. São emplacados 1 000 novos veículos por dia em São Paulo e o tráfego cresce quatro vezes mais rápido que a população em cidades como Déli e Bangalore, na Índia. A melhoria no trânsito traz benefícios mensuráveis. Estima-se que, no Reino Unido, uma simples redução de 5% no tempo de viagem nas estradas pode gerar uma melhoria de 0,2% do PIB.

Outra estratégia a ser definida no plano diretor é a segurança pública. A atratividade turística e econômica de uma cidade tem relação direta com o seu nível de segurança pública. E esta não implica apenas em contratação de mais policiais, mas principalmente no uso de sistemas mais inteligentes que integrem recursos como câmeras habilidosas a sistemas de detecção e análise de ocorrências policiais em tempo real. Com estes sistemas podemos identificar padrões de incidentes de modo que a força policial aja preventivamente, eliminando potenciais focos de problemas, antes que eles ocorram. Além disso, o sistema de segurança pública deve estar integrado com o sistema de

---

[62] IBM. Traffic systems are part of a larger system. Disponível em: <http://www.ibm.com/smarterplanet/us/en/traffic_congestion/ideas/>. Acesso em: 19 dez. 2013.

saúde (sistema de resposta a emergências), e transporte (gestão do trânsito). Um método simples mas proveitoso de melhorar a qualidade do diagnóstico é a adoção de *benchmarks* em cidades que tenham características similares. Também o compartilhamento de *best practices*, já comum nas empresas privadas, pode e deve ser adotado na gestão das cidades.

A tecnologia é a força impulsionadora destas transformações e melhorias. Coletar e analisar dados em tempo real abre oportunidades antes inimagináveis na gestão da infraestrutura das cidades. Podemos pensar em formas inovadoras de criar novas políticas públicas, sustentadas pelo massivo uso de tecnologias como sensores e atuadores. O envolvimento da população também é potencializado com o uso de tecnologias como redes sociais. No Reino Unido, uma experiência interessante é o FixMyStreet (www.fixmystreet.com[63]) que permite aos cidadãos reportarem, acompanharem e discutirem problemas locais como despejo ilegal de lixo, atos de vandalismo e outras ações que afetam a comunidade, interagindo e cobrando ações dos gestores públicos. Mas, no final das contas, pessoas, processos e gestão são fundamentais para a cidade se tornar mais inteligente. Ou seja, a vontade política, com apoio e comprometimento da sociedade como um todo são essenciais.

Uma cidade inteligente terá que ter capacidade ou instrumentação tecnológica para capturar dados em tempo real e compartilhá-los com todos os setores, para que as ações sejam as mais completas possíveis. Também, com dados completos, consegue-se planejar o futuro. Uma cidade inteligente tem como orientação um plano diretor que a visualize pelo menos uma ou duas décadas à frente. As ações estratégicas e mesmo muitas das ações táticas devem estar alinhadas com esta visão de futuro.

---

[63] Acesso em: 19 dez. 2013.

A gestão de uma cidade inteligente é, portanto, uma gestão holística, com integração de informações e processos entre todos os seus setores. Este tipo de visão permite que informações antes restritas a setores específicos sejam cruzadas com outras, possibilitando que tendências antes escondidas surjam à superfície. E com tecnologia adequada, pode-se não apenas planejar, mas prever eventos e reagir a eles de forma adequada. Um exemplo simples: um evento esportivo de grande porte pode afetar diversos setores de uma cidade, que vão da gestão do trânsito ao policiamento, passando por atendimento médico em caso de emergências, e assim por diante. Com informações integradas, todos os setores envolvidos podem planejar com antecedência suas ações e agir de forma a minimizar possíveis transtornos à vida dos cidadãos.

Um ponto crucial neste modelo de integração de setores é a criação de um Centro de Operações Integradas (COI), que consiga aglutinar todos os serviços que afetam o dia a dia de uma cidade, de modo que não apenas reações a eventos sejam tomadas de imediato, como também os gestores possam, munidos de informações mais abrangentes, fazer planejamentos e, consequentemente, tomar decisões mais apuradas.

O COI recebe informações de todos os serviços da cidade, como água, energia, trânsito, segurança e saúde, seja em tempo real (capturadas por sensores espalhados pela infraestrutura física da cidade) ou oriundas de outros sistemas e meios de geração de informações, como os smartphones nas mãos dos cidadãos. Com a tecnologia disponível hoje, pode-se operar algoritmos analíticos sofisticados praticamente em tempo real, de modo a interferir no próprio evento que gerou a informação. Além disso, o tratamento analítico destas informações aliado a dados históricos geram *insights* valiosos para a tomada de decisões estratégicas. Um exemplo de sistema de previsão é o IBM

Traffic Prediction Tool (http://tinyurl.com/48vcc6j[64]), que baseado em dados coletados em tempo real, prevê a possibilidade de congestionamentos em até uma hora à frente. Outro exemplo de tecnologia preditiva é a PMAR (Previsão Meteorológica de Alta Resolução), sistema de previsão metereológica que entrou em operação no primeiro semestre de 2011, e que é o grande diferencial do Centro de Operações do Rio. Trata-se de um modelo matemático unificado e exclusivo para a cidade do Rio de Janeiro. O sistema envolve a reunião de dados da bacia hidrográfica, o levantamento topográfico, o histórico de chuvas do município, assim como informações coletadas em tempo real de satélites e radares. Ele tem a missão de prever a incidência de chuvas e possíveis enchentes.

O sistema e modelo matemático deverão ser continuamente calibrados para aumentar significativamente a taxa de acerto em relação à previsão de chuvas na cidade. O diferencial do sistema PMAR, criado pela IBM, é o que vem depois da previsão de chuvas: após detectarem a incidência de chuvas, o PMAR fará a modelagem das possíveis inundações e, com ela, numa próxima fase também será possível avaliar os seus efeitos no trânsito da cidade.

O Centro de Operações do Rio é um exemplo interessante de COI[65]. Através de 100 monitores e um megatelão de 80 metros quadrados que projeta em tempo real imagens capturadas pelas 300 câmeras da prefeitura espalhadas pela cidade, os diversos orgãos que atuam na cidade conseguem identificar e agir em relação a incidentes que estejam ocorrendo a cada momento.

Para um COI operar é necessário implementar diversos conceitos básicos:s

---

[64] Acesso em: 19 dez. 2013.

[65] Wikipédia. Centro de Operações Rio. Disponível em: <http://pt.wikipedia.org/wiki/Centro_de_Opera%C3%A7%C3%B5es_Rio>. Acesso em: 19 dez. 2013.

O impacto das tecnologias nas diferentes esferas da vida humana **245**

a) Instrumentar a cidade. Isto significa colocar sensores e dispositivos de coleta de dados na infraestrutura física, como sistemas viários, de energia, de água e assim por diante. Uma cidade instrumentada permite coletar dados em tempo real de coisas antes invisíveis. Exemplos simples são câmeras e sensores em locais pouco acessíveis, como encanamentos de água e esgoto que podem detectar vazamentos e mesmo a sua composição química e biológica, identificando anormalidades em tempo real.

b) Interconectar a cidade. Os sensores só têm significado se puderem se comunicar e enviar suas informações para serem tratadas em tempo hábil. A cidade deve dispor de uma rede de comunicações que permita esta conexão fluir adequadamente.

c) Criar inteligência. Isto significa criar a capacidade de tratar os dados e, através de *softwares* e algoritmos analíticos, gerar ações preventivas e reativas.

Os desafios para se criar um COI são muitos. É necessário investimento em instrumentação e conexão onde hoje não existem. É necessário integrar sistemas e processos que permitam aos diversos setores que gerenciam a cidade trabalharem de forma integrada. A interação de processos e sistemas é um ponto importante. Na maioria das cidades, os processos e sistemas não contemplam a integração com outros setores; é de grande importância que estes sejam redesenhados para permitirem que os setores e as pessoas atuem de forma integrada e colaborativa.

Uma cidade não se torna inteligente de um dia para o outro. O grau de maturidade de seu modelo de gestão, bem como o grau de instrumentação disponível, são algumas das variáveis envolvidas. Uma cidade onde o modelo de gestão está impregnado de uma cultura que incentiva o isolamento entre os diversos setores terá muito mais dificuldades para criar um COI que uma outra que já atua de forma colaborativa, embora ainda sem os meios adequados. O grau de maturidade também permite visualizar o *mindset* da gestão pública da cidade, propiciando saber se essa gestão é dirigida por ações de curto prazo, limitadas pelos mandatos dos gestores, ou se é incentivada por ações de longo prazo, que visam atender às demandas futuras da cidade.

Recomendo a leitura de um documento chamado *The Municipal Reference Model* (http://www.iccs-isac.org/en/pubs/manicipal_reference_model.pdf[66]) que descreve uma cidade em termos de serviços que devem ser providos e permite que o gestor público diagnostique sua situação atual e crie um plano para o futuro da sua cidade. O material é resultado do trabalho de diversas municipalidades canadenses e pode servir de base para trabalhos similares no Brasil.

Existem diversos exemplos práticos de COI. Por exemplo, em 2003 a prefeitura de Nova York unificou o acesso às informações por meio de um *call center* único, chamado de 311, reunindo 40 centros de atendimento em toda a cidade. Em 2009, o projeto foi expandido com a adoção de mobilidade, como apps para smartphones, conta no Twitter e acesso via Skype. Antes do projeto, segundo a prefeitura, 50% dos nova-iorquinos faziam de duas a dez chamadas e 37% passavam mais de 20 minutos na ligação para que tivessem seus problemas resolvidos. Hoje, são contabilizados mais de 50 mil ligações por dia, com duração média de 15 segundos, sendo que 75% delas acontecem sem nenhuma transferência.

Aliás, a cada dia vemos que o investimento em tecnologia que melhore a segurança pública traz retornos significativos para a sociedade. Por exemplo, a cidade de Baltimore, nos EUA, estima que para cada dólar investido em seu sistema de

---

[66] Acesso em: 20 dez. 2013.

vigilância por câmeras de vídeo há um retorno de 1,50 dólares em economia de gastos judiciais e hospitalização das vítimas de crimes. Na própria Nova York, o *Real Time Crime Center* ilustra bem como um mecanismo pode retornar informações para a sociedade de maneira eficaz. Após sua implementação, houve uma redução de 27% da criminalidade. O próprio centro de operações do Rio de Janeiro ainda tem muito que evoluir, quando comparado a experiências de outras cidades. Por exemplo, falta inteligência no sistema de câmeras. Elas mostram o que acontece na cidade, mas dependem do olho humano que as observam para identificar os imprevistos. Em Londres, há mais de 5 mil câmeras integradas que identificam carros em alta velocidade e avisam automaticamente a viatura policial mais próxima. No centro operacional da capital inglesa é possível acessar os monitores internos dos táxis e até o sistema das escadas rolantes dos shoppings. Tudo isso é controlado por um *software* programado para responder a qualquer situação, de uma colisão de trânsito a um ataque terrorista.

Mas, sejamos pessoas, empresas ou governos, todos vivemos no mesmo planeta. A Terra tem cerca de 4,5 bilhões de anos. Durante todo este tempo as mudanças foram incessantes, mas graduais. Os continentes derivaram, as geleiras avançaram e recuaram, as temperaturas desceram e subiram, espécies surgiram e desapareceram. Em apenas uma minúscula fração deste tempo, nos últimos milhares de anos, os padrões de vegetação se alteraram muito mais rapidamente. Foi o início da agricultura. O ritmo das mudanças se acelerou à medida que as populações urbanas cresceram e se dedicaram às atividades urbanas e industriais. O consumo de combustível fóssil causou um acúmulo absurdamente rápido de dióxido de carbono na atmosfera. O clima mudou e o mundo começou a se aquecer. À nossa frente temos um grande desafio: as mudanças climáticas e o aquecimento global com seus impactos em toda a sociedade. Como a tecnologia poderá nos ajudar a mitigar seus efeitos?

O impacto das tecnologias na sustentabilidade e meio ambiente

Nosso planeta está claramente ameaçado pelo aquecimento global. Impomos tensões cada vez maiores ao finito e limitado meio ambiente, ultrapassando a sua capacidade de se sustentar. Nós já estamos consumindo 25% mais recursos naturais, a cada ano, do que o planeta é capaz de repor[67]. E neste ritmo, em 2050, estaremos consumindo mais que o dobro da capacidade da Terra.

Os sinais do aquecimento global são inconfundíveis[68]:

a) A espessura do gelo ártico diminuiu 50% nos últimos 50 anos. Hoje, partes das calotas glaciais do Polo Norte desaparecem durante os meses de verão e talvez em meados do século simplesmente nem existam mais;

b) Os bancos de gelo da Groenlândia encolheram 39 quilômetros quadrados somente em 2007. Em 2008, este número alcançou 114 quilômetros quadrados. Se todo o gelo da Groenlândia derretesse, os níveis do mar subiriam uns seis metros no mundo inteiro;

c) Imensos pedaços de gelo da Antártida, que estiveram estáveis por milhares de anos estão, aos poucos, se partindo.

---

[67] AKATU. O Dia "D" do Consumo. Disponível em: <http://www.akatu.org.br/Temas/Sustentabilidade/Posts/O-Dia-D-do-Consumo>. Acesso em: 19 dez. 2013.

[68] WWF GLOBAL. Living planet report. Disponível em: <http://wwf.panda.org/about_our_earth/all_publications/living_planet_report/>. Acesso em: 19 dez. 2013.

Se todo o gelo da Antártida derretesse, os níveis do mar subiriam 55 metros;

d) Para cada 30 centímetros verticais que o mar sobe, sua extensão na horizontal é de cerca de 30 metros. Os níveis do mar já subiram 20 centímentros no século passado e estima-se que em 2100 eles estarão de 0,90 a 1,80 metro acima do que é hoje, redesenhando o mapa dos litorais do planeta;

e) As temperaturas começaram a ser registradas oficialmente no final do século XVIII. A década mais quente foi a de 2000 a 2010 e os níveis de dióxido de carbono (um dos gases de efeito estufa) estão subindo drasticamente. São os mais altos em 100 mil anos. Segundo estudo da ONU, este fato é causado pela ação humana. Antes da Revolução Indutrial, o teor de dióxido de carbono no ar era de 270 partes por milhão (ppm). Hoje, subiu para 387 ppm. Em 1900, o mundo consumiu 150 milhões de barris de petróleo e em 2000 consumiu 28 bilhões de barris, um salto de 185 vezes.

f) À medida que a Terra esquenta, doenças tropicais vão se alastrando por áreas que antes eram imunes.

A procura por soluções mais amigáveis aos problemas do meio ambiente está pouco a pouco se disseminando por todos os setores econômicos. Podemos até dizer que, em breve, estaremos entrando em uma nova onda verde, em que as questões ambientais deixarão de ser apenas obrigação dos parâmetros legais, mas um dos fatores preponderantes para sustentabilidade do negócio. Os executivos começam a perceber que, no futuro, a questão ambiental poderá ser uma restrição ou uma ferramenta para alavancar negócios. As estratégias de negócio vão ter que alinhar competitividade com sustentabilidade.

Assim, qualquer que seja o setor econômico, a preocupação ambiental vai se tornar cada vez mais evidente, e envolverá desde a construção de novas plantas industriais e prédios até a concepção, desenvolvimento, fabricação, distribuição e descarte do produto final. A pressão por parte da sociedade e dos parceiros de negócios no exterior será cada vez maior para que as empresas tenham processos cada vez mais limpos e ecológicos.

Entretanto, há anos, o mundo vem falando em crescimento sustentável. Mas, ao que parece, poucos países levaram a coisa a sério, tirando do papel projetos nesta área e colocando-os em prática. Afinal, o que significa, em resumo, sustentabilidade? Significa promover a exploração de regiões ou de recursos naturais sem comprometer a natureza. Ou prejudicar o menos possível o meio ambiente. Parece ser algo impossível, mas não é. Até mesmo atividades econômicas de grande impacto, como a mineração, a extração vegetal, a agricultura, a fabricação de papel e tantas outras podem ser exercidas com controle, respeito à natureza e ao ciclo da vida. Já existem milhares de experiências mundo afora que demonstram que é possível promover o desenvolvimento sustentável sem provocar ainda mais problemas na camada de ozônio.

Precisamos explorar os recursos das áreas verdes de forma controlada, evitando, ao máximo, o impacto ambiental; produzir e consumir os chamados "alimentos orgânicos", que são melhores para a saúde e não agridem a natureza com agrotóxicos; explorar os recursos minerais (carvão, petróleo, minério) de maneira racional, planejada; passar a usar, cada vez mais, as chamadas fontes de energias limpas (eólica, geotérmica e hidráulica), reduzindo o consumo de combustíveis fósseis. Isto, além de preservar as reservas de recursos minerais, também diminuirá, consideravelmente, a poluição do ar; reciclar, ainda mais, os resíduos sólidos, diminuindo o lixo no solo e evitando a poluição ambiental.

O problema do desenvolvimento sustentável pode ser mitigado com o uso inteligente da tecnologia. O mercado já oferece muitas opções de desenvolvimento sustentável: energias solar e eólica, produtos de madeira com certificado de legalidade, carros com menos consumo de combustível ou até mesmo elétricos, produtos reciclados. Há uma grande variedade de opções para quem se preocupa com a qualidade de vida e com o planeta.

Com a tecnologia, podemos pensar em novos modelos de negócio que modifiquem nosso padrão de consumo. Em vez de comprar, que tal trocar, compartilhar ou alugar? A internet é o meio para pensarmos em soluções que incentivem este novo modo de pensar. Estamos falando do "consumo colaborativo", que acredito, tenha potencial de provocar rupturas em modelos de negócio nas próximas décadas. No Brasil, já temos alguns exemplos, como o projeto BikeRio, no Rio de Janeiro, um exemplo de serviço público oferecido à população em parceria com instituições privadas. O projeto disponibiliza centenas de bicicletas em dezenas de estações espalhadas por bairros da zona sul. Os usuários se cadastram em um site (http://www.mobilicidade.com.br/bikerio.asp[69]) e pagam uma taxa mensal para ter acesso às bicicletas. Não precisam comprar uma.

A proliferação de smartphones e tablets nos ajuda a mudar maneiras e hábitos de consumo. Por exemplo, o Cleanweb Hackathon é um evento que ocorre frequentemente nos EUA e que incentiva a criação de programas que ajudem a entender o que consumimos de energia e recursos naturais e, uma vez com este conhecimento, podemos mudar nossos hábitos. Em um destes recentes eventos o vencedor foi uma extensão ao navegador Chrome, do Google, que permite ao usuário saber o custo de propriedade do aparelho que ele está comprar, incluindo o consumo de energia ao longo de sua vida útil. Imagine, por exemplo, você comprando uma simples torradeira e saber

---

[69] Acesso em: 20 dez. 2013.

exatamente quanto ela consumirá de energia nos próximos três anos, criando assim uma visão mais precisa de quanto custa realmente o produto. Custo de propriedade significa que adicionamos ao custo de aquisição o custo de sua operação diária, seja consumo de energia, manutenção ou outros.

Assim, o uso adequado da tecnologia pode ajudar na criação de uma economia de sustentabilidade. Mas é preciso que todos participem, colaborem. A água, por exemplo, é um bem natural e é utilizada em quase todos os setores da sociedade: agricultura, pecuária, indústria, hospitais, escolas, empresas. Nós não nos damos conta da presença da água em nossas vidas. Mas ela está em praticamente tudo, até mesmo na roupa que você, leitor, está usando neste momento. No entanto, é comum vermos o vizinho "varrendo" a calçada dele com a água da mangueira. Provavelmente, ele ainda não tem conhecimento de que, atualmente, a água já está escassa em muitas regiões do mundo e que é preciso economizá-la. Há outras demonstrações de falta de consciência. Por exemplo: você fecha a torneira enquanto escova os dentes? Já imaginou o volume d'água jogado fora todos os dias se apenas 10 milhões responderem que não fecham? Para ajudar a proteger nosso planeta é preciso que todos participem e tomem atitudes que provoquem efeitos positivos no meio ambiente.

Algumas regras são tão simples, que você pode começar, ainda hoje, a aplicar em seu cotidiano, mudando hábitos que, muitas vezes, você nem se dava conta de que prejudicava a vida da única casa que temos para morar – a Terra. Separe o lixo orgânico (alimentos) dos inorgânicos (vidros, metais e demais materiais). É uma atitude simples e não custa nada fazer. Ao tomar banho, desligue o chuveiro enquanto você passa o sabonete pelo corpo. Não parece, mas dezenas, talvez centenas de litros d'água serão economizados a cada banho. Imagine a soma disso no final do ano. Agora, multiplique este número por milhões de habitantes. Apague as luzes dos cômodos onde não há ninguém. Temos a tendência de deixar a luz acesa do quarto, por exemplo, e irmos para a sala. Não varra o quintal ou a calçada em frente a sua casa com a água da mangueira. Isto é um desperdício colossal. Água serve para limpar e vassoura para varrer. Simples, não é mesmo? Muita gente costuma anotar um telefone numa folha de papel A4, depois faz a ligação para aquele número e joga a folha fora com toda a frente em branco e o verso também. Para aquela folha chegar às mãos do consumidor, árvores foram derrubadas, a indústria de papel gastou água, energia, custo com funcionários, transporte, distribuição. Por trás de um gesto aparentemente banal há um custo muitas vezes gigantesco. Jamais jogue livros fora. Eles custam caro. Faça doações para as escolas de seu bairro. Ao lavar o seu carro na garagem ou no quintal de sua casa, poupe água. Muitas vezes você deixa de fazer isso no lava a jato para economizar e gasta ainda mais em casa com a água desperdiçada. Não jogue nada nas ruas, nem mesmo um inocente papel de bala. A tendência de quem faz isso é achar que aquele pedacinho de papel não vai fazer a menor diferença no lixo da cidade. Vai, e muito, já que milhares tendem a pensar da mesma forma. De novo, a multiplicação vai fazer toda a diferença. Não há quem não tenha vivido esta cena: no trabalho, um funcionário desperdiça um monte de coisas do material de escritório – clips que não pega no chão, caneta que joga fora porque está sem a tampa, blocos de papel que só são usados na parte da frente, mas nunca também no verso, luzes que são deixadas acesas em ambientes onde só há mesas e cadeiras. A teoria é sempre a mesma: "Ah, a empresa é rica..." Muitas vezes é mesmo, e vai empobrecendo à medida que centenas ou milhares de funcionários vão desperdiçando seu patrimônio.

Há atitudes que viram a chamada "lenda urbana". Muita gente tem a mania de estacionar o carro, dar uma acelerada com ele em ponto morto, e aí sim desligar o motor. Trata-se de um desperdício inútil de combustível. Já imaginou quantas aceleradas dessas você dá ao longo do ano? Agora, tente calcular o prejuízo. Atitudes para salvar o planeta estão ao nosso redor o tempo todo. Quer mais? Ao levar a família para um piquenique, recolha todo o lixo gerado por vocês: guardanapo, sobras de alimentos, garrafas PET, latinhas de cerveja. A natureza vai agradecer. Ao viajar, faça a mesma coisa. Tenha a mesma consciência ao usar o chuveiro do hotel ou pousada, preserve o meio ambiente, mantenha o carro regulado para evitar mais poluição. Um antigo ditado chinês resume bem tudo isso, isto é, o que precisamos fazer para salvar o planeta e continuar com metas necessárias de desenvolvimento sustentável: "Se você quer o mundo limpo, comece a varrer a calçada da sua casa.". Se todos fizerem, cada um a sua parte, o mundo voltará a ficar limpo. Trata-se da infalível equação causa e efeito.

Teremos de transformar o modelo econômico, o comportamento da sociedade. Terão de ser mudanças profundas, principalmente na conscientização de cada um: governos, instituições, empresas, indivíduos.

Vivemos em um mundo em que a revolução tecnológica está nivelando o campo de atuação da economia global, permitindo que pessoas em todo o planeta possam conectar-se, colaborar e competir entre si. Esta revolução tecnológica aumentou a produtividade, criou novos produtos e fez surgir empresas inovadoras, que criaram novos modelos de negócio. Podemos hoje participar de um mercado global, comprando e vendendo produtos e serviços para qualquer lugar do mundo. Vemos também a ascensão econômica de milhões de pessoas, que estão subindo as paredes da pirâmide financeira, recebendo salários e entrando no mercado consumidor. A ascensão econômica da classe C no Brasil é um retrato desta situação.

O mesmo está acontecendo na Índia, na China, Indonésia, Filipinas e em dezenas de outros países.

Mas, ao mesmo tempo, enfrentamos, além do aquecimento global, outro desafio, que ao lado da globalização também está mudando nosso planeta e nossas vidas: o crescimento populacional (com subsequente aumento explosivo da população nas cidades).

Vemos uma aceleração da migração da população das áreas rurais para as cidades. A cidade moderna é uma das maiores invenções coletivas da humanidade. Foi uma invenção que permitiu a criação de uma economia em escala que seria impensável em um mundo agrícola. A cidade, com sua aglomeração de processos complexos, torna possível a civilização contemporânea.

Em 1800, a maior cidade do mundo era Londres, na Inglaterra, com cerca de um milhão de habitantes[70]. Em 1960, o planeta tinha 111 cidades com mais de um milhão de pessoas. Em 1985, já eram 280 e hoje mais de 450, das quais 13 estão no Brasil. O número de megacidades (com 10 milhões ou mais de habitantes) subiu de 5, em 1975, para 14, em 1995. Ou seja, em apenas 20 anos, mais que dobrou o número de megacidades. A cada ano, mais de 60 milhões de pessoas, em todo o mundo migram para as cidades. Em duas décadas as cidades ocuparão uma área adicional de 1,5 milhão de quilômetros quadrados, o equivalente aos territórios da França, Alemanha e Espanha juntos.

Algumas análises mostram que as áreas urbanas já são responsáveis por mais de 80% das emissões de carbono e 60% do consumo de água potável do planeta. As cidades, que não ocupam mais que 5% do espaço do mundo, consomem mais de 75% dos recursos naturais.

---

[70] IBM. Smarter Cities. Disponível em: <http://www.ibm.com/smarterplanet/us/en/smarter_cities/overview/>. Acesso em: 19 dez. 2013.

No Brasil, a situação também é bastante grave. Em 1975, 61,8% dos brasileiros viviam em cidades. Em 2000, já eram 81,2% e, em 2015, serão 87,7%. Na verdade, em duas gerações deixamos de ser um país rural para ser um país urbano. Nossas cidades tiveram que acomodar, entre 1950 e 2000, aproximadamente 120 milhões de brasileiros, provenientes do crescimento vegetativo e de correntes migratórias do mundo rural para o urbano. No caso do Brasil, as cidades médias também apresentam maior crescimento populacional que as grandes cidades, com um percentual em torno de 2% ao ano, acima da média nacional. Esta migração acontece pelo simples fato de que a humanidade procura as cidades porque as oportunidades de desenvolvimento humano, econômico e social tornam-se realizáveis dentro das condições de economia de escala, proporcionadas pelos aglomerados urbanos.

Por outro lado, a forma como as cidades cresceram desde a Segunda Guerra Mundial não é sustentável. O custo ambiental para manter esta expansão é muito alto. O modelo urbanista adotado atualmente, que demanda um alto uso de recursos naturais, é inadequado e gera problemas graves. Um exemplo são as deficiências na infraestrutura das cidades.

O trânsito, por exemplo, é um dos grandes problemas urbanos. Historicamente a explicação para esta situação problemática nas cidades brasileiras foi que, após a Segunda Guerra Mundial, o desenvolvimento urbano viveu uma explosão gigantesca. Na Europa, as cidades muito mais antigas que as norte-americanas se concentraram em sua reconstrução, privilegiando revitalizar, recuperar e reciclar áreas urbanas decadentes. Nos EUA, o crescimento se deu pela suburbanização. Foi a visão do desenvolvimento urbano que privilegiou a expansão em direção a novos territórios. Lá, o acesso aos subúrbios deu-se por automóveis, via *highways*. Os subúrbios se desenvolveram atraindo condomínios e shoppings. O Brasil foi muito influenciado pelo modelo norte-americano. Começou a ganhar corpo no Brasil a proposta de se oferecer casas e condomínios distantes dos bairros centrais. Assim, foram nascendo bairros como Alphaville em São Paulo e Barra da Tijuca, no Rio de Janeiro. A opção de promover a mobilidade urbana pelo automóvel gerou um crescimento exponencial da frota, transformando as cidades em áreas sujeitas a congestionamentos crônicos. O transporte público de massa foi praticamente negligenciado.

O resultado da opção do uso intenso do automóvel como meio de locomoção é o congestionamento e a poluição. A intensificação dos congestionamenos afeta negativamente a qualidade de vida e a produtividade das cidades. Os problemas de congestionamentos não irão se resolver colocando-se mais lombadas e mais semáforos. Nem abrindo-se mais ruas e construindo-se mais viadutos. Aliás, o poder público não tem mais espaço, dinheiro e nem tempo para abrir novas vias nas grandes cidades.

Mas a tecnologia nos permite construir sistemas de controle que previnam congestionamentos, ou que disciplinem o acesso a regiões centrais das cidades, através de sistemas automáticos de pedágios urbanos para uso destes recursos públicos. Estes poucos exemplos mostram que podemos pensar em substituir matéria-prima por conhecimento. Embora não seja possível construir um prédio com bits, podemos usar estes bits para criar materiais e projetos mais inteligentes, construindo-se prédios com menos tijolos e cimento e mais sustentáveis ecologicamente.

Além disso, existe hoje a chamada "tecnologia verde", aplicada em muitas regiões do mundo. Os prédios inteligentes são um bom exemplo. Algumas pessoas acreditam que este tipo de "obra verde" custe mais caro que a engenharia tradicional mas, na verdade, computando os custos de construção e manutenção, pode proporcionar uma redução significativa do consumo de energia. Um estudo[71] da ONU sobre mudanças ambientais indica que 60% dos 24 serviços ambientais críticos à sobrevivência humana estão em estágio de degradação. O Brasil tem o privilégio de possuir a maior biodiversidade do planeta. No entanto, sua exploração, mesmo com todos os abusos cometidos, ainda é ínfima já que a legislação é extremamente complexa e caduca para os tempos atuais. Nossa biodiversidade pode nos dar um título tão almejado – o de maior potência ambiental do mundo. Só precisamos encontrar um modelo de desenvolvimento sustentável para a Amazônia, uma espécie de "ouro verde". E mais: muita gente defende que a Amazônia deve ser intocável. Isto é uma imensa besteira. Seria como deixar uma cidade inteira morrer de fome porque o prefeito proibiu as atividades de agricultura e pecuária para preservar o solo. Isto é como o pré-sal. Nas profundezas do oceano ele não vale muita coisa. Trata-se apenas de um patrimônio. Ele só vai virar riqueza depois da extração, que é complexa e caríssima.

Novamente tratando sobre o aquecimento global, muitas medidas estão sendo tomadas para que se possa reduzir o problema. Em 2012, países europeus passaram a cobrar de empresas aéreas uma taxa por causa da poluição emitida na atmosfera pelos aviões.

Diante da tendência de migração para uma economia de baixo carbono, as empresas do setor elétrico deverão direcionar seus investimentos nessa década para as chamadas "redes inteligentes" ou *smart grids*.

Esse mecanismo permitirá que as máquinas e equipamentos conversem entre si, buscando maior eficiência e possibilitando que cada eletrodoméstico tenha seu consumo em tempo real avaliado pelo consumidor. Bem, mas o que é afinal um *smart grid*? É o conjunto de tecnologias que acrescenta

---

[71] FÓRUM NACIONAL. O Brasil e a economia da sustentabilidade. Disponível em: <http://www.forumnacional.org.br/pub/ep/EP0360.pdf>. Acesso em: 19 dez. 2013.

uma camada de dados e inteligência à rede elétrica tradicional. Com um aparato de sensores, automação e medidores inteligentes, o *smart grid* permite que a distribuidora saiba, em tempo real e remotamente, a quantidade exata e a qualidade de energia que está sendo consumida em cada domicílio. O *smart grid* também aumenta a interação da empresa com o consumidor, que pode dispor de tarifas diferenciadas de acordo com o horário. O consumidor poderá ver diretamente em reais quanto cada eletrodoméstico gasta e com isso poderá melhor gerenciar seu uso, escolhendo horários com tarifas mais baratas para usá-los. Estudos mostram que o maior estímulo à economia de luz é fazer que os consumidores saibam quanto estão gastando. Além disso, o *smart grid* e os medidores inteligentes poderão fazer que se torne realidade os "prosumidores" de energia, ou seja, uma casa poderá ser consumidora mas também produtora de energia. Os consumidores que possuam painéis solares poderão vender seu excedente energético para as empresas de energia. A ANEEL (Agência Nacional de Energia Elétrica) já aprovou o chamado Sistema de Compensação de Energia, que permite a qualquer pessoa gerar energia por conta própria e introduzi-la na rede. O produtor terá desconto na fatura de acordo com o volume produzido. Os medidores são essenciais para isso, pois com eles a empresa poderá saber em tempo real se o consumidor está consumindo ou exportando energia.

No Brasil, a expectativa é que o *smart grid* ative uma cadeia de investimentos que poderá fazer o país ser um dos maiores mercados mundiais de redes de energia inteligentes do mundo, alcançando mais de 36 bilhões de dólares em 2022[72]. A tecnologia provocará uma revolução disruptora na

---

[72] NORTHEAST GROUP. Brazil smart grid: market forecast (2012–2022). Disponível em: < http://www.northeast-group.com/reports/Brazil_Smart_Grid_Market_Forecast_2012-2022_B rochure_Northeast_Group_LLC.pdf>. Acesso em: 19 dez. 2013.

O impacto das tecnologias nas diferentes esferas da vida humana **261**

relação entre clientes e distribuidoras, que tornará o consumo mais eficiente, eliminará os "gatos" e incentivará a geração domiciliar de energia elétrica. O próprio horário de verão se tornará obsoleto e dispensável.

O sistema elétrico brasileiro é único no mundo, com características muito particulares. Sua matriz energética é baseada principalmente em energias renováveis. No nível de integração das bacias hidrográficas e da infraestrutura para o transporte da energia, por exemplo, chegou a patamares continentais ainda não atingidos por países da Europa e dos Estados Unidos. A interconexão dos sistemas no território brasileiro foi o caminho natural encontrado para se obter um melhor balanceamento e manter a segurança da oferta de energia, pois quando ela estiver indisponível em uma região, é compensada por outra região momentaneamente mais favorecida. Por outro lado, quanto mais pontos de interconexão, mais complexidade no gerenciamento do sistema.

No que diz respeito à distribuição de energia ao consumidor, as diferenças socioeconômicas do território brasileiro representam um desafio muito grande. O país abrange áreas com alta densidade populacional e outras com densidade muito baixa. Neste aspecto, as redes inteligentes permitem criar um ambiente que facilite o uso mais intenso da tecnologia em todo o ciclo da energia. A realidade do *smart grid* deve transformar o sistema elétrico brasileiro em uma moderna rede que permitirá às concessionárias de energia e aos consumidores mudar a forma como disponibilizam e consomem energia. A parte mais visível dessa evolução, atualmente, está no uso, em larga escala, dos medidores eletrônicos de energia, que permitirão, em curto prazo, exercitar novas modalidades tarifárias e novos comportamentos de consumo. Telecomunicações, sensoriamento, sistemas de informação e computação, combinados com a infraestrutura já existente, passam a constituir cada vez mais um arsenal poderoso que pode fazer a diferença.

Muito bem, e a área de TI? Como se encaixa neste contexto? Uma recente pesquisa efetuada nos EUA pela Info-Tech Research Group mostrou que ainda existe uma distância muito grande entre o que as empresas norte-americanas consideram uma área *IT green* e o que realmente estão fazendo. E um tema que começa a chamar atenção é o consumo de energia nos *data centers*. Antes relegada a segundo ou terceiros planos, uma série de estudos mostrando uma situação no mínimo preocupante, está colocando o tema na tela do radar dos CIOs.

É verdade que ainda "no cantinho", mas que em breve deverá se deslocar para o centro da tela.

Um estudo[73] de fevereiro de 2007 produzido pelo Lawrence Berkeley National Laboratory mostrou que, à medida que os servidores tornam-se mais poderosos, demandam mais energia e que este consumo já representa cerca de 1,2% de todo o consumo de eletricidade dos EUA. O Gartner Group cita que em 2010, cerca de metade das empresas listadas na relação Forbes 2000 estarão gastando mais dinheiro com energia que com os seus computadores. O gasto com energia, segundo o Gartner, que corresponde hoje em média a 10% dos orçamentos de TI, chegarão a 50% em alguns anos. Outros estudos[74], de uma empresa de energia americana, a Pacific Gas & Electric (PG&E) diz que os *data centers* demandam 50 vezes mais energia por metro quadrado que um escritório.

O Gartner vai além e diz que, em média, de 30% a 60% da energia demandada em um *data center* é desperdiçada. E lembra

---

[73]HIGH-PERFORMANCE BUILDINGS FOR HIGH-TECH INDUSTRIES. DC power for improved data center efficiency. Disponível em: <http://hightech.lbl.gov/documents/data_centers/DCDemoFinalReport.pdf>. Acesso em: 20 dez. 2013.

[74] PG&E. Energy efficiency baselines for data centers. Disponível em: <http://www.pge.com/includes/docs/pdfs/mybusiness/energysavingsrebates/incentivesbyindustry/hightech/data_center_baseline.pdf>. Acesso em: 20 dez. 2013.

que a TI está hoje como a indústria automotiva estava há 20 anos: começando a ser pressionada por maior eficiência energética. Por exemplo, os equipamentos de TI consomem 45% da energia que chega ao *data center*, com os outros 55% ficando com os equipamentos auxiliares como ar-condicionado, UPS, etc. Ou seja, apenas 45% da energia consumida está diretamente relacionada com a computação. Se formos mais a fundo, veremos que em um servidor típico, apenas uns 30% da energia é consumida pelo processador. Os outros 70% estão sendo consumidos pelos discos, memória, ventiladores, etc. E como de maneira geral os servidores tendem a ser subutilizados, com uma média de 20% de utilização, vemos que existe um imenso desperdício de energia nos *data centers*.

**A energia é parte significativa dos gastos de TI
Como ela é consumida?**

Fonte: U.S. Department of Energy May 18, 2007

Hoje, a TI já é responsável por cerca de 2% de todas as emissões de dióxido de carbono (um dos gases do efeito estufa) do mundo[75]. E esta quantidade de emissões não tem a contrapartida da eficiência computacional. Ou seja, gasta-se muita energia para processar o volume atual de computação.

Diante deste quadro, os analistas começam a chamar atenção para o gasto com energia (dos servidores e dos equipamentos de refrigeração) e dizem que em breve os CFOs estarão bem mais preocupados com o assunto e, consequentemente, os CIOs serão pressionados para tomar medidas efetivas para reduzir este gasto. Alguns países estão começando a estudar legislações que visem incentivar e, em alguns casos, mesmo a obrigar os *data centers* a serem mais eficientes em consumo de energia.

O que pode ser feito? Bem, o primeiro passo é aproveitar melhor os servidores já instalados. De maneira geral, com o paradigma do modelo distribuído, que, muitas vezes, chegou ao excesso de termos em uma aplicação por servidor, o uso médio de uma máquina destas situa-se apenas em torno dos 5% a 15%! O IDC (*International Data Corporation*), grupo de pesquisa, estima que o excesso de capacidade instalada na base mundial de servidores equivale a um valor de 140 bilhões de dólares. O IDC também calcula que, globalmente, as empresas estarão gastando cerca de 29 bilhões de dólares com energia relacionada com TI e que este gasto deve aumentar a uma taxa de pelo menos 54% ao ano. Por que este valor tão alto? Basta imaginar que o IDC estimou que em 2009 já existiam cerca de 35 milhões de servidores. E não estamos contando com o impacto da emissão de gases do efeito estufa no aquecimento global.

O IDC também acredita que o crescente interesse em adotar medidas de redução de energia e desperdício começará a gerar ações mais intensas. E aqui no Brasil? Pouca coisa tem

---

[75] IBM. A Green IT approach to data center efficiency. Disponível em: <http://www.redbooks. ibm.com/abstracts/redp4946.html?Open>. Acesso em: 20 dez. 2013.

sido debatida e mesmo estudada. Estamos começando agora a compreender o problema.

Eu acredito que, à medida que mais e mais informações sobre consumo de energia começarem a se disseminar, os CIOs ficarão mais preocupados. Em muitos *data centers*, o consumo de energia chega a 20% dos seus gastos totais. Portanto, a primeira providência será inserir gastos ambientais e de energia nos seus estudos de custo de propriedade.

Uma vez mensurado os gastos (sugiro fazer um *assessment* da situação atual), que tal criar um "Plano de Ação"? Isto significa identificar e priorizar os objetivos da iniciativa "verde" (cada empresa tem objetivos e prioridades diferentes) e inserir energia como um dos critérios na seleção de *hardware*. Como sugestão adote ações de resultados rápidos como virtualização e consolidação de servidores e *storage* (elimine servidores antigos, que consomem muita energia), implemente medidas que reduzam desperdício (uso desnecessário de impressoras, desligar computadores quando não estão em uso, adote *thin client* quando adequado...), redesenhe o *data center*, incentive o trabalho remoto etc.

Quem sabe se, em breve, não estaremos vendo um novo personagem, o "CIO verde"? É um pássaro? É um avião? Não, é o "CIO Verde", na sua busca incansável por tornar a área de TI e sua empresa neutra em carbono e ecoeficiente! Bem, reduzir desperdício, tornar sua empresa mais produtiva e ainda ajudar a salvar o planeta. Que bom negócio!

Um outro assunto que precisamos debater e que é consequência da crescente instrumentação e digitalização do mundo é a questão do lixo eletrônico. Em breve, seremos o quarto país em uso de smartphones e celulares do mundo[76].

---

[76] ECONOMIA BR. A economia brasileira: indicadores econômicos. Disponível em: <http://www.economiabr.com.br/Ind/Ind_consumo.htm#Moveis>. Acesso em: 20 dez. 2013.

O mundo está se informatizando. Já fabricamos mais transistores que colhemos grãos de arroz. O lixo eletrônico já é responsável por mais de 70% das contaminações por metais pesados e 40% da contaminação por chumbo registradas em aterros norte-americanos. Celulares e microcomputadores tornam-se em pouco tempo obsoletos. E o que é feito dos aparelhos substituídos?

Por exemplo, no mundo todo, em 2007, foram descartados cerca de 20 milhões de computadores. Também foram descartados cerca de 200 milhões de aparelhos de TV[77]!

Infelizmente, aqui no Brasil não temos regras claras referentes ao descarte eletrônico. Sem uma estratégia clara para a eliminação deste tipo de lixo, podemos ver estes equipamentos sendo jogados nos lixões das periferias das grandes cidades.

Estudos[78] das Nações Unidas (*UN Environment Programme*) mostram que de 20 a 50 milhões de toneladas de equipamentos elétricos e eletrônicos são descartados anualmente no mundo todo. Nos EUA, cerca de 50 milhões de computadores vão para o lixo todos os anos e no Japão, em 2010, foram descartados 610 milhões de celulares. O consumo desta imensa quantidade de matéria-prima, além da possibilidade de contaminação pelo seu descarte descuidado, exerce uma pressão muito grande nos recursos naturais. Uma estratégia de reciclagem pode fazer com que a imensa quantidade de material encontrada nestes equipamentos seja reaproveitada em novas ferramentas.

Por exemplo, se fizermos uma autópsia em um celular vamos encontrar os seguintes materiais:

---

[77] GIZ MODO BRASIL. A história do e-lixo: o que acontece com a tecnologia depois que é descartada. Disponível em: <http://gizmodo.uol.com.br/a-historia-do-e-lixo-o-que-acontece--com-a-tecnologia-depois-que-e-descartada/>. Acesso em: 20 dez. 2013.

GREENPEACE BRASIL. Lixo eletrônico. Disponível em: <http://www.greenpeace.org/brasil/pt/Multimidia/Fotos/2010/February/a-ind-stria-de-eletr-nicos-pre/>. Acesso em: 20 dez. 2013.

[78] UNEP. Disponível em: <http://www.unep.org/>. Acesso em: 20 dez. 2013.

O impacto das tecnologias nas diferentes esferas da vida humana

a) Invólucro da capa: policarbonato ABS (acrilonitrila butadieno estireno) e plástico, derivado de petróleo.
b) Bateria: lítio, plástico, cobre, níquel, estanho, ouro e silício.
c) Circuitos: fibra de vidro, de areia, de sílica e cobre.
d) Chip: silício, cobre, alumínio, estanho, níquel e plástico.
e) Tela de LCD: areia de sílica, óxido de estanho e índio (eletrodos), plástico, nitreto de índio-gálio, cobre, prata e substância fosforescente de granada de ítrio-alumínio dopado com cério (iluminação da tela).
f) Câmera e lentes: silício, cobre, níquel, ouro e plástico.

Existe um campo imenso a ser explorado que é o reaproveitamento da matéria-prima embutida nos aparelhos e equipamentos que são descartados anualmente pela sociedade.

A indústria atual trabalha com o conceito de "obsolescência programada" já planejando o futuro e o rápido descarte dos produtos que fabrica. Um eletrodoméstico, quando apresenta defeito, é substituído por outro mais novo e quase nunca é consertado. Muitas vezes porque o custo deste conserto é quase igual ao preço de um novo. Temos que acelerar os programas de reciclagem e recondicionamento de celulares e computadores. Já existem alguns programas em ação no Brasil, mas ainda são muito poucos.

O recondicionamento de computadores antigos poderia ser uma excelente fonte de suprimentos para as escolas do país. Também devemos rever as cadeias de produção e não apenas dar atenção à eficiência da composição do produto (sentido da extração da matéria-prima para a fabricação e venda), mas à sua decomposição, ou seja, a partir do produto descartado, como reaproveitar seus componentes?

Esta decomposição implica em analisar o ciclo de vida do produto "ao contrário", começando com as questões relativas ao seu descarte e reutilização, e depois olhando a redistribuição deste produto pela cadeia de reciclagem e seu reaproveitamento em outras linhas de produção. Este novo conceito deve mudar o modelo empresarial atual, diminuindo as pressões para o contínuo lançamento de novos produtos, que geralmente são produzidos com diferenças estéticas entre si e os anteriores.

Produtos eletrônicos poderiam ser atualizados por *kits* de modernização e modificações no seu *software* embarcado, diminuindo a ênfase na aquisição de novos aparelhos. Esta mudança conceitual obrigaria a indústria a se redesenhar, saindo do modelo de negócios direcionado por produto (*product-driven business*) para um modelo baseado em serviços (*services-driven business*). Este novo modelo tem a vantagem de criar laços mais fortes entre os fabricantes e seus clientes, o que nem sempre acontece hoje, quando o consumidor troca facilmente a sua marca de eletrodoméstico ou celular, muitas vezes atraído por promoções comerciais.

Tal modelo é baseado no que podemos chamar de "cadeia ou rede de suprimentos reversa". Para isso acontecer é provável que novos atores apareçam no mercado, como empresas que se concentram no gerenciamento do ciclo de vida dos produtos e se responsabilizam pelas atividades de redistribuição dos produtos descartados.

Os processos industriais também deverão ser revistos, contemplando como fonte básica de matéria-prima não a exploração de recursos naturais, mas principalmente o reaproveitamento de componentes extraídos de produtos descartados.

A questão é que não podemos compreender a importância da "TI Verde" sob a ótica superficial de simplesmente ler alguns textos que falam de consumo de energia por parte de servidores e fim de conversa. O tema tem que ser direcionado por uma ótica mais abrangente que envolva a estratégia ambiental da empresa e os próprios problemas ambientais que envolvem a nossa sociedade.

Uma das causas dos problemas ambientais que nos afetam (onde a "TI Verde" se posiciona) é o fato dos modelos econômicos não contemplarem as questões ambientais adequadamente. Na verdade, os modelos econômicos ignoram o assunto meio ambiente.

O que vemos hoje? O principal indicador utilizado por toda a sociedade para avaliar seu progresso é o PIB (Produto Interno Bruto). Mas o PIB não reflete indicadores sociais e ambientais, como melhoria do nível de emprego e qualidade de vida. Um crescimento de 5% do PIB não pode se traduzir diretamente em melhorias percebidas na qualidade de vida da população. E quando acontece esta eventual melhoria, uma má distribuição desta riqueza, concentrada por poucos, não é captada pelo indicador.

O problema é que o PIB reflete um fluxo de riqueza puramente comercial e monetário. Assim, tudo o que se pode vender e que tem valor monetário agregado aumentará o PIB e o chamado desenvolvimento econômico de um país, mas não necessariamente implicará em aumento do bem-estar da sociedade.

Existem diversos indicadores alternativos ao PIB que já começam a ser usados e que buscam refletir uma visão mais holística e menos cartesiana da economia e seus efeitos. Claro que alguns têm viés mais sociais, focados no desenvolvimento humano e social, e outros dão mais ênfase a valores ambientais. Talvez nenhum deles seja o ideal e precisamos criar um *mix* de vários ou mesmo trabalhar com mais de um indicador ao mesmo tempo. Temos campo para um amplo debate.

Já começam a aparecer alguns indicadores criados com predominância de fatores ambientais, que podem ser usados como alternativa ao PIB. O mais conhecido dos indicadores ambientais é a Pegada Ecológica. Este indicador se tornou conhecido a partir da publicação, pelos seus criadores, Mathis

Wackernagel e William E. Rees, no seu livro *Our ecological footprint: reducing human impact on the earth*. A ideia central deste indicador é a seguinte: as atividades humanas de produção e consumo utilizam recursos naturais, alguns dos quais não renováveis (petróleo e gás natural, por exemplo) e outros renováveis, no sentido que podem se reproduzir ou se regenerar sem a intervenção do homem, como solos e florestas. Somente estes últimos são objetos de interesse da Pegada Ecológica, porque, segundo seus autores, constituem os problemas mais graves a longo prazo.

O princípio da Pegada Ecológica é simples: os recursos renováveis utilizados pelo homem em suas atividades podem ser convertidos em superfície do planeta. O cálculo pode abranger toda a humanidade, ou um país, uma empresa ou uma pessoa. Hoje, segundo os relatórios do WWF[79], a Pegada Ecológica mundial está em 120% do planeta utilizável. Isto significa que a humanidade toma emprestado da natureza, todos os anos, 20% de recursos naturais a mais do que os fluxos anuais de regeneração natural desses recursos.

Mas por que não vemos esta situação? Primeiro porque esta contabilidade permanece desconhecida e o que não é contabilizado, simplesmente não conta. Além disso, este endividamento não traz consequências a curto prazo, é um problema para as futuras gerações.

Hoje, existe uma dicotomia entre meio ambiente e desenvolvimento econômico. Esta visão cartesiana, economia de um lado e meio ambiente de outro é totalmente errônea.

Para entendermos o porquê deste paradigma, devemos voltar à história da nossa sociedade. Um dos grandes influenciadores das ciências foi René Descartes, que em seu livro *Regulae ad directionem ingenii*, publicado em 1628, desenvol-

---

[79] WWF BRASIL. Pegada ecológica: que marcas queremos deixar no planeta?. Disponível em: <http://assets.wwfbr.panda.org/downloads/19mai08_wwf_pegada.pdf>. Acesso em: 20 dez. 2013.

veu um método científico baseado no dualismo da natureza. Entre seus ensinamentos para o raciocínio científico, colocou regras como dividir os problemas em suas partes mais simples e resolver primeiro estes pequenos problemas, para depois evoluir para os mais complexos.

Posteriormente, Isaac Newton consolidou o método racional dedutivo de Descartes criando os princípios da mecânica. A partir destes princípios surgiu o paradigma cartesiano-newtoniano. Este paradigma é o direcionador das ciências ocidentais. De acordo com ele, cada campo científico deve ser visto de forma isolada. Assim, meio ambiente é campo de atuação dos ambientalistas. Desenvolvimento e políticas econômicas é o campo de atuação dos economistas.

Pela excessiva ênfase na quantificação (que dá uma aparência de ciência exata à economia), as teorias econômicas desprezam aspectos qualitativos, pois estes não podem ser incluídos nas análises quantitativas e em seus elaborados modelos matemáticos.

Devemos repensar os modelos e paradigmas da economia. Muitos dos seus conceitos, tão intensamente arraigados, não deveriam ser modificados? Por exemplo, será que a ideia de balança comercial positiva, criada em um contexto de valores de séculos atrás, ainda tem significado hoje, em um mundo cada vez mais plano e interconectado?

Vejamos as ideias de Adam Smith, que publicou, em 1776, um livro considerado um marco na economia, *Uma investigação sobre a natureza e as causas da riqueza das nações*. A sua proposta de crescimento contínuo tem sido adotada até hoje. Na sua época, os limites dos recursos naturais estavam muito distantes, tanto que ele considerava esta limitação irrelevante para as suas teorias. Mas, hoje, o ritmo do esgotamento está se acelerando e em breve muitos recursos naturais estarão simplesmente esgotados. Estes preceitos não deveriam ser revistos?

Os atuais modelos econômicos, sejam eles capitalistas ou socialistas, enfatizam o crescimento a todo custo. O atual pensamento econômico é claramente antiecológico. O valor relativo dos bens e serviços é apenas o valor monetário. O ar, a água e os ecossistemas são tratados como mercadorias livres.

Entretanto, estes modelos ignoram que a expansão ilimitada é inviável em um ambiente finito como nosso planeta. O preço que a sociedade vem pagando por estes conceitos errados é a contínua degradação da qualidade de vida, onde ao lado de bens materiais que adquirimos, convivemos com um ar cada vez mais poluído, alimentos mais impregnados de produtos químicos e relações sociais cada vez mais conflitantes. Será que podemos realmente considerar que estamos obtendo um resultado positivo?

Precisamos rever os conceitos e as teorias econômicas. O pensamento econômico deverá ser reestruturado de forma a quebrar o paradigma cartesiano que separa a economia de outras ciências, como a ecologia, e criar uma outra abordagem, mais integrada e sistêmica, onde ecologia, biologia e outros ramos do conhecimento humano sejam considerados em conjunto. Para mim, a ecoeconomia é o futuro da economia.

E por que é importante começarmos a usar indicadores que incluam meio ambiente em seu conteúdo? Exatamente porque precisamos de uma visão holística da economia, considerando que o meio ambiente e as preocupações ambientais não podem ser ignoradas.

Precisamos, sim, mudar nossos sistemas de valores. Criar uma ecoeconomia que norteie nosso crescimento econômico de forma sustentável só vai acontecer quando, e se, esta reivindicação for do conjunto da sociedade. A "TI Verde" faz parte deste movimento maior!

Bem, existem também alguns mitos que ainda são mantidos e que devemos quebrar. Por exemplo, os protetores de tela eram muito úteis quando tinhamos monitores de tecnologia antiga. Hoje seu efeito de evitar danos ao monitor é mínimo e seu uso é muito mais de efeito visual. Alguns estudos mostram que *screen savers* muito elaborados graficamente podem consumir quase o dobro da energia que o uso normal do PC. Em resumo, um protetor de tela consome, em média, o mesmo que um PC em atividade!

Outro mito urbano que podemos quebrar é a alegação que desligar e ligar o PC reduz sua vida útil. Talvez ainda seja verdade para os PCs bem antigos e os adquiridos de "empresários da fronteira", mas um PC de boa família é feito para operar pelo menos 40 mil ciclos *on/off*.

Por que não definir procedimentos mais rigorosos de redução do consumo de energia? Em tempos de crise econômica, qualquer medida que reduza custos será bem vinda. No período de um ano, um PC passa apenas 20% em atividade, com o usuário fazendo alguma coisa útil[80]. Estou excluindo o tempo de uso de *screen savers*. Os outros 80% servem apenas para gastar energia (cada vez mais cara). Em resumo, todas as medidas que possam garantir a preservação do meio ambiente devem ser analisadas com relevância. E, além disso, como veremos adiante, devemos participar ativamente deste processo e, quem sabe, até mesmo liderar algumas das mudanças.

---

[80] WORLD COMMUNITY GRID. Help improve the odds for cancer patients. Disponível em: <http://www.worldcommunitygrid.org/>. Acesso em: 20 dez. 2013.

Parte 3

As tecnologias como meio de inovação nas empresas

A inovação contínua cria rupturas e obriga as empresas a estarem em constante mutação. Demorar para reagir pode ser fatal. Um exemplo bem-sucedido de acompanhamento das evoluções tecnológicas foi o da empresa alemã Siemens, que criou um programa para incentivar os seus funcionários a se anteciparem às mudanças tecnológicas. Grupos de cerca de 20 funcionários de diferentes áreas passam de 3 a 4 meses estudando tecnologias e discutindo tendências de mercado para sugerir novos produtos. As ideias, assim, não passam pelos filtros de áreas específicas, mais interessadas em bater as metas do ano do que em garantir a perenidade do negócio.

Os limites que separam as atividades profissionais das pessoais parecem não mais existir. Na sociedade industrial, era claramente separada a atividade profissional, em um escritório ou em uma fábrica, da atividade pessoal. Hoje vivemos profundas transformações, inclusive com a criação de uma nova classe social, a classe criativa, que influencia diretamente o modo como trabalhamos e a própria configuração do nosso cotidiano.

Para manter as organizações competitivas nos próximos anos, os gestores e líderes empresariais deverão fazer mudanças significativas nos seus modelos de negócio atuais. O foco da sociedade industrial era impor hierarquia, obter controle, disciplina e manter a produtividade dos funcionários. Hoje esperamos um novo enfoque, onde criatividade, inovação e colaboração passam a ser os pontos fundamentais. Em um mundo cada vez mais tecnológico, onde praticamente qualquer um pode ter acesso a novas tecnologias, os vencedores, em geral, não são as empresas que conseguem primeiro a tecnologia e a usam simplesmente para melhorar produtos existentes. As vencedoras são as empresas que usam as novas tecnologias para inovar e criar experiências melhores para seus clientes do que as oferecidas pelas aplicações existentes.

As mudanças estão pipocando por todos os lados. Vejamos, por exemplo, como a Universidade de Harvard, que inventou o MBA, está se posicionando neste novo mundo:

	Antes das mudanças	Depois das mudanças
Fora do campus	Os alunos discutiam com os professores estudos de caso previamente elaborados.	É comum sair a campo para colher informações de hábito de consumo.
Interação	As aulas aconteciam apenas nas salas de aula em formato de anfiteatro, em que o professor é centro das atenções.	Novas salas em formato circular, com cadeiras e mesas com rodas que facilitam a formação de grupos de discussão.
Prática	As discussões eram teóricas, apoiadas em estudos de caso.	Todos têm de montar um projeto de uma empresa de verdade durante o curso.

	Antes das mudanças	Depois das mudanças
Avaliação	Apenas os professores avaliavam os alunos.	Cada um dos alunos compra "ações" das empresas criadas pelos colegas. Os donos das mais requisitadas ganham mais pontos.
Visão externa	Os alunos optavam entre viajar ou não para outro país.	A viagem é obrigatória. Todos devem visitar um país emergente para o qual nunca tenham viajado antes.

Ao longo do livro, debati como a tecnologia já está inserida em nossa própria vida. Vimos exemplos práticos e, espero, fomos levados a rever e reformular ideias e conceitos que muitas vezes se cristalizam em nossas mentes e hábitos.

Mas os resultados práticos da sua leitura devem ser ações que mudem nossas atitudes e criem melhorias no nosso cotidiano. Precisamos pensar em objetivos estratégicos que revolucionem o negócio, mas, ao mesmo tempo, precisamos de pequenas e rápidas ações, de efeito imediato. Podemos fazer experimentações em pequena escala sem interferir de forma profunda na operação do negócio. A nossa proposta será esta.

Por que não pensar em ações concretas para os próximos 100 dias? E por que 100 dias? Além de ser um número que desperta atenção, o histórico de se comemorar ou cobrar os primeiros 100 dias de um governo, vem do chamado "Governo dos Cem Dias", como dito na Wikipédia, referente ao período compreendido entre 1º de março de 1815, quando Napoleão retorna do seu exílio na ilha de Elba, a 18 de junho do mesmo ano, quando seu exército, a *Grande Armée*, é vencido na batalha de Waterloo.

Portanto, vamos definir que após 100 dias do término da leitura deste livro, o leitor (e, neste caso, vamos pressupor que ele seja um executivo ou gestor de uma empresa), deve desenhar as ações que o levarão a mudar alguma coisa na sua organização. E o plano definido deverá ser colocado em prática em doze meses. O que ganhamos com isso? Colocando em prática mudanças inovadoras, estaremos nos posicionando de forma competitiva no mercado e não apenas nos adaptando a mudanças que outros já fizeram. Muitas vezes é difícil mudarmos, basta pensarmos no consagrado ditado: "Em time que está ganhando não se deve mexer". Mas é precisamente neste time que devemos mexer, pois como o jogo muda de regras muito rapidamente, eles estarão mais aptos a inovar e manter a vitória. Aliás, uma expressão cunhada pelo conhecido consultor Gary Hamel faz todo o sentido aqui: "Só porque você não quer que o futuro aconteça, não significa que ele não acontecerá".

Como dito ao longo deste livro, a internet possibilita o compartilhamento rápido e eficaz dos mais diversos tipos de informação. Vale ressaltar que a origem dessas informações nem sempre são valorizadas, isto é, ter informação é mais importante do que saber de onde ela surgiu. Mas ainda assim, informação leva ao conhecimento, e conhecimento leva à inovação.

Inovar, em um ambiente econômico cada vez mais desafiador e competitivo, não é mais uma opção, mas uma necessidade de sobrevivência, não apenas para empresas mas também para as nações. A inovação é a arma cada vez mais decisiva na competição por espaços nobres na economia.

Inovar é também saber aprender com os erros. Recentemente, o Google eliminou alguns serviços. Porém, para cada fracasso, há um punhado de sucessos que garantem bilhões de dólares no fim do ano. A política do Google é o mantra da economia criativa, do mundo digital. Fracassos

O impacto das tecnologias nas diferentes esferas da vida humana **279**

são medalhas de mérito. Neste cenário é comum vermos empresas reservando 90% dos investimentos para produtos que garantem seus lucros e 10% destinados a iniciativas de risco.

O mesmo acontece em nossas vidas profissionais. Temos que constantemente nos inovar, descobrindo novas formas de realizarmos nossas tarefas e mesmo reinventar nossas profissões. A sociedade está mudando porque queremos que ela mude. A mudança não acontece de maneira caótica, embora muitas vezes nos pareça assim, quando nos defrontamos com novas gerações com hábitos e costumes diferentes, que desafiam os nossos próprios. Um exemplo? Trocamos a privacidade pela praticidade. Sabemos que, em troca da facilidade de compartilhar informações pela internet, damos muitas informações sobre nós mesmos.

A força motriz das mudanças é a criatividade humana. Hoje enfatizamos mais do que nunca esta criatividade e começamos a entender que o que move realmente a economia é essa característica. Ela criou a agricultura. Criou o que chamamos de sociedade industrial e o que chamamos agora de sociedade do conhecimento. A criatividade também é fator determinante da vantagem competitiva, seja entre países, empresas ou mesmo entre pessoas.

A criatividade é multidimensional e multidiciplinar. E ela não deve se limitar à criação de inventos fantasiosos, mas se expandir em inovações que mudem nosso dia a dia e melhorem a eficiência das empresas, afetando também positivamente a sociedade. Mas a criatividade não surge da passividade. Ela surge de ações, da vontade de fazermos algo. Para mudar, precisamos agir. Se entendermos que as mudanças já estão acontecendo, que o trem já está saindo da estação, não perderemos tempo discutindo quem vai carregar as malas, apenas correremos e entraremos nele.

Como profissionais, devemos nos manter atualizados com as demandas futuras. O que nos espera amanhã? Como gestores, devemos olhar nossas empresas e vermos o que elas precisam para sobreviver e prosperar. O sucesso que nos trouxe até hoje não é garantia do que nos levará ao futuro.

Infelizmente as empresas brasileiras de médio porte desconhecem a importância da inovação como arma para competir e crescer no mercado. Uma pesquisa da Fundação Dom Cabral[1] traçou um cenário preocupante. Das 149 empresas pesquisadas, apenas 20% disseram fazer uso de alguma lei ou programa de incetivo à inovação. Além do desconhecimento dos recursos de fomento à inovação, surgem dois outros fatores: a falta de foco no assunto e a ausência da percepção de que usar a inovação gera uma vantagem competitiva. As empresas precisam perder o medo de correr riscos e devem incentivar novas ideias para processos e produtos. O fato é que a maioria das empresas, de todos os portes, não incentivam de forma sustentável a inovação. Pesquisa[2] realizada com mais de 560 executivos de alto escalão feita pela consultora Betania Tanure mostrou que apenas 14% destes executivos identificaram esse traço na cultura organizacional de suas empresas. Inovação, na prática, está muito mais no desejo do que no modelo de negócios das empresas. Temos que mudar este cenário. A globalização, a crescente competição com empresas de fora e a própria sofisticação do mercado interno vêm exigindo mudanças e a criação de novos e inovadores serviços. Mudar, ser criativo, não é mais algo adicional, mas requisito para sobrevivência empresarial.

A Internet das Coisas só será tangível para sua empresa se for usada como fonte geradora de informações, utilizada para criar novos processos e combinada com outras tecnologias, per-

---

[1] JORNAL DA CIÊNCIA. Só 20% das médias empresas usam leis de incentivo à inovação, diz estudo. Disponível em: <http://www.jornaldaciencia.org.br/Detalhe.jsp?id=82749>. Acesso em: 20 dez. 2013.

[2] VALOR ECONÔMICO. Autonomia para exercer a criatividade. Disponível em: <http://www.valor.com.br/carreira/2652172/autonomia-para-exercer-criatividade>. Acesso: 20 dez. 2013.

mitindo criar inovações que gerem vantagens competitivas. Um aplicativo que mostre o posto de gasolina mais próximo é, sem sombra de dúvida, útil quando é necessário reabastecer o carro, mas, fora deste contexto, torna-se inútil. Um exemplo diferente é o aplicativo 1746, da Prefeitura do Rio de Janeiro. O número 1746 ou o Disque Rio é uma central unificada que integra todos os serviços de teleatendimento da Prefeitura, além das ouvidorias. Para facilitar o seu uso e incluir o cidadão na gestão da cidade, foi criado um aplicativo para celulares e smartphones, permitindo que os usuários fotografem os problemas e enviem as fotos em tempo real nas solicitações de reparo. O aplicativo 1746 concentra as solicitações de diversas secretarias e órgãos cadastrados como disque sinal, disque luz e teleburaco. É um exemplo de como um serviço pode ser ao mesmo tempo útil e incentivar uma cultura mais participativa nos cidadãos.

O que exemplos como este nos ensinam? Que precisamos pensar em serviços que combinem sinais em tempo real do mundo físico com outros dados, como geolocalização, possibilidade de compartilhamento via redes sociais e outras situações.

É uma mudança radical. Desde a Revolução Industrial, a única maneira de uma empresa aumentar a produtividade e seus lucros era tratando os consumidores como uma população e não como indivíduos, e tratando os funcionários como posições em um organograma em vez de fontes únicas de talentos e ideias. A internet, a mobilidade e as mídias sociais quebram este paradigma. Qualquer um de nós pode se comunicar com qualquer outra pessoa em qualquer lugar do mundo, a um custo quase nulo. Podemos criar nossos próprios sites. Podemos produzir, publicar, distribuir conteúdo e influenciar pessoas, com alcance mundial. Cada um de nós passa a ter valor como indivíduo e não apenas como membro de um grupo.

Adotar estes serviços que possibilitem a comunicação rápida para divulgar ideias criativas pode gerar inúmeras vantagens competitivas, e criar novas e inovadoras experiências para seus clientes. Além disso, os executivos têm que entender que, em um mercado cada vez mais livre, as empresas não são mais donas de seus clientes. O lado da oferta vai ter que ver que o lado da demanda mudou e os clientes não são mais grupos classificados por idade, localização geográfica, faixa etária ou renda, mas como atores complexos, detentores do poder de escolher com quem querem fazer negócios. Compreender que clientes não são mais consumidores cativos é o primeiro passo. O segundo é agir para fazer frente a este novo desafio e às grandes oportunidades que se abrem. Portanto, no seu plano de 100 dias você deveria:

1	Provocar discussões na sua empresa em relação ao valor de serviços baseados em contexto e refletir sobre que vantagens competitivas isso traria para seu negócio.
2	Considerar o uso de múltiplos canais de comunicação com seus clientes. E começar a pensar em como eles são usados hoje. Sua empresa tem página e atuação social no Facebook e no Twitter? Seus principais aplicativos podem ser acessados a partir de dispositivos móveis? Todas estas fontes de informação estão integradas ou atuam de forma isolada e desconectada umas das outras?
3	Incentivar seus colaboradores a usarem as tecnologias móveis de forma inovadora e integrada.

Claro que para passar do plano à ação é necessário estar preparado. Se sua equipe não tem habilidades nas tecnologias citadas, você precisa criar métodos para capacitá-las. Eventualmente consultorias externas trarão ideias arejadas para dentro da organização, uma vez que não estão presas aos limites autoimpostos pelos hábitos e costumes dos funcionários.

Para os próximos doze meses, as ações deverão ser implementadas de forma integrada, sob uma ótica estratégica e não apenas como reação alarmista e reativa. É necessário que as linhas de negócio e a área de TI da empresa estejam alinhadas para proporcionar melhores experiências para seus clientes. Crie uma equipe piloto multidisciplinar para gerar novas soluções que explorem estas novas tecnologias.

Com certeza você vai descobrir que a sua empresa, como aliás, muitas outras, já utiliza equipamentos móveis como smartphones e tablets no seu dia a dia, mas descobrirá também que a maior parte das iniciativas tem sido tática, sem uma estratégia clara por trás. Em muitas ocasiões, a mobilidade que é incluída em sistemas e as aplicações não têm suas interfaces e suas funcionalidades adaptadas para explorar a potencialidade destes equipamentos. Na verdade, os smartphones e tablets vem sendo utilizados praticamente como laptops mais pequenos e leves.

Quando falamos em estratégia de uso da Internet das Coisas e de mobilidade, estamos falando em incluir a mobilidade na estratégia do negócio. Por exemplo, uma estratégia de comunicação e atendimento aos clientes deve incluir os smartphones e tablets, criando interfaces multi canais. Isso significa que o cliente vai interagir com a empresa por qualquer canal e portanto o website deve também ser desenhado para ser visualizado em smartphones e *apps*, permitindo a comunicação direta dos clientes com a empresa e seus sistemas. Transpor as funcionalidades de um website típico de ser visualizado em

PC para um smartphone via *app* ou HTML 5 significa repensar o que é importante ou não para levar ao usuário.

Assim, as aplicações do negócio devem ser desenhadas para explorar a potencialidade dos dispositivos móveis. Isso significa criar sistemas e interfaces que explorem o *touchscreen* e movimentos sensoriais (estilo Kinect), *location-based services* e tecnologias como NFC (Near Field Communication). Um exemplo? Um cliente chegando a um hotel e fazendo *check-in* automaticamente, sem passar pela recepção.

Como as empresas são compostas de pessoas, as formas de reação dos gestores, muitas vezes emocionais, quando confrontadas com novas ameaças às suas práticas e políticas, me lembram de um livro que li há muitos anos, chamado de *On death and dying*, da médica Elisabeth Kübler-Ross. Adaptando as reações das empresas diante de catástrofes às das pessoas quando frente a perspectivas da morte, observamos que os comportamentos são muito similares. Os estágios das pessoas frente à perspectiva da morte são, primeiro, o choque e a negação, seguidos pela raiva, barganha, depressão e finalmente aceitação.

Vamos olhar a reação de algumas empresas frente ao movimento BYOD. Primeiro acontece o choque e a negação. Vemos declarações de executivos de muitas empresas dizendo que BYOD não é aceitável diante das políticas restritas de segurança adotadas pela empresa. Afirmam que serve para outras empresas, não para as deles. A reação é negar a existência do movimento BYOD ou pelo menos ignorá-lo. Exatamente como as pessoas reagem quando descobrem que estão com alguma doença grave: não acreditam no diagnóstico e se negam a acreditar que exista algo errado com elas.

Depois vem a raiva. As pessoas se mostram inconformadas e se perguntam "por que comigo?" No mundo corporativo a reação é similar. É a reação emocional, atacando o movimento BYOD com intensidade. É o momento de empregar a técnica do FUD (*Fear, Uncertainty and Doubt* – medo, incerteza e dúvida), tentando mostrar os riscos para a segurança e as desvantagens do "novo inimigo".

Vem então o momento da barganha. Acreditamos que promessas podem trazer a cura. "Se eu ficar curado, juro que..." Na nossa anologia surgem as iniciativas como permissões restritas: "Ok, traga seu smartphone, use o Dropbox, mas não esqueça que posso apagar o conteúdo dele quando você for desligado da companhia!"

A depressão vem a seguir, durante o tratamento da doença. As pessoas perdem o interesse pela vida, acabam confusas. Durante o processo de inserção do BYOD acontece algo semelhante, é um caos. Não será mais possível garantir a segurança das informações. Perdemos o controle da situação...

E, finalmente, em ambos os casos, a última etapa é a aceitação. Se não posso lutar contra, melhor conviver da melhor forma.

Kübler-Ross, em seu livro, desafiou uma cultura determinada a varrer a morte para debaixo do tapete e escondê-la ali. O BYOD desafia o tradicional modelo do controle ditatorial da área de TI sobre quais e como os dispositivos móveis podem ser usados nas empresas.

Smartphones e tablets já fazem parte do nosso dia a dia. Inovações nas suas interfaces surgem a cada hora e impedir seu uso ou, pior, não explorar estas novas tecnologias para trazer vantagens competitivas é desperdiçar chances que não serão mais recuperadas.

Assim, a mobilidade deve estar dentro de qualquer estratégia de TI e sua potencialidade deve ser explorada em demasia. Esta deve ser a primeira ação estratégica para seus doze meses à frente.

Mas desenhar um plano de BYOD não é simples. Sugerimos também um plano de 100 dias. Assim:

1	Defina sua estratégia de BYOD. É importante definir como a empresa vai adotar BYOD, quais os patrocinadores e os objetivos a serem alcançados.
2	Agrupe os funcionários por necessidades e defina tipos de suporte e característica de acesso para cada grupo. Nem todos os funcionários precisam dos mesmos recursos e a política deve prever esta diferenciação.
3	Planeje a implementação. Para que o projeto tenha sucesso, é importante verificar se as tecnologias necessárias estão disponíveis, se o *help desk* está preparado para esta maior demanda e se os funcionários estão "educados" para fazer uso da política.
4	Prova de conceito. É importante começar devagar, testando a política e os procedimentos com um grupo controlado.
5	Implementação. É a fase de *roll out* do plano de BYOD. É a disseminação do projeto pela empresa.

Vamos detalhar um pouco mais as ações destes primeiros 100 dias. A definição da estratégia é o primeiro passo. O fato de cada vez mais os usuários comprarem seus smartphones não significa que a empresa deve ficar parada esperando que eles os tragam e os conectem à rede corporativa. Na prática, podemos pensar em dois extremos. Em um, tudo é proibido, e nenhum smartphone entra na empresa (algo impossível de controlar!). No outro extremo, tudo é liberado. Os riscos são imensos. O que a empresa deve fazer é definir em que ponto entre os extremos quer chegar e por onde começar. A área de TI deve liderar o processo, mas envolvendo outros setores como gestão de riscos, RH e jurídico, uma vez que aspectos legais e trabalhistas serão envolvidos.

Para definir a estratégia e a política de uso, verifique se existem restrições legais, implicações nos aspectos relacionados à remuneração dos funcionários e obtenha aval da auditoria. Uma empresa global tem que entender que uma política única nem sempre poderá ser aplicada, uma vez que as legislações e as culturas são diferentes nos países em que atua. Também deve ser definido quem vai arcar com os custos das ligações e se a alternativa BYOD será obrigatória. O que fazer no caso dos funcionários que não queiram trazer seus equipamentos e entrar no programa? Para estes, a empresa vai adquirir smartphones? E se sim, deve-se ter cautela, pois esta aquisição poderá ser vista como benefício diferenciado pelos que compraram por conta própria. Também deve-se analisar se o atual portfólio de aplicações será impactado pelos novos dispositivos que entram na empresa. Por exemplo, durante anos a empresa pode ter ajustado seus aplicativos a interfacearem com os BlackBerry, mas podem não estar preparados para iPhones e Androids. Qual será o tempo e o custo desta adaptação? Além disso, outro ponto importante é educar os funcionários quanto à política, restrições e riscos envolvidos.

Também deve-se definir claramente os objetivos do programa e justificar seu *business case*. Quais os benefícios que serão obtidos? Serão benefícios intangíveis, como uma melhor imagem da empresa perante seus clientes? Ou poderão ser mensurados, como no aumento da produtividade? O desafio é definir exatamente o real valor da mobilidade, em termos de retorno dos esforços e investimentos. Quanto é possível visualizar, nos processos de negócio, o valor de uma operação que pode ser feita remotamente, em qualquer lugar? Qual o valor de receber uma ordem de serviço rapidamente, na hora certa? As companhias ganham com a mobilidade e o BYOD, pois reduzem o *capex*[3], ou seja, diminuem investimento com a com-

---

[3] CAPEX, ou *capex*, é a sigla da expressão inglesa *capital expenditure* (em português, despesas de capital ou investimento em bens de capital) e que designa o montante de dinheiro despendido na aquisição (ou introdução de melhorias) de bens de capital de uma determinada empresa. Fonte: Wikipédia.

pra de novos equipamentos móveis. Além disso, atendem com estratégicas demandas corporativas, oferecendo um ambiente de trabalho mais amigável em que as pessoas trabalham com os dispositivos que gostam e configurados do seu jeito.

E quem vai pagar a conta de uso dos smartphones? Por exemplo, não comprar mais smartphones reduz as despesas para a empresa, mas por outro lado, ampliar a rede para suportar maior tráfego de dados e o *help desk* para atender a novas demandas aumentará os custos. Apesar de reduzir o *capex*, as companhias estão aumentando o *opex*[4] com dispositivos móveis, que são os custos com manutenção. Os gastos com *help desk* tendem a aumentar. Eles precisam oferecer suporte para diferentes sistemas operacionais. Também é necessário avaliar o custo de aquisição de novas tecnologias para gerenciar os dispositivos móveis. A experiência tem mostrado que existem empresas que reembolsam empregados que usam o dispositivo particular para trabalhar, e elas pagam os custos de chamadas móveis e acesso a dados. Outras, por outro lado, cobrem metade das despesas, mediante apresentação de relatório dos gastos.

É necessário balancear bem os prós e contras para que o *business case* faça sentido. Outro aspecto da estratégia é definir a amplitude do programa BYOD (todos os funcionários ou apenas uma parcela específica) e identificar quem será o seu patrocinador. A estratégia também deve definir os procedimentos relacionados a quando o funcionário deixar a empresa e quais suas responsabilidades quanto ao uso indevido dos aplicativos instalados no seu smartphone.

A próxima etapa será agrupar os funcionários pelas suas demandas de uso para estes dispositivos. As atividades profis-

---

[4] OPEX, ou *opex*, é uma sigla derivada da expressão *operational expenditure*, que significa o capital utilizado para manter ou melhorar os bens físicos de uma empresa, tais como equipamentos, propriedades e imóveis. As despesas operacionais são os preços contínuos para dirigir um produto, o negócio, ou o sistema. Fonte: Wikipedia.

sionais em uma empresa são bem diversas e, consequentemente, as suas demandas de uso tendem a ser variadas. Uma boa ferramenta auxiliar é construir em uma matriz funções efetuadas *versus* demandas de aplicações e usos. Por exemplo, um sistema de CRM deverá ser acessado pelo pessoal de vendas, mas não pela equipe de engenharia. Analise também os riscos de segurança para cada tipo de acesso e identifique o *gap* tecnológico para cobrir estes buracos de segurança.

Algumas organizações, especialmente as de governo, saúde e defesa, questionam juridicamente: quem, na verdade, precisa ter um dispositivo? Não há ainda uma resposta clara para essa questão, mas a pergunta fundamental é quando a propriedade é necessária para ganhar o controle da gestão. As corporações mais conservadoras decidem, muitas vezes, que precisam ter a posse legal do aparelho.

Como resultado dessa discussão, podemos pensar em três diferentes abordagens para a gestão da propriedade. A primeira é compartilhada e estabelece que se os recursos corporativos forem acessados por um dispositivo pessoal, a empresa tem o direito de controlar e bloquear o dispositivo. Para colocar em prática essa política, é necessário criar normas por escrito e responsabilidades para ambas as partes.

O segundo modelo de gestão é o de propriedade das empresas pela qual a organização compra o dispositivo e permite seu uso para fins particulares. Os funcionários que não gostam do serviço em tais aparelhos (não podem ganhar minutos gratuitos ao telefonar para familiares e amigos, por exemplo) ficam livres para usar o equipamento pessoal, entretanto, sem acesso corporativo.

O terceiro é a transferência legal do dispositivo. Em alguns casos, essa propriedade é permanente. Mas há também a situação em que a organização compra o aparelho por um valor simbólico e dá ao profissional o direito de usá-lo para fins pessoais, comprometendo-se a vendê-lo de volta pelo mesmo preço quando o empregado deixar a empresa.

A próxima etapa é planejar o processo de implementação. Isto significa adquirir e colocar em operação as tecnologias necessárias, como ferramentas de gestão de dispositivos, eventual aumento na capacidade da rede e expansão do *help desk*. O *help desk* é um ponto importante. Embora de maneira geral os smartphones sejam suportados pelos próprios fabricantes (a Apple, por exemplo, não oferece suporte corporativo), o *help desk* deve suprir os funcionários em dúvidas técnicas quanto ao uso dos aparelhos e, principalmente, quanto à instalação e operação dos aplicativos instalados na loja interna da empresa. A loja de aplicativos é outra questão desafiadora. Se o ambiente tende a ser heterogêneo, provavelmente haverá uma loja para cada tipo de sistema operacional do smartphone, uma vez que eles são diferentes entre si. Isto leva a uma definição estratégica, afinal, é necessário determinar se os aplicativos corporativos serão baseados em tecnologias nativas ou em HTML 5. Usando-se tecnologias nativas, cada aplicativo deverá ter uma versão (e não esqueça, gerenciada e atualizada) para cada sistema operacional, seja iOS, Android ou Windows.

Finalmente comece a colocar em prática o projeto BYOD. Isto envolve um planejamento detalhado das etapas a serem cumpridas, o processo de educação, a criação e formalização da política de uso, o treinamento e operação das novas atividades dos funcionários do *help desk*, e a aquisição e instalação das tecnologias necessárias à gestão dos processos. Teste tudo em um projeto-piloto, de prova de conceito em um ambiente controlado, e posteriormente ajuste e refine os procedimentos e comece a disseminar o BYOD pela empresa. É a etapa do *rollout*. E é sempre bom monitorar constantemente o processo, pois novas tecnologias surgem e novos hábitos começam a ser adquiridos. Lembre-se de que estamos falando de tecnologias como smartphones e tablets, que são muito recentes. O iPhone surgiu em 2007 e o iPad em 2009. Não existem livros de referência de melhores práticas consagradas. Temos que criar estes métodos. Mas é um bom desafio.

A política de uso é absolutamente essencial e recomendo que contemple aspectos como:

1) Especificar quais dispositivos serão permitidos no ambiente de trabalho. A vida era muito mais fácil quando havia apenas a plataforma BlackBerry. Agora há muitas opções que vão desde os smartphones baseados em iOS da Apple, passando pelo Android do Google, Windows Phone até os equipados com sistemas menos conhecidos como o Bada da Samsung. Por isso, é muito importante entender claramente o que significa dizer aos funcionários: "Tragam seus próprios dispositivos." Será que eles podem trazer iPhone ou dispositivo com Android? Sim, eles podem usar o iPhone próprio, mas a TI da empresa tem que informar a lista dos aparelhos que são suportados pela instituição e os que têm o apoio técnico ou que podem ser supervisionados pelo departamento.

2) Estabelecer uma política rigorosa para todos os dispositivos. Os usuários tendem a resistir ao uso de senhas ou telas de bloqueio em seus dispositivos pessoais. Eles acham que essas barreiras são um obstáculo para acesso fácil a conteúdos e funções do terminal. No entanto, esses mecanismos têm que fazer parte dos aparelhos conectados aos seus sistemas corporativos para evitar que pessoas mal-intencionadas ataquem dados da companhia. Se os usuários quiserem utilizar seus dispositivos pessoais no ambiente de trabalho, eles têm que aceitar o uso de uma senha.

3) Criar critérios de BYOD. É importante que os funcionários entendam os limites entre o que é pessoal e do trabalho, em especial quando ocorrem conflitos entre os dois

ambientes. Informe qual o nível de suporte estará disponível para dispositivos de bens pessoais e que tipo de atendimento a TI oferecerá para os terminais quebrados. Oriente sobre o uso de aplicativos para evitar que o *software* de uso particular impeça o acesso a sistemas corporativos.

4) Esclarecer quem é o dono das aplicações e dados. Parece óbvio que a empresa guardará as informações pessoais nos servidores que os funcionários acessam. Mas essa questão se torna mais problemática quando há necessidade de apagar ou fazer limpeza nos sistemas. Dados podem ser perdidos ou roubados. A agenda de contato, fotos pessoais, músicas e outras ações particulares podem ser apagadas dos smartphones e gerar complicação para os usuários, pois nem sempre é possível recuperar essas informações. A política de BYOD deve deixar claro se a TI tem o direito de remover esses aplicativos. Se assim for, deve orientar sobre como os funcionários podem receber de volta seus conteúdos. Eles precisam ter uma cópia de segurança para restaurar informações pessoais quando o telefone ou dispositivo é substituído.

5) Informar o que é permitido e o que pode ser bloqueado. Isso se aplica a qualquer dispositivo que se conecta ao seu ambiente, seja aparelho corporativo ou pessoal. As principais considerações devem ser sobre as aplicações de mídia social, navegação, e-mail, VPN e qualquer outro *software* que permite acesso remoto a ambientes corporativos protegidos. A questão final é se os usuários podem baixar, instalar e utilizar aplicativos que põem em perigo a segurança ou trazem riscos de comprometer dispositivos legais que têm livre acesso a recursos corporativos sensíveis.

6) Garantir que o plano de BYOD esteja integrado com as políticas da empresa. Não faz sentido criar um modelo de gestão ou requisitos para esses dispositivos diferente do já existente para os laptops, desktops e outros computadores na rede.

Existem diferenças técnicas entre os dois mundos, mas a política de segurança da empresa deve atender aos mesmos requisitos para todos os dispositivos da corporação.

7) Comunicar claramente os procedimentos em caso de demissão. A estratégia de BYOD tem que estabelecer regras para os caso de desligamento do funcionário, seja por pedido de demissão voluntária ou demissão. Ele precisa ser informado de que a empresa efetuará a remoção de tokens de acesso, suspenderá e-mail, entrada na rede de dados e outras informações. Esses procedimentos são fundamentais, uma vez que, por exemplo, não se deve deixar o empregado levar o telefone com os dados corporativos sem que tenham sido apagados. Neste caso, muitas empresas desabilitam o acesso ao e-mail e varrem o dispositivo BYOD. Mas a companhia pode ser surpreendida com a proatividade de alguns usuários. Eles podem decidir fazer sozinhos o processo de limpeza. Porém, deixe claro que a empresa se reserva o direito de lançar um comando que apaga os dados, caso ele não siga as normas do departamento de TI.

Um ponto importante é que toda esta discussão sobre BYOD deve estar alinhada com uma estratégia maior, que é a estratégia de mobilidade da empresa. O fenômeno da mobilidade pode ser comparado, em seu grau de importância, ao surgimento da internet comercial e consequentemente às transformações que acarretaram na sociedade e nas empresas. Portanto, devemos encarar a mobilidade com o máximo de importância.

Outra tecnologia que devemos priorizar é a convergência de dados, o Big Data. As empresas da internet usam imensos volumes de dados para obter vantagens competitivas e até mesmo criar seus negócios. O Facebook tem cerca de 114 petabytes de dados e o eBay (leilões eletrônicos) mantém e processa 10 petabytes. Mas não pense em Big Data apenas como um imenso volume de dados, mas também em como podemos usar estes dados para descobrir relacionamentos que antes eram impossíveis de se desvendar.

Recentemente, li um texto que me chamou atenção para a crescente importância do fenômeno Big Data. O texto é "Big Data, Big Impact: new possibilities for international development[5]", publicado pelo World economic forum e que mostra como, analisando padrões em imensos volumes de dados, pode-se prever desde a magnitude de uma epidemia à sinais de uma provável ocorrência de uma seca severa em uma região do planeta. O documento mostra alguns casos muito interessantes, inclusive o projeto da ONU, chamado *Global Pulse*, que se propõe a utilizar as tecnologias e conceitos de Big Data para ajudar a melhorar as condições de vida das populações do planeta.

Portanto, Big Data não é teoria ou futurologia. Geramos um imenso volume de dados a cada dia e as análises de padrões e correlações desta massa de dados podem produzir informações valiosíssimas em todos os setores da sociedade humana, de governos buscando entender demandas da população à empresas buscando se posicionar mais competitivamente no mercado.

Curiosamente, quando abordamos o tema, surgem comentários do tipo "mas Big Data não é apenas um grande *data warehouse?*' ou "Big Data não é apenas um sistema de *Business Intelligence* em cima de um *data set* de *terabytes* de dados?" Sim, ambas são corretas, mas Big Data é muito mais que isso.

Indiscutivelmente estamos falando de um volume de dados muito significativo. Mas, além de volumes abissais, existem outras variáveis importantes que fazem a composição do

---

[5] WORLD ECONOMIC FORUM. Big Data, big impact: new possibilities for international development. Disponível em: <http://www3.weforum.org/docs/WEF_TC_MFS_BigDataBigImpact_Briefing_2012.pdf>. Acesso em: 20 dez. 2013.

Big Data, como a variedade de dados (uma vez que coletamos informações de diversas fontes, como sensores, sistemas corporativos e comentários nas mídias sociais), e velocidade, pois muitas vezes precisamos analisar e reagir em tempo real, como na gestão automatizada do trânsito de uma grande cidade. Estas variáveis mudam de forma radical a maneira de se analisar dados. Em tese, em vez de amostragens, podemos analisar todos os dados possíveis. Um exemplo? Em vez de uma pesquisa de boca de urna nas eleições, em que uma pequena parcela dos eleitores é consultada, imaginem consultar todos os eleitores. Em teoria, é praticamente quase a própria eleição.

Pessoalmente, adiciono outras duas variáveis que são a veracidade dos dados (os dados têm significado ou são sujeira?) e o valor para o negócio. Outra questão que começa a ser debatida é a privacidade, tema complexo, que por si, merece um *post* dedicado.

Também observei que quando se fala em Big Data aparece uma concentração da atenção em análise e modelagem dos dados, herança das nossas já antigas iniciativas de *Business Intelligence*. Claro que analisar os dados é fundamental, mas temos outras etapas que merecem ser entendidas, para termos uma melhor compreensão do que é Big Data e seus desafios.

A primeira fase de um processo de Big Data é a coleta de dados. Estamos falando de coletar dados de sistemas transacionais, de comentários que circulam nas mídias sociais, em sensores que medem o fluxo de veículos nas estradas, em câmaras de vigilância nas ruas e assim por diante. Cada negócio tem necessidade de coletar dados diferentes. Uma empresa de varejo, por exemplo, demanda coleta de dados sobre sua marca, produtos e reputação nos comentários extraídos das mídias sociais. Um banco, querendo fazer uma análise de riscos mais eficiente ou uma gestão anti fraude mais aperfeiçoada, precisa não apenas juntar dados das operações financeiras dos seus clientes, mas também do que eles comentam nas mídias sociais e até mesmo imagens obtidas de seu comportamento diante de um caixa eletrônico.

Um trabalho de limpeza e formatação também é necessário. Visualize uma imagem de raio-X de um paciente. Será armazenada da forma crua como obtida ou deverá ser formatada para ser analisada mais adequadamente posteriormente? Além disso, é importante validar os dados coletados. Erros e dados incompletos ou inconsistentes devem ser eliminados para não contaminar as futuras análises.

Aí entramos em outra etapa, que é a integração e agregação dos dados obtidos das mais diversas fontes. Os dados dos sensores do fluxo de tráfego devem ser integrados aos dados dos veículos que estão transitando e com os de seus proprietários também.

Depois desta integração, temos então a fase mais visível, que é a analítica e de interpretação dos resultados. É um desafio e tanto, pois terabytes de dados já existem e estão armazenados. A questão é "que perguntas fazer" para chegarmos à identificação de padrões e correlações que podem gerar valor para o negócio? *Queries* em cima de um *data warehouse* gerado por transações obtidas pelo ERP são relativamente bem estruturadas e dentro de um domínio de conhecimento bem restrito. Mas, quando se coleta dados de diversas fontes, criar estas *queries* requer muito mais conhecimento e elaboração por parte dos usuários. É aí que entra o *data scientist*, um profissional multidisciplinar, com *skills* em ciência da computação, matemática, estatística e, claro, conhecimentos do negócio onde está inserido. Esta fase também demanda investimentos em pesquisas de novas formas de visualização, que ajudem a melhor interpretar os dados. Gráficos e planilhas tradicionais não são mais suficientes.

E um desafio que precisa ser bastante debatido é a questão da privacidade. Muitos setores de negócios são altamente regulados como saúde e o financeiro, por exemplo. Claro que a possibilidade de integrar dados das mais diversas fontes sobre um determinado indivíduo ou empresa é sempre uma fonte de preocupações. Deixamos nossa pegada digital a todo momento, seja usando o *internet banking*, comprando pela internet, acessando um buscador, tuitando, comentando alguma coisa no Facebook, usando o smartphone, ativando serviços de localização... Aglutinar todas estas informações permite a uma empresa ou governo ter uma visão bem abrangente daquela pessoa e de seus hábitos e costumes. Onde esteve a cada dia e o que viu na internet. Se tem alguma doença ou se tem propensão a sofrer de uma. Esta questão nos leva a outro ponto extremamente importante: garantir a segurança deste imenso volume de dados.

Estamos definitivamente entrando na era do Big Data. Talvez não tenhamos nos conscientizado disso e nem mesmo parado para pensar no potencial que volumes abissais de dados podem nos mostrar, se devidamente analisados e interpretados. Por outro lado, existem muitos desafios, com novas tecnologias, novos processos e novas capacitações.

O que devemos fazer para os próximos 100 dias a respeito disso?

1	Identificar potenciais fontes de dados estruturados e não estruturados. Existem milhões de dados que a empresa não sabe de que dispõe. Estão em seus sistemas corporativos, em sistemas departamentais, nos e-mails e mesmo fora dos muros da organização, em comentários nas mídias sociais.

2	Identificar *gaps* nas capacitações necessárias para efetuar análise de dados. Novas oportunidades de emprego estão surgindo para profissionais de TI na área de Big Data. Um novo cargo – cientista de dados – é um bom exemplo. Ele normalmente tem formação em ciência da computação e matemática, bem como possui as habilidades analíticas necessárias para encontrar a providencial agulha no palheiro de dados recolhidos pela empresa. Inédita há poucos anos, a carreira de "cientista de dados" explodiu em popularidade como termo de pesquisa no Google, por exemplo. O número de buscas atingiu picos 20 vezes maiores do que o normal no último trimestre de 2011 e no primeiro trimestre de 2012. É o termo de busca mais popular entre as pesquisas por assuntos ligados a tecnologias de computação em cidades como São Francisco, Washington e Nova York.
3	Debater o uso do conceito de Big Data na empresa, identificando oportunidades de exploração do conceito e as vantagens competitivas advindas de sua adoção. Na verdade, praticamente todo ramo de conhecimento humano vai ser *data intensive*. Imaginemos ciência política, por exemplo. Com análise de centenas de milhões de dados gerados por *posts* em blogs, buscas por determinados assuntos, tuítes e comentários no Facebook, aliados a informações oficiais como *press releases* e artigos da mídia, podemos analisar tendências de disseminação de determinadas correntes políticas, antes mesmo que pesquisas como as feitas tradicionalmente pelos institutos de pesquisa as apontem. Com uso de ferramentas automatizadas e novas formas de visualização atuando em cima de volumes medidos em petabytes, provavelmente, não será mais necessário fazer-se pesquisas de campo como as feitas hoje.

Já existem casos bem interessantes de uso de Big Data, e identifica-se, neste oceano de dados, padrões de conexões e interdependências que não conseguíamos observar usando amostragens bem menores. Um deles é o Flu Trends do Google. Baseado na imensa quantidade de dados que obtém a cada minuto no seu buscador e que estão relacionados com as necessidades das pessoas, o Google desenvolveu um projeto em que, extrapolando-se a tendência de buscas, conseguiu identificar tendências de propagação de gripe antes dos números oficiais refletirem a situação. Este tipo de previsão também pode ser feito para inflação, taxa de desemprego, etc. Existem diversos outros exemplos reais de uso de Big Data como os que a Amazon e NetFlix fazem com seus sofisticados sistemas de recomendação. Sugiro o estudo do *case* da Intuit, empresa americana de *software* financeiro para pessoas físicas e pequenas empresas, que inclusive criou uma vice-presidência intitulada *Big Data, social design and marketing*. Instigante, não?

Vamos analisar outro exemplo, de um setor que você, leitor, tem em mãos agora, que é o de livros, seja em papel ou eletrônico. Antes das tecnologias digitais permitirem a criação de *e-books*, *e-readers* e tablets nem as editoras nem os autores sabiam o que realmente acontecia quando o leitor sentava para ler um livro. Desiste depois de ler apenas algumas páginas? Ou lê o livro de uma só vez? A maioria pula a introdução ou gosta de ler este trecho? Anotam frases e lembretes nas margens e sublinham parágrafos de interesse?

O *e-book* mudou o cenário. A leitura não é mais solitária. O livro digital anota o que é lido, o que é sublinhado e assim por diante, transformando a atividade de leitura em algo mensurável. Com os livros digitais, é possível saber quanto o leitor avançou em sua leitura e quanto tempo dedica à ela.

O setor editorial pode ter um mundo de informações que antes não tinha acesso. Por exemplo, analisando dados gerados pelo seu leitor digital Nook, a Barnes & Nobles já descobriu que, se o livro é de não ficção, a leitura tende a ser mais intermitente e que um romance costuma ser lido de uma só vez. Assim, ao descobrir também que o leitor nem sempre chegava ao fim de longas obras de não ficção, a Barnes & Nobles criou a coleção Nook Snaps, com obras curtas sobre temas variados.

A Amazon tem uma vantagem no setor, pois é ao mesmo tempo varejista e editora. As lojas virtuais de livros armazenam informações sobre o cliente: que livros ele comprou, o que ele gosta, e pode inclusive fazer sugestões de livros baseadas nos seus hábitos de compra. Mas adicionalmente, ao comprar o leitor digital Kindle, o usuário assina um termo que autoriza a empresa a armazenar dados gerados pelo aparelho, incluindo a última página lida, além de seus marcadores, observações e anotações. Com isso, a Amazon consegue saber que trechos de livros digitais são mais populares e exibe parte desta informação em seu site.

Em termos estratégicos, é importante considerar que os mundos dos dados estruturados (geralmente oriundos dos sistemas tradicionais como os de gestão empresarial) e o mundo dos dados não estruturados (oriundos de fontes como sensores e mídias sociais) estão convergindo. Para explorar este potencial, é necessário dispor de pessoal capacitado em análise de dados (cientistas de dados) e tecnologia que permita garimpar, visualizar e relacionar fatos nesta imensa montanha de informações. Mas os benefícios serão obtidos em sua plenitude com uma estratégia adequada de mineração e exploração de dados. Talvez seja aconselhável pensar na adoção de uma posição executiva para desenhar e conduzir esta estratégia, como a do CDO (*Chief Data Officer*). O papel de um CDO é ser o responsável por gerir os dados da empresa, através de um método baseado em valor para o negócio. O seu papel é olhar para as necessidades que a empresa tem em desenvolver novos produtos, serviços e ofertas, e quais são os insumos (no caso, os dados) que precisam estar disponíveis para que isto ocorra. Esta função não é da área de TI, pois exige um foco bem definido para analisar e tratar do ciclo de vida do dado na empresa. O CDO é um prestador de serviços para todas as áreas de negócio, como vendas, marketing, produtos e operações, e deve estar sempre atento como ele ou ela pode estar um passo adiante das necessidades destas áreas.

Enfim, na minha opinião, creio que Big Data está hoje onde a internet estava em 1995, ou seja, quando começou a onda da Web e as primeiras iniciativas de comércio eletrônico surgiram. Portanto, acredito que apenas em torno de 2020 teremos uma ideia bem mais precisa do que as novas oportunidades de compreensão do mundo geradas pelo Big Data provocarão nas empresas e na própria sociedade. Os primeiros passos devem ser dados agora, sabendo-se dos riscos, mas também dos grandes prêmios do pioneirismo para as empresas que começarem na frente. Teremos tempos excitantes no futuro!

Um outro ponto fundamental é a crescente evolução do que chamamos de negócios sociais, ou *social business*, em que o papel das mídias sociais torna-se preponderante. Estamos cada vez mais conectados e compartilhamos nossos desejos e anseios com as pessoas de nossas redes de conhecimento. Estas redes nos influenciam quando compramos algo. E também nós a influenciamos quando opinamos sobre um produto ou serviço.

O fenômeno das mídias sociais não está apenas criando um novo canal de comunicação e colaboração com os clientes, fornecedores e mesmo funcionários, mas está mudando de forma significativa a maneira de nos comunicarmos. Nos próximos anos, as empresas estarão se comunicando com seus clientes não somente por e-mail ou telefone, mas prinicipalmente pelas mídias sociais. É difícil conviver com a velocidade em que as mudanças acontecem (vale ressaltar que o criador do que conhecemos hoje como a Web, Tim Berners-Lee, apresentou sua proposta a seu chefe, no laboratório do CERN, em Zurique, na Suíça em 1989, e o primeiro site surgiu já em 1991[6]). Esta velocidade é acelerada pela entrada da geração digital nas empresas e no mercado de consumo. Tais pessoas são *early adopters* por natureza. Entram no mundo on-line cada vez mais cedo, utilizam a internet como laboratório social no seu dia a dia e esperam usá-la também no trabalho.

O que vemos é um processo de mudanças em todos os aspectos da nossa sociedade. Uma nova família, um novo ambiente de trabalho, onde todos nós seremos, ao mesmo tempo, consumidores e/ou produtores de conteúdo.

Há poucos anos, a IBM, através do seu Institute for Business Value, publicou um estudo muito interessante, *Leadership in a distributed world: lessons from online gaming*[7], que mostra que as mudanças nas corporações têm demandado uma nova geração de líderes. Os ambientes econômicos e empresariais estão cada vez mais dinâmicos, com mudanças significativas ocorrendo de forma muito rápida. Uma grande preocupação é se os modelos de formação de liderança gerenciais que temos ainda são ou serão adequados a essas transformações.

O que estes relatórios mostram é que muitas lições de liderança podem ser aprendidas a partir do mundo da colaboração e dos negócios sociais, exemplificados pelos games. Os estudos identificaram a existência de correlações entre o mundo dos games e os desafios do mundo corporativo globalizado. O professor Byron Reeves, da Stanford University, um dos responsáveis pelo estudo, disse em uma ocasião que se

---

[6] WIKIPEDIA. World Wide Web. Disponível em: <http://en.wikipedia.org/wiki/World_Wide_Web>. Acesso em: 20/12/2013.

[7] IBM. Leadership in a distributed world: lessons from online gaming. Diponível em: <http://www.ibm.com/ibm/gio/media/pdf/ibm_gio_ibv_gaming_and_leadership.pdf>. Acesso em: 20 dez. 2013.

você quiser ter uma ideia de como será a liderança empresarial dentro de alguns anos, basta olhar para o que está acontecendo em jogos on-line colaborativos.

O que isso significa? Que devemos pensar um pouco "fora da caixa". Quem sabe nossos futuros líderes gerenciais estão sendo formados neste exato momento, quando passam horas e horas jogando colaborativamente pela internet? Será que estão perdendo tempo ou estão, sem saber, liderando uma revolução no aprendizado?

O fato é que com mais de um bilhão de pessoas em redes sociais como o Facebook, 20% da população mundial, a computação social está em uma fase de rápido amadurecimento. Qual é o seu apelo? As mídias sociais satisfazem duas necessidades básicas do ser humano: conhecer gente nova e fortalecer relacionamentos já existentes. Por exemplo, plataformas de namoro pagos, que em 2010 faturaram um total acumulado de 1 bilhão de dólares unindo estranhos, já são responsáveis, nos EUA, por um em cada seis novos casamentos[8].

Os líderes das empresas devem imediatamente incorporar capacidades de *software* social em seus sistemas corporativos. É muito importante salientar que uma empresa social não é apenas uma empresa que tem uma página no Facebook e uma conta no Twitter. Uma empresa social é aquela que abraça e cultiva um espírito de colaboração e comunidade ao longo da sua organização interna e externa. Empresas que se dão bem nas mídias sociais não se limitam a vender coisas. O que elas fazem é socializar pessoas, ou seja, ajudam os seus clientes a se conectarem uns com os outros. As pesquisas já demonstram que as empresas que fracassam nessa adaptação são as que simplesmente importaram sua estratégia comercial para as plata-

---

[8] HARVARD BUSINESS REVIEW. Especial Tecnologia: estratégias sociais que funcionam. Disponível em: <http://www.hbrbr.com.br/materia/estrategias-sociais-que-funcionam>. Acesso em: 20 dez. 2013.

formas de mídias sociais, difundindo mensagens publicitárias ou buscando *feedback* de seus clientes. O público rejeita estas iniciativas, pois o seu principal objetivo em participar de redes sociais é travar contatos com outras pessoas e não com empresas impessoais. Por outro lado, as que conseguiram sucesso foram as que compreenderam que criaram mecanismos para ajudar as pessoas a criarem ou fortalecerem relacionamentos.

Estratégias digitais	Estratégias sociais
Difundem mensagens comerciais e buscam *feedback* de seus clientes para facilitar o marketing e vender bens e serviços.	Ajudam as pessoas a melhorar relacionamentos já existentes ou estabelecer novos contatos se prestarem algum serviço gratuito para a empresa.

Com esse cenário de negócios em que o cliente social é o novo condutor, as empresas estão implantando e usando novas ferramentas sociais em um ritmo crescente. Novas capacidades de colaboração em massa estão irreversivelmente redefinindo o que significa ser uma organização altamente produtiva. Portanto, não temos mais o que esperar. Blogs e mídias sociais dão aos executivos oportunidades inestimáveis para construir relacionamentos, melhorar as operações da empresa, aprender com outros líderes de pensamento e tornarem-se profissionais melhores. Como as coisas mudam muito rápido, com novos canais surgindo a cada semana, é absolutamente essencial não ficar fora deste movimento. Entretanto, para atuar com sucesso nas mídias sociais, pense primeiro em como abordar as necessidades sociais de seus clientes que ainda não estejam satisfeitos e só então vincule as soluções de negócio.

Os brasileiros são atuantes nesse setor. Dados[9] de meados de 2013 apontam que, no Brasil, são mais de 64 milhões de usuários no Facebook. Ou seja, os brasileiros são o segundo povo que mais utiliza essa rede social.

Como transformar toda esta teoria em prática? O que devemos fazer nos próximos 100 dias?

1	Torne-se você mesmo um membro ativo das principais redes sociais como Facebook, Twitter e LinkedIn. É necessário entender a mecânica das mídias sociais. Uma recente pesquisa mostrou que apenas 10% dos executivos da lista das 250 maiores empresas listadas pela Fortune usam mídias sociais. Uma tecnologia capaz de modificar o jogo e a norma de comunicações para as massas está sendo delegada a funcionários juniores. Os executivos não podem ignorar este fenômeno e o primeiro passo é eles mesmos usarem esse mecanismo. Crie contas nas redes sociais, acompanhe pessoas proeminentes e estabeleça relacionamentos com elas.
2	Discuta com seus executivos o papel das mídias sociais e como elas poderão afetar seu negócio nos próximos anos, se já não está afetando hoje. O tempo das questões "o que é isso" ou "o que isto tem a ver conosco" já passou. Agora a pergunta-chave é "como podemos utilizar essa ferramenta para impulsionar a inovação e quebrar as barreiras dentro da nossa organização?" Quando você entra em uma rede social, você precisa ter claramente uma definição de por que está entrando.

---

[9] OLHAR DIGITAL. Disponível em: <http://olhardigital.uol.com.br/jovem/redes_sociais/noticias/brasil-e-pais-que-mais-acrescenta-usuarios-ao-facebook>. Acesso em: 25 mai. 2013.

3	Analise as melhores práticas de uso de mídias sociais por outras empresas, principalmente de setores distintos da sua. Lembre-se de que, de maneira geral, as empresas estão acostumadas a ajudar seus clientes a satisfazerem suas necessidades econômicas e materais, e não sociais. Criar planos sociais vai exigir mudanças fundamentais no modo de como a empresa formula sua estratégia. Portanto, não fique preso ao seu setor de negócios, pois talvez as empresas desse ramo ou similares à sua não estejam fazendo o dever de casa corretamente.
4	Defina um colaborador preparado que vai liderar os esforços de adoção e disseminação das mídias socias na sua empresa. Não deixe esse setor em mãos de funcionários juniores. As mídias sociais são realidade, queiramos ou não. Para melhor maximizar seu potencial, faça que funcionários e executivos experientes se envolvam com elas, de forma inteligente, a fim de minimizar os riscos e obter maiores benefícios.
5	Faça um diagnóstico do que já acontece em relação ao uso de mídias socias na sua empresa. Existe a possibilidade de sua empresa já trabalhar com essas ferramentas, embora ainda de maneira desconectada e sem uma estratégia definida. Integre as ações e crie uma imagem única da empresa. Considere transparência como norma corporativa.
6	Desenhe um projeto-piloto que sirva de referência e ajude a criar novas maneiras de se pensar. O pensar social é diferente do pensar comercial. Eventualmente, com o sucesso das iniciativas, pense em criar uma unidade de estratégia social, reportando-se diretamente ao diretor de marketing, sendo este novo setor o encarregado de criar e testar continuamente novas estratégias sociais.

Vamos ver um *case* de sucesso de como as mídias sociais podem transformar um negócio. A grande base de usuários intensivos favoreceu a transformação do que era um site de comércio eletrônico na rede social Fashion.me, com mais de um milhão de usuários ativos. Criado em 2008 por Flávio Pripas e Renato Steinberg como uma mera opção de negócios para suas esposas, o site rapidamente deixou de ser um *hobby* para se transfomar em um bom negócio[10]. Em fins de 2011, o site recebeu aporte do fundo de investimento Intel Capital, que permitiu a sua expansão internacional. Interessante que começaram com um investimento inicial de apenas 30 reais por mês para hospedar o site. Pelo feito, eles foram citados na lista dos 100 empresários mais criativos do mundo, da revista americana *Fast Company*, edição de 2012, na 54ª colocação. Em entrevista[11], um dos sócios afirma que a falta de redes sociais de nicho foi o que impulsionou o crescimento da empresa. "Elas permitem um aprofundamento de temas que o Facebook e o Twitter, por exemplo, não permitem. Neste segmento, só temos o LinkedIn, para o ambiente corporativo."

Segundo Pripas, é justamente nas redes sociais de nicho que estão as melhores oportunidades de negócios na área. "O Facebook está muito consolidado e não deve perder espaço nos próximos cinco anos, pelo menos. Se alguém pensar em algo específico, tem mais chance de sucesso", diz.

Todo este contexto leva a uma demanda crescente no uso de recursos computacionais. Por outro lado, a própria imprevisibilidade da demanda nos obriga a repensar o mo-

---

[10] VALOR ECONÔMICO. Quatro brasileiros aparecem em lista dos mais inovadores do mundo. Disponível em: <http://www.valor.com.br/carreira/2690902/quatro-brasileiros-aparecem-em-lista-dos-mais-inovadores-do-mundo>. Acesso em: 20 dez. 2013.

[11] UOL NOTÍCIAS ECONOMIA. Com R$ 30, brasileiros criam rede social de moda e entram no rol dos mais criativos. Disponível em: <http://economia.uol.com.br/ultimas-noticias/redacao/2012/06/04/com-r-30-brasileiros-criam-rede-social-de-moda-e-entram-no-rol-dos--mais-criativos.jhtm>. Acesso em: 20 dez. 2013.

delo de investir intensamente em capacidade computacional, para deixá-la de reserva para os momentos de alta utilização. No movimento em direção a mudar o modelo tradicional de aquisição e uso de recursos computacionais, a Computação em Nuvem se faz importante.

Uma recente pesquisa[12] efetuada pela IBM com mais de 1 500 CEOs de todo o mundo revelou um fato preocupante. Oitenta porcento deles achavam que o ambiente a sua volta ficaria muito mais complexo nos anos seguintes e menos da metade dos entrevistados considerava que sua empresa estava preparada para lidar com esta mudança. Infelizmente, a infraestrutura tecnológica em muitas destas empresas aumentava o tamanho do desafio, porque, na prática, devido a sua complexidade, estes ambientes tecnológicos tolhem a capacidade das empresas de detectarem mudanças e reagirem com rapidez. Pesquisas mostram que, em média, apenas 11% do orçamento de TI de uma empresa é gasto no desenvolvimento de novos aplicativos. O resto vai para a manutenção e infraestrutura.

A Computação em Nuvem rompe radicalmente com este *status quo*. Hoje, a maioria das empresas compra *software* e *hardware* e mantém isso *on-premise* ou *in loco*, ou seja, nas suas próprias instalações, em *data centers* próprios. Na verdade, a Computação em Nuvem será um divisor de águas. Uma mudança profunda e permamente no modo como se produz e se consome capacidade computacional.

Claro que toda mudança traz incertezas e ceticismos, principalmente entre os profissionais de tecnologia com profundo domínio da computação *on-premise*, que mantém demasiado apego ao modelo que conhecem e se sentem na "zona de conforto". Neste sentido, recomendo que a estratégia de Computação em Nuvem não fique a cargo exclusivo da

---

[12] IBM. Capitalizing on complexity. Disponível em: <http://www-935.ibm.com/services/us/ceo/ceostudy2010/index.html>. Acesso em: 20 dez. 2013.

área de TI. Os executivos de negócio e o CEO devem assumir papéis importantes neste processo. O que vemos é que muitas das críticas à Computação em Nuvem são infundadas e exageradas e usadas como desculpas para não se investigar o potencial da tecnologia. Na minha opinião, um gestor de TI que não mostre entusiasmo pela Computação em Nuvem é algo tão alarmante quanto teria sido, um século atrás, um gerente de fábrica desinteressado pela eletricidade.

Um exemplo? As objeções típicas quanto ao custo, segurança e confiabilidade não se sustentam, pois os mesmos temores valem para o modelo atual, *on-premise*. É um grande erro evitar a Computação em Nuvem.

Vamos analisar algumas destas objeções. Primeiro o custo. O ceticismo afirma que Computação em Nuvem não necessariamente traz economia em gastos. Mas o foco nisto é equivocado. A maioria das empresas não gasta cifras astronômicas em TI, de modo que até uma mudança significativa no orçamento desse setor não vai fazer grande diferença no resultado final da empresa. O balanço não será significativamente afetado. Na média, os custos ligados a TI nas grandes empresas não chegam a 3% das suas receitas. Assim, diferenças de 20% a 30% não são significativas. Além disso, a matemática de montar e manter uma infraestrutura de TI, com o tempo, favorece a Computação em Nuvem. Por adquirirem quantidades imensas de equipamentos, os provedores de soluções em nuvem conseguem preços melhores. Também, pelo fato de estarem comprando equipamentos todo o tempo, tiram proveito da contínua queda nos preços previstos pela Lei de Moore. Juntos, estes fatores vão reduzir sem parar os custos da Computação em Nuvem e os preços cobrados dos clientes. Como exemplo, a Amazon baixou seus preços dez vezes nos últimos três anos.

A confiabilidade é outro contra-argumento usado pelos críticos. Afirmam que a nuvem não é tão confiável quanto uma infraestrutura bem administrada pela própria empresa. Houve casos em que nuvens públicas saíram do ar. Isso aconteceu com a nuvem da Amazon, mas um de seus clientes, a Netflix, continuou operando. Por quê? A Netflix criou redundância para poder continuar processando mesmo no caso de panes no serviço da nuvem. O que vemos é que nenhum *data center* é 100% confiável. Mesmo os dos grandes bancos e empresas de cartão de crédito sofrem paralisações. Na prática, embora sofra muita publicidade negativa, a nuvem se mostra tão ou mais confiável que a imensa maioria dos *data centers* das empresas. O Gmail, serviço do Google, teve disponibilidade de 99,984% em 2010. Ou seja, ficou fora do ar apenas sete minutos por mês. Uma pesquisa feita pela empresa americana Radicati Group calculou que o serviço seja 32 vezes mais confiável que a média dos sistemas de e-mail das empresas[13].

Segurança é outro fator constantemente citado. Um professor de direito de Harvard, Jonathan Zittrain, disse recentemente: "Antes o bandido normalmente precisava se apossar do computador de alguém para descobrir seus segredos. Hoje, na nuvem, basta uma senha[14]". É verdade, mas isso serve para toda rede informatizada, em nuvem ou não. Geralmente, como toda novidade, falhas de segurança na nuvem viram manchetes. Claro que não existe computador 100% seguro. O único jeito de não correr riscos com computadores é não ter um. Como isso é impossível no mundo cada

---

[13] THE RADICATI GROUP. Disponível em: <http://www.radicati.com/>. Acesso em: 20 dez. 2013.

[14] VEJA.COM. Computação sem fronteiras: a "nuvem" é um espaço de processamento e armazenamento de dados que não depende de nenhuma máquina específica para existir. Ela vai mudar a economia e o cotidiano – e permitir que qualquer objeto esteja ligado à internet. Disponível em: <http://veja.abril.com.br/120809/computacao-sem-fronteiras-p-062.shtml>. Acesso em: 20 dez. 2013.

vez mais digital, as empresas têm que constantemente criar e refinar seus procedimentos e tecnologias de segurança. Os provedores de nuvem dispõem de muita tecnologia e *expertise* em segurança, pois isto é fundamental para sua sobrevivência empresarial. E à medida que a Computação em Nuvem se dissemina, estas tecnologias evoluirão mais e mais. Na minha opinião, em breve, o quesito segurança será um dos que fará a empresa optar pela nuvem, pois ela tenderá a ser mais segura que os *data centers* internos.

A regulamentação é outro fator que geralmente é levantado pelos céticos quanto à Computação em Nuvem. Existem sim, é verdade, restrições e aparatos regulatórios que atrapalham a Computação em Nuvem. Por exemplo, a União Europeia proíbe que dados de seus cidadãos sejam transferidos para países fora do bloco sem prévio consentimento e autorização. Qual a implicação disto?

Não adotar a Computação em Nuvem gera um risco significativo. Se seus concorrentes começarem a ganhar vantagens simplesmente por mudar a infraestrutura para Cloud e se livrarem das amarras que os impedem de serem mais ágeis? E se conseguissem benefícios que não são óbvios à primeira vista? Um traço comum nas grandes mudanças tecnológicas é que a totalidade de seus efeitos não é visível no início. Por exemplo, nos primórdios da eletrificação das fábricas seria impensável que cada máquina ali dentro um dia teria um motor separado. Os motores eram enormes. Mas isso acabou acontecendo.

Para evitar este erro, é essencial que os executivos de negócios e o CEO se envolvam, pois os gestores e funcionários de TI tendem a ser mais relutantes, já que a Computação em Nuvem os tira de sua "zona de conforto". Além disso, a maioria dos setores de TI está sobrecarregada com atividades de manutenção, e assim sobra pouco espaço para se estudar e criar coisas novas.

Quando escrevi meu livro sobre Cloud Computing[15], em 2009, o assunto ainda era curiosidade. A pergunta mais ouvida era "o que é Cloud Computing?" Hoje muita coisa mudou. Os questionamentos se deslocaram de vou ou não para Cloud, para quando e em que ritmo devo adotar Cloud.

A Computação em Nuvem, nos próximos anos, provocará tantos efeitos na sociedade quanto o *e-business*. Hoje, convivemos naturalmente com o comércio eletrônico e *internet banking* que, aliás, estão caminhando rápido para se tornarem *Mobile banking*.

Um estudo interessante da Bain & Company[16] mostrou que há um ponto de inflexão econômica quando as vendas na internet alcançam 15% das vendas totais de uma determinada categoria. A partir disso, é grande a possibilidade de fechamento de lojas físicas e falência de marcas. Um exemplo é a Blockbuster, que fechou quando as vendas de vídeo on-line alcançaram 17% do mercado. O estudo mostrou que o varejo on-line canibaliza vendas nas lojas físicas no Brasil, uma vez que esses tipos de venda crescem 24,4% ao ano, enquanto nas lojas físicas o crescimento é de 11,8% ao ano. As lojas físicas vão acabar? Não, pois sempre (pelo menos no futuro previsível) teremos consumidores comprando pessoalmente, mas essas mudanças são uma ameaça a quem não investir pesado na internet. Por exemplo, a Amazon destina 5% do seu faturamento para P&D, e o eBay investe 10% da sua receita no desenvolvimento de novos produtos on-line. Na prática, se o consumidor quiser comprar pela internet, ele o fará. Enfim, se o varejo tradicional bobear, pode quebrar, mesmo se for uma rede imensa. A Blockbuster era um negócio bilionário.

Cloud Computing pode ser uma arma poderosa para prover a transformação em TI. A Computação em Nuvem

---

[15] TAURION, Cézar. *Cloud computing*: computação em nuvem. São Paulo: Brasport, 2009.
[16] BAIN & COMPANY. Disponível em: <http://www.bain.com/>. Acesso em: 20 dez. 2013.

O impacto das tecnologias nas diferentes esferas da vida humana **313**

tem se disseminado de forma bastante rápida. Uma pesquisa[17] que li recentemente, efetuada em conjunto pela IBM e pela Economist Intelligence Unit (EIU) comprovou este fato. A pesquisa, efetuada com quase 600 executivos de TI e de linhas de negócio, mostrou que hoje 72% das empresas do universo pesquisado já usam em maior ou menor grau a Computação em Nuvem e que, em três anos, este número subirá para 90%. Mas o mais importante é que o nível de "uso substancial" passará dos atuais 13% para 41%. É um crescimento significativo. Uma outra pesquisa divulgada pela *CIO Magazine* em 2011 já apontava que metade dos CIOs entrevistados estava adotando a mesma estratégia do governo norte-americano de "Cloud First". Esta política diz que o uso de Cloud é prioridade em qualquer novo desenvolvimento.

Entretanto, embora a maioria das empresas ainda veja a Computação em Nuvem como forma de melhorar a eficiência de sua infraestrutura, não a estão reconhecendo como força alavancadora para a própria transformação de TI.

Mas, felizmente, a pesquisa da EIU mostrou que isso está mudando aos poucos, afinal muitas empresas entendem que, estrategicamente, Cloud terá um papel essencial. Por exemplo, 57% disseram que, em três anos, essa ferramenta será fundamental para conseguir vantagem competitiva através da integração vertical em sua cadeia de valor; 56%, que usariam Cloud para alavancar novos canais e novos mercados; e 54%, para abrir novas fontes de receita. Além disso, 35% informaram que, também em três anos, estarão usando Cloud como plataforma para criar novos modelos de negócio.

O ambiente corporativo, portanto, já olha a Computação em Nuvem por outra ótica. As mudanças que este modelo

---

[17] IBM. The power of Cloud: driving business model innovation. Disponível em: < http://www-935.ibm.com/services/us/gbs/thoughtleadership/ibv-power-of-cloud.html>. Acesso em: 20 dez. 2013.

embute em seu bojo têm afetado de forma significativa a maneira de como adquirimos e usamos recursos computacionais, mudando as relações entre fornecedores de serviços e produtos de tecnologia e seus clientes. Diversos setores, além da própria indústria de TI serão obrigados a redesenhar seus modelos de negócio. Exemplos? O modelo de negócio do *outsourcing* tradicional se transformará de forma radical. Empresas de serviço desenvolverão negócios voltados à integração entre nuvens e a maioria dos produtores de *software*, até por questões de sobrevivência, adotarão este mesmo modelo. Novos ecossistemas em torno de serviços e produtos de Cloud serão criados. Esta mudança já é visível quando analisamos pesquisas como a efetuada pela Saugatuck Technology[18] que, ao perguntar aos CIOs quais serão as modalidades preferidas para aquisição de *software* para os próximos anos, mostrou que para 2014, a soma das alternativas exclusivamente em Cloud e pelo modelo híbrido Cloud + *on-premise* ficam com 60%. Adquirir exclusivamente pelo modelo tradicional, de vendas de licença, *on-premise*, ficou com apenas 40%. É, indiscutivelmente, um movimento irreversível.

Por outro lado, a TI está na encruzilhada da decisão: com Cloud poderá criar soluções a custos bem menores e velocidades bem maiores que no modelo atual. De outro ponto de vista, seu papel passa a ser mais de um *broker*, buscando e intermediando soluções onde quer que elas se encontrem, na nuvem interna (privada) ou em nuvens externas. Olhando o exemplo do varejo tradicional: se a TI de uma empresa bobear, corre o risco de desaparecer.

Aí entra a questão correta: não posso lutar contra Cloud, mas como explorar a Computação em Nuvem da melhor forma possível? Bem, o papel de *broker* fará que a TI seja também

---

[18] SAUGATUCK TECHNOLOGY. Disponível em: <http://saugatucktechnology.com/>. Acesso em: 20 dez. 2013.

ela mesma um *cloud provider*, nem que seja apenas para seus clientes internos. Não é simples. Tem que ser mais ágil e menos custosa que atualmente. Os *benchmarks,* que serão usados para avaliar a TI interna, serão como os provedores de nuvens e não como empresas do mesmo setor ou do mesmo porte, como hoje. Um exemplo interessante foi o projeto de avaliação de sua TI, feita pela Bechtel em 2008, quando ela se comparou aos provedores de nuvem. A Bechtel pensou o seguinte: "Se pudéssemos começar do zero, como criaríamos nossa área de TI hoje?" E o que fizeram? Não foram se comparar a outras grandes organizações similares, mas ao YouTube, Amazon, Google e outras empresas que usam TI de forma inovadora. Para o seu CIO, a comparação com seus pares não os levariam a lugar nenhum. Como ele disse em entrevista[19], "Nós precisamos sair do mundo onde desenvolvíamos aplicativos para a intranet, para desenvolvermos para a internet".

Além disso, como não será capaz de deter a entrada de novas aplicações que operam em nuvens públicas, a área de TI terá que revisar e desenvolver métodos e processos, e adotar novas tecnologias que garantam não apenas segurança, mas interoperabilidade entre as diversas nuvens que constituirão o futuro portfólio de infraestrutura da TI das empresas.

Obviamente que a migração não pode e nem deve ser feita no estilo "Big Bang". Existem muitas barreiras em relação à cultura da organização, seu nível de maturidade de TI e mesmo em relação à abrangência do seu portfólio legado. As estratégias de cada empresa vão variar, mas me parece bem lógico que um modelo de nuvem bastante comum será o que chamamos de nuvens híbridas, com parte das aplicações rodando em nuvens privadas e parte em nuvens públicas. A

---

[19] CIO. The Google-ization of Bechtel: how the construction giant is transforming its IT operations to emulate Internet leaders and embrace SAAS. Disponível em: <http://www.cio.com/article/457473/The_Google_ization_of_Bechtel>. Acesso em: 20 dez. 2013.

construção de aplicativos *multi-tenancy*, explorando o paralelismo implícito em nuvens, provavelmente virá com o amadurecimento do conceito dentro da própria área de TI. No início, veremos o simples deslocamento de aplicações *on-premise* para rodar em ambientes virtualizados. Lembrando que virtualização é apenas o primeiro estágio para a "cloudificação". Aliás, nunca é demais repetir que a fórmula da Computação em Nuvem é virtualização + padronização + automatização + *self-service*.

O ritmo e abrangência da adoção de Cloud também varia de empresa para empresa. As empresas da economia criativa, onde praticamente tudo é *software*, já começaram na nuvem. Exemplos? Foursquare, LinkedIn, Peixe Urbano, Zynga, Netflix e outras que não usam *data centers* próprios, apenas nuvens públicas. A criação de um novo negócio em ambiente de nuvem é muito mais simples e barato que antes. O artigo "Why software is eating the world[20]", escrito por Marc Andreesen, o criador do Netscape e hoje investidor, publicado no *The Wall Street Journal* exemplifica claramente um *case* onde ele diz que, em torno do ano 2000, operar um empreendimento na internet custava cerca de 150 mil dólares por mês, enquanto hoje, em nuvens públicas o custo caiu para 1 500 dólares/mês. A possibilidade de criarmos, com o uso de Computação em Nuvem, *start ups* de forma mais barata e rápida abre um novo campo para empreendedorismo.

Aliás, o *software* está se tornando a maior vantagem competitiva das empresas. Continuamente vemos setores tradicionais do mundo físico sofrendo disrupção devido ao *software*. E inovação em *software* demanda rapidez de desenvolvimento, porque a janela de oportunidade se fecha muito

---

[20] THE WALL STREET JOURNAL. Why software is eating the world. Disponível em: <http://online.wsj.com/news/articles/SB10001424053111903480904576512250915629460>. Acesso em: 20 dez. 2013.

rapidamente. Para atender a esta velocidade precisamos de um ambiente flexível e ágil como o que a Computação em Nuvem oferece.

As empresas mais convencionais vão migrar aos poucos, mas qualquer que seja o setor de indústria, estarão usando nuvens nos próximos anos. Algumas mais concentradas em nuvens privadas, como bancos, e outras mais voltadas A nuvens públicas, como pequenas e médias empresas.

O que poderíamos fazer se os recursos computacionais a nosso dispor fossem ilimitados? O que poderíamos fazer se pudéssemos, de forma rápida e barata, desenvolver novos produtos e serviços? Se pudéssemos sair do modelo de provisionar recursos computacionais para testar um aplicativo que demora semanas, para 20 minutos? Se o tempo para a instalação de um sistema operacional caísse de um dia para meia hora? Se o desenho e entrega de uma aplicação despencasse de uma espera de meses para poucos dias?

Vejamos um exemplo interessante. A empresa CycleComputing[21] conseguiu criar um supercomputador virtual, de 50 mil cores (ou processadores), que na prática tornou-se o 42° na lista na lista dos Top500 supercomputadores por três dias, o suficiente para efetuar uma pesquisa sobre composição de drogas médicas, a um custo de 15 mil dólares. Depois da pesquisa, o supercomputador virtual desvaneceu-se.

Pelo modelo tradicional, a empresa teria que adquirir, instalar e operar um supercomputador por vários milhões de dólares e, provavelmente, mantê-lo grande parte do tempo ocioso. Este é um exemplo de se colocar um supercomputador, no caso, virtual, nas mãos de praticamente qualquer empresa, qualquer que seja seu tamanho e *budget*.

---

[21] CYCLE COMPUTING. Disponível em: <http://www.cyclecomputing.com/news/news/234-cycle-computing-ramps-global-50000-core-cluster-for-schrodinger-molecular-research>. Acesso em: 24 mai. 2013.

Outros exemplos interessantes são a Netflix, que consegue suportar variações críticas de demanda computacional simplesmente alocando mais servidores virtuais, sem manter seu próprio *data center*. Ou uma pequena empresa de comércio eletrônico, a Etsy, que consegue rodar uma aplicação analítica que analisa um bilhão de *page views* gerados mensalmente nas visitas ao seu site, em uma nuvem de servidores virtuais, conseguindo com isso o que antes apenas empresas varejistas de grande porte conseguiam com seus próprios servidores. Ou seja, a Etsy cria um Big Data sem *big servers*!

Existem três arquétipos ou modelos de empresas, de acordo com o grau de impacto da Computação em Nuvem nos seus negócios. O primeiro modelo são as empresas otimizadoras, que usam Cloud para incrementar suas proposições de valor para seus clientes, buscando melhoria nas suas operações, mas sem efetuar mudanças significativas em seus modelos de negócio. Um segundo modelo são as empresas inovadoras, que usam Cloud para mudar seu posicionamemto na cadeia de valor de seu setor, criando, inclusive, novas e inovadoras fontes de receita. E temos também as empresas disruptoras, que criam verdadeiras transformações no seu setor, criando novas e inovadoras cadeias de valor. Cada modelo apresenta variados graus de oportunidades, mas também variados graus de risco. Uma empresa disruptora pode conseguir uma vantagem única criando e assumindo a liderança de um novo mercado, mas corre o risco de entrar em um modelo de negócio não provado e eventualmente malsucedido.

Portanto, com Cloud Computing sendo visto como arma estratégica e não apenas como uma alternativa de se melhorar a eficiência de TI, pode-se transformar a própria TI do seu limitado papel de provedora de suporte à participante ativa do negócio.

Bem, para isso é necessário que os gestores desse setor e executivos de negócio assumam em conjunto a estratégia de TI (Cloud não deve ser exclusividade de TI, pois é muito mais que infraestrutura tecnológica), com metas e objetivos de negócio a serem alcançados a curto e médio prazo. O que os executivos devem fazer? Perguntar a si próprios: onde nossa empresa quer estar daqui a três ou cinco anos?

E enfim: o que devemos fazer nos próximos 100 dias?

1	Criar um plano que defina como a Computação em Nuvem poderá afetar seu negócio, ao liberar investimentos e talentos de funções que não agregam valor, como instalar e manter sistemas operacionais de servidores. Isto serve tanto para empresas que irão ser usuárias da Computação em Nuvem como para as que podem identificar neste cenário oportunidades de novos negócios, por exemplo, as de telecomunicação, começando a se posicionar no Brasil para explorar a Computação em Nuvem, geralmente contemplando a entrega de infraestrutura pelo modelo de serviço (Iaas).
2	Fazer um diagnóstico do que pode ou não ser migrado para a Computação en Nuvem hoje e nos próximos dois ou três anos. Identifique restrições e zonas nebulosas. Em certos países, leis e normas proíbem armazenamento de dados em nuvens. Envolva o jurídico e a análise de riscos, desde o início, para que eles ajudem a identificar eventuais restrições.
3	Analisar como oferecer os serviços de Computação em Nuvem, ou seja, o que pode ser colocado em nuvem pública e o que deve ficar em nuvem privada. Valide o *gap* tecnológico e o de capacitação para que estas ações aconteçam.

4	Comece experimentos com SaaS. Já há uma boa variedade de programas que rodam em SaaS, como aplicativos de colaboração e produtividade. Escolha um ou dois e faça o teste. Um experimento é diferente de um projeto-piloto, pois quando bem projetado tem grupos de controle (partes da empresa que não receberam o *software* na nuvem) e coleta de dados (na comparação com o grupo de controle, o custo total de suporte de TI caiu? A satisfação do pessoal subiu? Os resultados da empresa melhoraram?). Os resultados do experimento vão determinar o ritmo da disseminação da Computação em Nuvem.
5	Leve seu próximo projeto de desenvolvimento para a nuvem. Se ainda estiver comprando servidores e *softwares*, pare, pense e pergunte a razão. Por que não substituir esta compra por serviços na nuvem? Quanto mais cedo entrar na Computação em Nuvem, melhor.

Vamos fazer um exercício de futurologia. Imaginemos o final desta década. Na minha opinião, não estaremos mais falando em Cloud Computing, mas apenas em *computing*, pois Cloud será o nosso modelo mental de pensarmos e usarmos TI. Além disso, muitos dos profissionais que construíram o modelo cliente-servidor, dominante hoje, estarão se aposentando e os novos profissionais que estarão assumindo posições de gestão já terão convivido muitos anos com Cloud, em casa e no trabalho. Será natural para eles usarem Cloud como seu modelo natural de TI. Portanto, Cloud Computing não deve ser vista como uma iniciativa de simples cunho tecnológico, de melhoria de infraestrutura, mas deve estar subordinada a uma visão maior, estratégica, de reposicionamento da própria empresa no mercado.

Nos próximos anos, veremos uma verdadeira explosão de objetos inteligentes conectados. Serão milhões e milhões de sensores, câmeras e atuadores, fazendo que tenhamos uma internet com mais coisas que pessoas conectadas. Esta Internet das Coisas nos permitirá compreender melhor os complexos sistemas que compõem nossa sociedade e nosso planeta.

Porém, por outro lado, abre novas brechas no quesito segurança. Cada um destes sensores pode ser, potencialmente, um ponto de vulnerabilidade onde um código mal-intencionado pode ser inserido, afetando a segurança dos sistemas.

Mas tudo isso também proporciona novos desafios e riscos. Com um mundo cada vez mais interconectado, um vírus de *software* pode afetar a operação de redes integradas de energia elétrica e causar *blackouts* que afetem a empresa e a economia de um país. Já se começou a falar em guerra cibernética[22], quando a primeira destas "guerras" aconteceu na Estônia em 2007, momento em que a internet do país foi derrubada, depois que um monumento a soldados soviéticos da Segunda Guerra Mundial foi transferido do centro da capital, Tallinn, para um cemitério. Sites de órgãos do governo, bancos e jornais foram atacados e saíram temporariamente do ar.

Mais recentemente, um "verme" chamado de Stuxnet atacou usinas nucleares no Irã[23]. Sua ação foi devastadora. Infectou mais de 30 mil computadores e deixou a usina de Bushehr inoperante por várias semanas. Na prática, o Stuxnet representou uma quebra de paradigmas, pois abriu uma nova classe de *softwares malware*, os que atacam sistemas de controle industrial.

Não está claro se o Stuxnet é um exemplar de uma nova arma da chamada *cyberwarfare* (guerra cibernética). Mas é indiscutível que este sofisticado *software* teve por trás muitos recur-

---

[22] WIKIPEDIA. 2007 cyberattacks on Estonia. Disponível em: <http://en.wikipedia.org/wiki/2007_cyberattacks_on_Estonia>. Acesso em: 20 dez. 2013.
[23] WIKIPEDIA. Stuxnet. Disponível em: <http://en.wikipedia.org/wiki/Stuxnet>. Acesso em: 20 dez. 2013.

sos financeiros. Acredito que estamos prestes a ver mais e mais ataques deste tipo, acionados por *crackers* apoiados por governos ou organizações terroristas. Ainda estamos longe de uma verdadeira guerra cibernética, em que todos os sistemas de um país (energia, comunicações, transporte, financeiro, etc.) poderão ser derrubados, mas existem elementos críticos que podem ser atacados e, uma vez derrubados, afetarão a economia e o bem-estar dos cidadãos. Por exemplo, uma rede elétrica inteligente (*smart grid*) usa chips em todos os seus pontos, da usina aos medidores inteligentes nas residências e edifícios. Todos estes pontos precisam ser mantidos de forma segura, pois um ataque à rede elétrica pode simplesmente paralisar todo um país.

De maneira geral, podemos imaginar um cenário onde os ataques poderão ocorrer tanto nos limites das redes, nos sensores (que podem assumir múltiplas formas como medidores de temperatura ou vibração no solo a câmeras de segurança), como nos servidores que coletam e analisam as informações geradas por este sensores. Do lado dos servidores, já temos muita coisa em termos de segurança. Afinal, há dezenas de anos que estas máquinas estão por aí e diversos *softwares* e processos de segurança já foram criados para garantir níveis de segurança adequados. Por outro lado, os sensores e outros dispositivos nas extremidades das redes tendem a ser os elos mais fracos da cadeia. É necessário colocar mecanismos de segurança que indiquem que os sensores estejam funcionando adequadamente e que não estejam contaminados por algum vírus. Além disso, em um mundo cada vez mais móvel, com smartphones e tablets se multiplicando a cada minuto, mais pontos de acesso, nem sempre seguros, são inseridos nas redes de informação das empresas.

Os equipamentos nas pontas, como sensores e outros dispositivos, estavam anteriormente desconectados das redes das empresas. Funcionavam de forma isolada, mas agora, cada vez

O impacto das tecnologias nas diferentes esferas da vida humana **323**

mais conectados, precisam ser monitorados de perto. Por serem considerados "atípicos", não são gerenciados por TI, mas pelas próprias áreas usuárias, que, de maneira geral, não implementam políticas e mecanismos de segurança e controle adequados.

Este é um espaço em que as áreas de segurança e de TI das empresas devem começar a olhar com atenção. Na verdade, cada vez mais os sensores se parecem com os sistemas que a área de TI está acostumada a usar. Anteriormente, podiam se escudar atrás de sistemas proprietários fechados e desconhecidos, mas agora começam a usar mais intensamente sistemas operacionais como Linux ou Windows e podem se integrar aos sistemas das empresas pela internet. Não é impossível imaginar um futuro onde cada sensor terá seu próprio endereço eletrônico e, portanto, podendo ser diretamente acessível. Se deixados desprotegidos, podem ser um ponto de ataque que chegará ao coração dos sistemas da corporação.

O que podemos fazer? Não podendo mais proteger os sistemas industriais da forma tradicional, isolando-os da rede, escudados por sistemas e protocolos proprietários e fechados, temos que começar a olhar para estes sistemas, que compõem o universo que chamamos de tecnologia operacional, de forma mais abrangente. Embora muitos sensores sejam altamente especializados e nem todos possam ser acessados por redes de comunicação (muitos são conectados via interfaces seriais dos proprietários), parte significativa deles já pode e está sendo conectada aos sistemas de informação. Além disso, muitos equipamentos são entregues como *appliances*. Neste caso, o único a fazer um *upgrade* ou inserir um código que corrija um problema de segurança é o próprio fornecedor da tecnologia. Muitas vezes estes fornecedores não atualizam os equipamentos com os novos códigos de segurança que cobrem vulnerabilidades. O Stuxnet, por exemplo, utilizou-se de brechas de vulnerabilidade no Windows que já haviam sido detectadas e corrigidas, mas não tinham sido aplicadas no *appliance* que operava o sistema de controle da usina.

A área de TI já está acostumada a lidar com fornecedores de *hardware* e *software* e, portanto, deve também se envolver na gestão do ciclo de vida destes equipamentos.

Na verdade, as políticas de gestão de rede e segurança da informação criadas para os sistemas de TI devem ser ampliadas para abranger os sensores (tecnologia operacional) que começam a se conectar às redes da empresa. Pouco a pouco, damos os primeiros passos na integração entre a TI (tecnologia da informação) e a TO (tecnologia operacional). E abre-se um novo desafio para os profissionais de segurança de sistemas e redes, que agora devem também interagir com os sistemas da tecnologia operacional.

O que devemos fazer nos próximos 100 dias?

1	Identificar os sistemas mais críticos em termos de vulnerabilidade a ciberataques.
2	Identificar sistemas não tradicionais, que usem sensores ou explorem recursos de mobilidade e que estejam conectados à rede corporativa e avalie sua vulnerabilidade quanto a ciberataques.
3	Auditar os processos e métodos de segurança.
4	Discutir com os demais executivos as preocupações com segurança e estabelecer uma estratégia, inclusive considerando a criação de um cargo CSO.

Como vemos, as tecnologias e a área de TI têm um papel fundamental em sua empresa. Mas como você está avaliando o setor de TI? Ele está preparado para atender a este novo cenário?

Um desafio que os gestores das empresas enfrentam é como adotar novas tecnologias e conseguir resultados significativos. Implementar uma nova tecnologia, desconectada dos desafios e visões estratégicas, bem como das mudanças que podem provocar nas políticas, processos e mesmo cultura das organizações, não traz resultados positivos e deixa os CEOs na defensiva. Por que investir nesta ou naquela tecnologia? Os CEOs, muitas vezes por questões de barreira de linguagem com seus CIOs, não conseguem captar as disrupções que determinadas tecnologias como Cloud, Big Data ou mobilidade trazem em seu bojo e as encaram de forma tática e não estratégica.

E aí surge um ponto que me deixa intrigado. Uma pesquisa do Gartner em 2012 (CEO concerns and the IT implications) revelou que os maiores "conselheiros confiáveis" dos CEOs são os CFOs, geralmente avessos a inovações. Os CIOs aparecem muito longe no ranking destes "conselheiros confiáveis".

Além disso, para os CEOs do universo pesquisado, os CIOs não estão entre os líderes de inovação nas suas empresas. Na frente deles estão os próprios CEOs, os executivos seniores, os gestores das BU (*Business Units*) e outros executivos. Os CIOs aparecem na oitava posição. Pior ainda, quando perguntados como veem os seus atuais CIOs no futuro, apenas 1 em 200 CEOs acredita que eles possam eventualmente serem seus sucessores, ou seja, os novos CEOs. Há ainda o fato de que 40% dos CEOs veem que no futuro os seus CIOs serão CIOs em outra organização no mesmo mercado e quase 16% os veem ainda como CIOs, mas em outro mercado. Apenas 18% enxergam o CIO como um futuro líder de alguma área de negócio na sua empresa. Estas respostas expõem um fato preocupante: o CIO pode ir para um concorrente sem fazer maior diferença para o negócio!

Esta questão deve ser intensamente analisada. É uma visão errada dos CEOs, ou os próprios CIOs é que não estão conseguindo mostrar que fazem diferença nas suas empresas? Para ajudar no debate, há um ponto importante. Das empresas pesquisadas, apenas 38% posicionam a área de TI ligada ao CEO. A maioria coloca TI debaixo do CFO ou do COO. Ora, sob o CFO, o papel básico de TI é operacional, de gerar informações para a operação diária do negócio, com ênfase em informações financeiras. As prioridades são controle de custos e a área é vista como operacional e não estratégica. Sob o COO, o quadro não é muito diferente. É uma área de suporte e não estratégica. Interessante que a maioria dos CEOs entrevistados não reclama do alinhamento de TI com o negócio, mas entende que TI apenas cumpre adequadamente o papel de estar alinhado com o dia a dia da empresa, não criando novas oportunidades ou liderando processos de inovação. Portanto, buscar alinhar TI com o negócio é mera obrigação. Se ainda não estiver alinhado é que algo muito errado está ocorrendo. Afinal, uma empresa é como um organismo. Você não alinha seu fígado com o restante do seu corpo? Se ele não estiver pefeitamente alinhado, em sintonia com os demais órgãos, algo não vai bem.

Por que isto acontece? Na minha opinião, muitos CIOs tem uma formação eminentemente técnica, com conhecimento limitado do negócio em si. A própria formação dos cursos de tecnologia se concentra na qualificação técnica e deixa de lado aspectos fundamentais, como desenvolvimento comportamental ou fundamentos de gestão estratégica. Uma nova tecnologia que pode criar uma disrupção demanda a criação de um plano de negócios e esta é uma das disciplinas que passa longe das ementas dos cursos de TI. O resultado é que muitos CIOs se dedicam pouco a compreensão mais ampla das origens dos problemas e se dedicam a resolver os conflitos operacionais do cotidiano à medida em que eles aparecem. Não vão na raíz do impasse e portanto não sugerem formas inovadoras de resolvê-los.

O que o CIO deve fazer? Obviamente que não existe uma resposta única. Se a empresa em que ele atua compete por custos, como em uma indústria de margens baixas, intensiva em ativos e/ou de produtos altamente comoditizados, é claro que o objetivo principal do CEO é manter os custos no patamar mais baixo possível. Como a TI pode ser inovadora em uma indústria deste tipo, geralmente avessa a riscos? Tornando-se muito mais eficiente, posicionando-se como uma "empresa" provedora de serviços de alta qualidade e baixos custos. Podemos olhar como alternativa viável o uso da computação em nuvem.

Já para empresas mais afeitas a riscos, em setores mais competitivos em que a inovação é fundamental, a TI pode se posicionar como uma unidade de negócio, colaborando para gerar receitas com novos serviços e produtos. Nesta posição, o CIO tem papel estratégico, e o sucesso da área de TI é medido pelo resultado do negócio e não apenas por custos. O CIO torna-se um "CEO", ou seja, um executivo que lidera uma unidade de negócio com metas e objetivos de receita muito claros. TI passa a ser integrado ao negócio tão profundamente quanto o financeiro. O CIO passa a ser um *"trusted advisor"* e a sigla se transforma em Chief Innovation Officer.

Fica então a questão: qual será o papel de TI e do CIO no próximos anos? Não me parece que em 10 anos a área de TI será igual a que vemos hoje. Tecnologias e conceitos disruptores como Cloud Computing, Big Data, mobilidade, BYOD, *Social Business* e Internet das Coisas são movimentos poderosos demais para serem barrados nas portas das empresas e das áreas de TI. Vão mudar as empresas, vão mudar o papel de TI e vão mudar o papel do CIO. Para o CIO e os profissionais de TI de uma forma geral, estas mudanças implicam que o setor se tornará parte inseparável das atividades do negócio. A área de TI deve ser percebida como orquestradora das soluções e não refém delas. A empresa espera que a TI oriente e colabore no processo de desenhar, buscar, implementar e melhorar as soluções tecnológicas que farão diferença nos negócios das empresas, e tal área deve entender e explicar como as inovadoras soluções tecnológicas se encaixam nos novos e desafiadores requerimentos dos negócios. Para isso, muitos fatores precisam de atenção especial. No Brasil, hoje temos carência de gente qualificada, e há chances da empresa perder seus bons profissionais para outras propostas melhores do mercado. Este antigo problema no país (falha na formação de profissionais e pouca preocupação dos indivíduos com sua própria formação) está cobrando um preço alto nesse momento de crescimento da economia. Se de um lado as soluções que os negócios demandam estão se tornando mais complexas e sofisticadas, de outro não há muita gente preparada para lidar com estas soluções. Esta combinação pode provocar o alongamento dos prazos para os projetos e provavelmente uma resposta aquém das expectativas em relação aos benefícios e às tranformações esperadas pelos gestores das empresas.

Por sua vez, para os gestores e executivos que não estão em TI, de forma geral, deverão ter atenção para melhor entender a tecnologia e seus impactos nas empresas. Ler, estudar, participar de eventos e ampliar sua intimidade com a tecnologia são fundamentais. A tecnologia é parte integrante do futuro dos negócios e das suas atividades profissionais.

E o primeiro passo para chegarmos a este futuro temos que dar agora. De preferência nos próximos 100 dias.

Epílogo

Onde está a saída?
Quem tem a saída?

Claro que fazer previsões é sempre arriscado. Circulam algumas frases emblemáticas a respeito disso, como a atribuída ao prêmio Nobel de Física, Niels Bohr, que teria dito: "Predição é algo muito difícil, especialmente acerca do futuro[1]". E certas previsões acabam incorretas, como: "Quando a exposição de Paris se encerrar, ninguém mais ouvirá falar em luz elétrica[2]" e "A televisão não dará certo. As pessoas terão de ficar olhando sua tela, e a família americana média não tem tempo para isso[3]." Mesmo especialistas em suas próprias áreas subestimam o que acontece bem próximo deles, como em 1927, quando Harry Warner, um dos fundadores da Warner Brothers, teria dito sobre os primeiros filmes falados que surgiram: "Quem se interessaria em ouvir os atores falar[4]?"

Por que estas coisas são ditas por pessoas nada ignorantes, como cientistas e profissionais bem preparados? A questão

---

[1] KDFRASES. Disponível em: <http://kdfrases.com/frase/162070>. Acesso em: 20 dez. 2013.
[2] Erasmus Wilson, Universidade de Oxford, 1879.
[3] *The New York Times*, 18 de abril de 1939, na apresentação do protótipo de um aparelho de TV.
[4] HUMOR NA CIÊNCIA. Disponível em: <http://www.humornaciencia.com.br/miscelanea/equiv.htm>. Acesso em: 20 dez. 2013.

é que eles partem de pressupostos errados. Lembro aqui uma historinha interessante. Em 1886, Gottlieb Daimler tinha acabado de desatrelar os cavalos de uma carruagem e instalar um motor atrás dela. Criou o primeiro automóvel (ou carruagem sem cavalos). A empresa dele se juntou à de Karl Benz e, no começo da década de 1900, tentaram prever o tamanho do mercado mundial para estes então fumacentos e barulhentos veículos. Depois de uma análise cuidadosa, previram que no próximo século haveria em torno de um milhão de carros em uso no mundo inteiro. Mas, esta previsão, audaciosa para a época, se mostrou totalmente equivocada. Em 2000, havia mais de 600 milhões de carros no mundo! Era uma previsão de longo prazo, sujeita a intempéries, porém, mesmo assim, erraram por um fator de mil. Por quê? A suposição que usaram estava errada. Eles previram que em 100 anos a população mundial de motoristas profissionais seria de cerca de um milhão e esta seria a limitação ao crescimento no uso das carruagens sem cavalo. O pressuposto era que todo carro precisaria de um motorista profissional, como na época.

Sendo assim, quero dizer que, no livro, não fiz previsões. Apenas destaquei fatos e ações que já estão acontecendo, embora muitos sejam vistos de forma dissociada. O que fiz foi simplesmente associá-los e mostrar que todos fazem parte de um movimento, de uma evolução tecnológica que tem o potencial de mudar toda nossa sociedade.

O polêmico jornalista americano Nicholas Carr pergunta *"Is Google making us stupid?"* (em português: "O Google está nos tornando estúpidos?") e responde afirmativamente. A sua argumentação é baseada na observação que as facilidades de pesquisar na internet (via Google e outros sites de busca) faz que as pessoas não se concentrem, navegando e pulando superficialmente de site para site. Não concordo com ele. Na minha opinião, quando tínhamos pouca informação disponível (apenas poucos livros e artigos impressos), nos aprofundávamos nestas leituras, até por falta de opção. Hoje a disponibilidade de informações sobre qualquer tema é estonteante (e sempre crescente), e o que fazemos é navegar por este oceano de informações, selecionando onde queremos nos aprofundar. Para mim, estamos adotando, de forma complementar, dois processos mentais, a navegação superficial para obtermos uma *overview* do que existe e um mergulho mais fundo, quando identificamos as fontes que nos interessam. Usando o Google, podemos nos concentrar em coisas mais importantes e sermos mais criativos, deixando para ele a função de buscar detalhes que antes precisávamos decorar.

Além disso, o Google e outros mecanismos de busca nos dão oportunidade de encontrar qualquer informação que desejemos, estejamos vivendo nos EUA, no Brasil ou no Cazaquistão. Basta ter acesso à internet. Na prática, ele quebra a hegemonia de domínio de conhecimento, permitindo que qualquer pessoa possa ter, em potencial, acesso a qualquer informação.

Talvez já estejamos vivendo uma época onde o alfabetizado será aquele que sabe ler, escrever, contar e pesquisar na Web. Estamos mudando o conceito de inteligência. Meus avós tinham que fazer contas de cabeça, pois não tinham calculadoras à disposição. E hoje, pelo fato de não precisarmos mais fazer contas de cabeça, será que somos menos inteligentes que eles? Ou a tecnologia não estará mudando nossa maneira de usarmos nossos cérebros?

Outro ponto bastante debatido tem sido o impacto da internet na linguagem. A internet está melhorando ou piorando nosso uso da linguagem? Na minha opinião, ela está transformando-a. Aliás, a linguagem escrita e falada está sempre em mutação. Basta ver os textos originais do português da época dos descobrimentos e compará-los com o que falamos e escrevemos hoje. É uma outra língua! Com certeza já vemos mudanças na escrita do textos. Na prática, vemos que uma série de mudanças na forma de escrever textos continua em curso. Eles estão cada vez mais simbólicos e concisos, criando uma nova linguagem que pode parecer até incompreensível para quem não esteja acostumado com ela. O Twitter, por exemplo, nos leva a sermos mais concisos, assertivos, intensos e telegráficos.

A geração digital está exposta hoje a um volume de informações inimaginável para a geração imediatamente anterior. E além do mais, gera conteúdo e não apenas o consome. Basta ver que a maioria dos sites mais populares tem seus conteúdos gerados por nós mesmos, como o Facebook, Twitter, YouTube e Wikipédia. Ora, na prática, se somarmos o conteúdo gerado diariamente por sites, blogs, tuítes, etc., veremos muito mais escrita sendo criada hoje que há dez anos. Apenas está em forma diferente. Aliás, com tanta informação disponível, falta atenção e saber o que se deve ler. Ter um milhão de opiniões não é melhor que não ter uma opinião. Provavelmente esta overdose de informações nos levará a buscar soluções tecnológicas de curadoria, que nos ajudem a analisar este imenso volume de informações e facilitem nossa percepção e compreensão.

A própria privacidade começa a ser revista. Troca-se privacidade pela praticidade, oferecida pelas novas tecnologias. Novos aplicativos disponíveis nos smartphones, como o Placeme, cruzam os registros detalhados de suas andanças diárias com outras informações, obtendo todas as informações de onde você esteve e a que horas, de forma automática. Os usuários têm a possibilidade de fazer buscas em sua própria história de vida, extraindo de seus dados históricos correlações que podem tornar seu dia a dia melhor. O aplicativo passa a conhecer a rotina do usuário, por quais ruas dirige, restaurantes onde costuma comer e lojas onde faz as compras e com estas informações o ajuda a fugir de congestionamentos, prevê quando faltará gasolina no seu carro e assim por diante. Isto é uma mudança significativa no conceito de privacidade. O número de usuários do aplicativo cresce exponencialmente, com as pessoas considerando que a privacidade é menos importante que os benefícios que um sistema deste tipo poderá trazer.

Também me chama atenção as discussões sobre o futuro da internet. Será possível mesmo prever este futuro? Há dez anos, ninguém previu um Twitter. Em 1995, podíamos pensar em um Facebook ou num iPhone?

Estamos, hoje, cercados de tecnologia e nem sempre percebemos. Assim que acordamos, entramos no banheiro para tomarmos um banho quente. Tecnologia saindo do chuveiro! Se fizermos a barba com o tradicional aparelho ou com um sofisticado barbeador, lá está a tecnologia. Ao tomarmos o nosso café da manhã, o leite, a manteiga, o pão, o queijo, as frutas... Todos, enfim, são frutos da tecnologia agropecuária.

Durante o percurso de casa para o trabalho já começamos a trabalhar ao falar com um gerente ou diretor pelo celular, via viva-voz. O GPS não deixa, ou pelo menos tenta, não deixar você ficar tão engarrafado e dá alternativas menos estressantes. E tome tecnologia! Chegamos à empresa. Tomamos o elevador, entramos em nossa sala de trabalho, ligamos o computador! Talvez fosse mais prático e mais rápido perguntarmos onde *não* está a tecnologia.

Outro dia recebi um e-mail muito interessante de um desenvolvedor, que, recém-formado, se questionava sobre a que tecnologias ele deveria se dedicar nos próximos anos. Debatemos o assunto pelo Skype, e creio que um pequeno resumo do debate pode ser de interesse para outros desenvolvedores que estejam diante da mesma dúvida: como será o futuro do desenvolvedor?

Bem, minha bola de cristal dá "tela azul" toda vez que tento fazer previsões, mas podemos discutir alguns cenários que já estão claramente delineados. Os desenvolvedores estão às voltas com uma verdadeira convergência tecnológica, que requer novas habilidades para o desenvolvimento de aplicações inovadoras. As empresas esperam que sejam desenvolvidas novas aplicações para novos dispositivos, para resolver novos tipos de problemas.

O desafio das empresas e de seus desenvolvedores é criar estas novas aplicações ao mesmo tempo que mantêm as atuais funcionando sem interrupções. Em muitas organizações, isso significa manter antigos programas COBOL e escrever aplicações PHP ou Ruby simultaneamente.

As aplicações que farão diferença em um mercado altamente competitivo criam grandes oportunidades, mas ao mesmo tempo, geram novos desafios. Desenvolver uma aplicação usando interfaces *touch screen* ou de reconhecimento de voz, que interaja com tecnologias de mídia social como Facebook ou Twitter demanda *skills*, métodos e processos diferentes. Por exemplo, a computação social demanda *skills* sociológicos e antropológicos para criar novos processos que atendam à demanda das interações sociais que os usuários desejam. Não espero que os desenvolvedores estudem a fundo antropologia, mas as equipes de desenvolvimento deverão ter uma multidisciplinaridade de *skills* que trabalharão em conjunto. Assim, métodos e práticas de desenvolvimento colaborativo serão fundamentais para a criação destas novas aplicações.

Também é desafiadora a criação de aplicativos que interajam com tecnologias de Big Data, e juntando com mobilidade e *social business* teremos aplicações *socialytics* (*social business + business analytics*) sendo acessadas por dispositivos móveis como smartphones e tablets.

A Internet das Coisas também abre novas frentes. Estamos falando de aparelhos como eletrodomésticos, automóveis, ativos das empresas (edifícios inteligentes, por exemplo) e a infraestrutura das cidades conectados à internet e interagindo entre si e com os aplicativos corporativos. Quando adicionamos inteligência (leia-se *software*) aos objetos, e eles começam a interagir e negociar entre si, isso nos abre inúmeras oportunidades de novos negócios. Claro que as empresas vão olhar esta possibilidade de obter vantagens competitivas com atenção. Um exemplo é a criação de uma logística muito mais inteligente do que a que a maioria das empresas tem hoje. Imaginem uma *"self-controlled logistics"*!

Este cenário leva a uma outra discussão: até que pontos os métodos ágeis de desenvolvimento de aplicações substituirão ou complementarão os métodos de desenvolvimento mais tradicionais? Parece-me que os métodos ágeis estarão mais próximos da velocidade de resposta que os negócios demandam dos desenvolvedores. Além disso, está claro que os desenvolvedores nunca terão todas as respostas para as inúmeras demandas dos seus usuários. Aí é que entra o conceito das aplicações *mashup*. Os usuários passarão a também desenvolver pequenas aplicações em cima das APIs geradas pelos desenvolvedores. Veremos os desenvolvedores-cidadãos! E isso tende a se acelerar à medida que a geração digital se insere no mercado de trabalho. Eles entram nas empresas já com vários anos de prática na criação de apps para smartphones e tablets (são verdadeiros app *entrepreneurs*) e vão querer usar seus *skills* para desenvolver apps para interagir com as aplicações corporativas.

Na minha opinião, as aplicações serão cada vez mais heterogêneas em tecnologias, misturando diversas linguagens no mesmo sistema. Vale ressaltar que as novas funcionalidades deverão ser incorporadas de um dia para o outro.

Mas não estamos falando aqui das oportunidades de trabalho apenas. Nosso objetivo vai muito além disto. Estamos debatendo até onde já foi e até onde irá o impacto da Tecnologia da Informação nas empresas, na vida de cada um de nós, e o que precisamos fazer para que isso tudo também não fique "engarrafado" em nosso cotidiano. Corremos o risco de ficarmos olhando pela janela e ver tantas ferramentas disponíveis e não poder fazer uso delas por falta de sintonia entre as imensas possibilidades que elas nos oferecem.

O desafio de introduzir novas tecnologias e conceitos é grande e muitas reações contrárias surgem. Um exemplo são as barreiras culturais. Muitas empresas ainda adotam um modelo hierárquico, típico da sociedade industrial, baseado na estrutura de comando e controle. As decisões e direcionamentos são basicamente *top-down* e nem sempre privilegiam a colaboração *cross-organizational*. Além disso, não existe muito encorajamento para que os funcionários se comuniquem entre departamentos, e, assim, eles não se sentem participantes dos processos decisórios. É um verdadeiro campo minado para um projeto de mídias sociais, que entre outras coisas privilegia colaboração por toda a organização e quebra as barreiras hierárquicas. O que fazer? Desistir? Não, mas devemos seguir em frente e olhar este cenário de forma pragmática.

Podemos descartar duas alternativas. Uma é achar que a implementação de *softwares* para computação social vai, por si, mudar a cultura da empresa. Não vai. Lembro que há mais de 30 anos li um livro de Alvin Toffler, *Choque do futuro*, em que ele propunha o fim da burocracia nas empresas. Agora é que suas ideias estão sendo adotadas, mas a burocracia ainda continua forte na grande maioria das organizações. Resumo da ópera: a cultura organizacional não muda facilmente. É um processo lento e gradual. Um projeto de computação social não tem força suficiente para mudar a cultura. Portanto, esta alternativa deve ser esquecida.

Ok, a outra alternativa a ser descartada é desistir e ignorar o fenômeno das redes sociais e esquecer a introdução da computação social na empresa. Entretanto, os funcionários, queira ou não a organização, vão estar conectados, mesmo que fora da empresa. Mesmo que a empresa proíba seu uso nos PCs e laptops oficiais, eles se conectarão via iPhones ou tablets.

Os novos funcionários, da geração digital, vão entrar nas empresas já acostumados a usar estas tecnologias no seu dia a dia. Para eles, não existe muita diferença entre o uso pessoal ou profissional das redes sociais. São os seus meios preferidos de comunicação. Como ignorar então as mídias sociais? Lembram-se de meados dos anos 1990, quando os debates eram se as empresas deviam permitir ou não o uso da internet pelos funcionários? Logo se descobriu que as vantagens eram muito maiores que os eventuais receios de perda de produtividade e hoje a internet é livre na imensa maioria das empresas.

Minha sugestão então é adaptar a tecnologia para que a cultura da empresa seja considerada e absorvida no projeto de implementação. Por exemplo, uma cultura fortemente hierárquica demanda considerável necessidade de controle, e, portanto, devem ser implementados mecanismos que permitam algum grau de controle na rede social da empresa. Mas é importante lembrar que os controles não devem ser extremos e rígidos, caso contrário a rede social não será motivada a se expandir e se disseminar pela empresa. O foco não deve ser controle pelo controle, limitando a criatividade e a inovação, mas sim criar uma atmosfera saudável que incentive o uso racional e inteligente das redes sociais.

Além disso, as empresas não são um bloco monolítico e homogêneo. Elas são constituídas de pessoas, com ideias e percepções diferentes e, assim, muitas vezes, departamentos têm ações e atitudes muito mais inovadores que outros. Foi assim no início da microinformática, quando alguns setores das empresas agiam como *early adopters* e outros ficavam na defensiva, se recusando a adotar os PCs. O mesmo cenário se repete hoje quando se fala em computação social. Alguns gestores mais conservadores encaram as redes sociais como distração, algo a ser proibido na empresa, e outros a veem como acelerador de colaboração e inovação.

Portanto, lutar contra as mídias sociais é inútil. Ignorá-las também. Como os telefones e os PCs mudaram a nossa maneira de trabalhar (apesar de serem combatidos no início), devemos aceitar o fato de que estamos diante de novas mudanças e, assim, de forma pragmática, criar as novas regras do jogo.

Estamos às voltas com um novo ciclo de evolução tecnológica, onde a convergência de diversas tecnologias, como Internet das Coisas, mobilidade, *social business*, Cloud e outras, cria o fenômeno que podemos chamar de *smarter computing*. A história tem nos mostrado que, em termos de TIC, cada ciclo começa com uma fase de crescimento rápido, que geralmente dura de oito a dez anos, seguido por uma fase de absorção e digestão destas tecnologias, também de oito a dez anos. A tecnologia, por si, não muda os negócios, mas permite que processos sejam redesenhados e novos negócios sejam criados. Este impacto aparece de forma substancial na sociedade na fase de absorção da tecnologia. O ciclo total dura em média cerca de 20 anos.

Olhando para trás, vemos que estamos na quarta onda tecnológica. Dos anos 1960 a meados dos anos 1970 vimos a primeira onda, com computação centralizada, com os então conhecidos *mainframes*, cujo símbolo foi o IBM 360. Nesta fase, vimos o processo de automação dos processos de negócio. Surgiram sistemas transacionais como os sistemas de reserva de passagens aéreas, e os bancos começaram a se automatizar. Depois veio a segunda onda, quando surgiram os PCs, e entramos na fase da computação pessoal, que durou de fins dos anos 1970 ao início dos anos 1990. Uma série de inovações ocorreu, sendo que destacamos o próprio PC que surgiu em 1981 e o surgimento de empresas como a Microsoft e a Dell. Os PCs permitiam que os funcionários passassem a ter mais poder computacional e pudessem eles mesmos prepararem textos, planilhas e até rodarem suas próprias aplicações. A computação chegou também às casas. A computação pessoal mudou diversos processos de negócio e métodos de trabalho. Os executivos podiam eles mesmos preparar seus textos em vez de os ditar às suas secretárias. Acabou a datilografia.

Dos anos 1990 até aproximadamente 2008, vimos a terceira onda da evolução tecnológica, que foi baseada na internet. Vieram os sistemas de gestão empresarial, os conhecidos ERP, surgiram os *browsers* ou navegadores e apareceram o comércio eletrônico e o *internet banking*.

Estamos vendo claramente os sinais do que será a quarta onda. Acompanhamos a convergência tecnológica criar soluções inovadoras, mudar de forma radical os processos e até mesmo os modelos de negócio. Esta onda, *smarter computing*, nos abre oportunidades para resolver problemas complexos, como melhorar a gestão das redes elétricas e colocar em prática o conceito de cidades inteligentes. Esta nova onda converge a tecnologia da informação, criada e aperfeiçoada pelas ondas anteriores, com a instrumentação do mundo físico, proporcionada pela Internet das Coisas, ou seja, a tecnologia operacional. A junção desta com a tecnologia da informação cria a *smarter computing* permitindo que coloquemos inteligência no mundo físico. A evolução computacional é fantástica, e nos leva a repensar o mundo. Mas, para desfrutarmos de todas essas ferramentas que a Tecnologia da Informação nos oferece, temos de "começar pelo começo". Parece o óbvio. E é. Qual começo? A educação fundamental no Brasil está ultrapassada há décadas. Basta você tentar um diálogo mais profundo com algum estudante do ensino médio, que você ficará abismado com a falta de informações básicas sobre a história do país, a economia e as questões sociais. Qualquer estudante sabe escalar o time do Flamengo ou do Corínthians, mas é incapaz de dizer quem foi Cândido Portinari, Heitor Villa-Lobos ou Carlos Chagas. Uma vergonha nacional. O professor, pessimamente pago e desmotivado, não pode levar a culpa sozinho. A tragédia começa no governo federal, no Ministério da Educação, vai para os currículos escolares e desemboca nas salas de aula. O Brasil já é a sexta economia mundial, superando até mesmo o Reino Unido e, dentro de cinco anos, ultrapassaremos a França, segundo previsões de especialistas econômicos. Ainda assim, estamos distantes deles em ensino fundamental, apontando, assim, que algo está errado, desgovernado entre nós.

O grande desafio é: para onde estamos indo ou para onde devemos ir com as Tecnologias da Informação? Neste momento, caro leitor, milhares ou milhões de profissionais pelo mundo afora estão fazendo a mesma pergunta. Se você não buscar esta resposta, diariamente, incessantemente, correrá o risco de um dia acordar, acessar a internet e ver que os novos Bill Gates e Mark Zuckerbergs já surgiram, e você fará a mesma pergunta de sempre: "Por que eu não pensei nisso antes?" E será tarde demais.

Quem quiser descobrir soluções terá de transpirar muito, já que do céu, até hoje, só cai chuva. Ideias precisam ser fundamentadas e debatidas incansavelmente. Ora, Bill Gates também "ralou" muito até chegar ao topo do sucesso. Aliás, há cerca de cinco anos, ele deu uma palestra para estudantes do segundo grau numa escola americana e afirmou: "Meninos, acreditem, a vida é dura. Estudem, trabalhem[5]." Bem, se ele, que já era bilionário, afirmou tal coisa, dá para imaginar como a vida, de fato, não é fácil para ninguém.

Muitos países, principalmente europeus, já oferecem alternativas tecnológicas para amenizar ou dar mais conforto à

---

[5] CLASSICAL HOMESCHOOLING. Disponível em: <http://classicalhomeschooling.com/classical-homeschooling-third-issue/bill-gates-advice-to-students/>. Acesso em: 20 dez. 2013.

população. Na França, por exemplo, já existem pontos específicos onde ficam estacionados carros elétricos para alugar. O interessado desembarca do metrô ou sai de casa e já aluga o veículo. Ao chegar ao destino, comunica à empresa concessionária do serviço, paga a conta via cartão de crédito e segue sua rotina diária sem se preocupar onde parar o carro. E mais, não paga IPVA, não gasta com seguro, entre outras vantagens. Ao que parece, as grandes cidades deixarão de usar o carro que polui, que trava o trânsito, para utilizar alternativas ecologicamente corretas, que proporcionem, também, bem-estar a todos. Mas de onde virão tantas soluções para tantos problemas? Da Tecnologia da Informação, a maior ferramenta disponível neste momento ao alcance do homem.

Só para relembrar: quando a televisão chegou ao Brasil, em 1950, muitos especialistas decretaram a morte do rádio, já que a TV trazia a inacreditável imagem daquilo que antes apenas se podia ouvir. A previsão não se confirmou. Hoje, 60 anos depois, temos milhares de estações de rádio espalhadas pelo país, inclusive via internet. Como mencionei no decorrer do livro, a tecnologia não existe para acabar com o que já existe. Muitas vezes, ela chega para aprimorar, expandir, avançar, dar mais vantagens ao produto ou ao serviço existente. Veja que a televisão evoluiu daquele caixote imenso, com um tubo de imagem também imenso, para aparelhos sem botões e sem tubos, totalmente manipulados por controle remoto. Tecnologia de novo.

Não devemos ter horror às mudanças. Temos sempre que buscar melhorar através da inovação. "A persistência é o caminho do êxito[6]". A frase é de um dos maiores criadores de todos os tempos – Charles Chaplin, o homem que inventou o Carlitos, o extraordinário "palhaço" do cinema que fez (e faz

---

[6] QUEM DISSE. Disponível em: <http://www.quemdisse.com.br/frase.asp?frase=54746>. Acesso em: 20 dez. 2013.

até hoje) milhões de pessoas se divertirem ao redor do mundo com um incrível detalhe: na grande maioria de seus filmes, jamais falou uma palavra, ou seja, interpretava mudo! Mas ele acreditou na sua intuição. Saído da pobreza, ficou milionário e encantou o mundo. Foi, como ele mesmo disse, persistente. Um dia, já famoso, alguém perguntou ao ator de onde ele havia tirado a figura exótica do Carlitos – calças bufantes, sapatos rotos, uma bengala e um chapéu-coco! Resposta: "Tirei das ruas, do homem do povo, observando as pessoas..." Charles nada mais fez do que observar o que havia ao seu redor, como fizeram todos os grandes inventores. Como fez o gênio que inventou a roda! A partir daí, Charles Chaplin inseriu em sua arte as situações mais estapafúrdias e hilárias. Estava criado o eterno Carlitos, um marco insuperável do cinema mundial! A persistência venceu mais uma vez.

Ao contrário do que muitos afirmam, o mundo não está pronto e acabado. E jamais estará pronto. Afinal, quem pode afirmar como será o mundo daqui a 50 ou 100 anos? Que necessidades terá o homem do futuro? Talvez um Leonardo Da Vinci, o extraordinário homem da Renascença, que teve 23 profissões (escultor, pintor, matemático, anatomista, urbanista...), se vivo fosse, poderia prever, outra vez, cinco séculos à frente (já que ele desenhou o que viria a ser um helicóptero, um paraquedas, um navio, complexas engrenagens para máquinas industriais quase quatro séculos antes da invenção da máquina a vapor), ou o romancista francês Júlio Verne que, em 1863, escreveu o romance profético *Paris no século XX* onde previu imensos edifícios de vidro, espécies de ar-condicionado, de aparelhos de fax e até algo similar ao que hoje é a internet. Em 1865, escreveu *Viagem da Terra à Lua,* na qual imaginou detalhes que realmente aconteceram na primeira viagem dos astronautas ao nosso satélite, em 1969, cem anos depois. Ele previu o tamanho da cápsula espacial, a localização da plataforma de lançamento, na Flórida, não muito longe da plataforma usada, o número de astronautas na missão, o tempo de duração da viagem, a ausência de peso que os astronautas experimentariam e o pouso final no oceano. Apenas falhou ao dizer que o combustível seria pólvora. O combustível usado, o líquido, foi inventado cerca de 70 anos depois de o livro ser escrito.

Bom, mas gênios como eles não nascem todos os dias, nós teremos de usar nossos próprios recursos tecnológicos para solucionar nossos problemas que já estão diante de nossos olhos. Não nos basta já termos a internet, esta máquina extraordinária, e suas ferramentas ou mídias sociais, se não usarmos tudo isso para o benefício da sociedade. Além disso, deve-se ter em mente que a máquina jamais poderá escravizar o homem. Ao contrário, ela terá de estar sempre a serviço dele.

As três perguntas que a humanidade faz desde o tempo dos homens das cavernas – de onde viemos? Quem somos? E para onde vamos? –, continuam sem respostas, envoltas em mistério. Agora, temos mais algumas perguntas, menos espirituais ou filosóficas e mais diretas. E refaço a pergunta que havia feito há pouco: para onde estamos caminhando com tanta tecnologia? O que ela pode fazer para solucionar nossos graves problemas de trânsito e poluição nas grandes cidades? O Facebook, por exemplo, pode ser uma ferramenta para proporcionar debates, até mesmo de porte mundial, em busca de soluções? Em que o Twitter pode ajudar no combate à doenças? Ou essas extraordinárias ferramentas só estão sendo usadas para marcar um cinema com a namorada, comentar uma cena de filme ou o último capítulo da novela?

O mundo analógico, em muitos casos, vai virar sinônimo de *hobby*. Não deve estar longe o dia em que não mais se lerão os jornais impressos, mas apenas através de tablets ou outros dispositivos. Ouvir músicas em mídias físicas como CD ou vinil? Vinil é símbolo de *ultracool*. Fotos? Não serão impressas, mas estarão visíveis em mídias sociais. O papel fotográfico também está se tornando símbolo de *cool*, virando *hobby* para alguns. Em breve, será chique ler revistas e dispor de alguns livros em papel com capa dura para mostrar aos amigos. Serão peças de decoração.

Quem, enfim, terá a capacidade, a coragem para unir tecnologia e coragem em busca de soluções rápidas para problemas urgentes que já batem na porta de todos nós?

Felizmente, no Brasil, começamos ainda de forma incipiente a ver que ganhamos terreno no mapa global da inovação. Temos que encarar os problemas e desafios, como custos altos e a escassa oferta de mão de obra qualificada, que hoje nos tornam menos atraentes para o ambiente de pesquisas comparados aos oferecidos pela Índia e China. Esta carência implica que, muitas vezes, quando grandes grupos internacionais alocam suas verbas de pesquisa, preferem investir em outros países que não o nosso.

Mas sempre podemos inovar e pensar de forma diferente. Um simples estudo de tecnologias patenteadas no mercado internacional, mas que não estão protegidas no Brasil, podem ser usadas, de forma legal, para aprendermos como aplicar a tecnologia. É uma estratégia chamada "caronista" e foi empregada comumente em países que deram grandes saltos tecnológicos. Os EUA, por exemplo, utilizaram a falta de proteção de países europeus, como a Inglaterra, para avançar no século XVIII, editando livros sem pagar direitos autorais. No pós-guerra, foi o Japão que se valeu desta estratégia para reconstruir o país. A estruturação econômica da Coreia nos anos 1990 também foi baseada no uso de tecnologias não patenteadas no país. E recentemente, temos visto a China obter imensos avanços tecnológicos com tecnologias alheias.

Um exemplo? Na indústria aeroespacial, a Boeing, norte-americana, copiou o modelo industrial da Ford, colocando aviões em linha de montagem e com isso conquistou uma inovação que gerou reduções significativas no seu custo de produção. A Airbus, francesa, fez então a mesma coisa, pois a Boeing não registrou a patente. A ideia é analisar as patentes, entender quais as melhores e criar, a partir destas bases, suas próprias tecnologias. Não se trata de copiá-las de forma ilegal. Neste processo de aprendizagem é possível incrementar os produtos e registrar as adições inovadoras em patentes brasileiras. Na verdade, nós, brasileiros, somos criativos, e podemos encontrar soluções ótimas para melhorar projetos que já existem, encurtando o caminho e os custos para a inovação.

A Tecnologia da Informação já entrou em campo. Faltam o restante da equipe e o capitão. Quem se habilita? Afinal, o jogo já começou!

Bibliografia comentada

A inspiração para este livro veio da participação em muitos projetos, além de inúmeras observações e conversas com profissionais de TI e negócios, bem como com vários colegas de trabalho também. Mas é inquestionável que muitas leituras me ajudaram a formar opiniões e criar visões sobre o impacto da tecnologia no nosso cotidiano.

Assim, creio que seja útil citar alguns destes livros que, acredito, podem ajudar aos leitores a se aprofundar nos temas que mais lhe interessarem.

Um dos primeiros que me chamaram a atenção, o qual mencionei no decorrer deste livro, foi o *O dilema do inovador* ou *The innovator's dilemma* de Clayton M. Christensen. A obra mostra o que é e como surge a inovação de ruptura (aquela em que o novato, em vez de vencer os demais no "jogo" do qual participam, muda as regras da competição). Diferente da maioria dos livros de administração, *O dilema do inovador* é uma excelente discussão sobre fracasso. Clayton Christensen analisa por que grandes e bem-sucedidas empresas com CEOs talentosos, regularmente vacilam, ou pior, vão à falência. O ponto do autor é que, nos negócios, sucesso não gera sucesso. Grandes e dominantes companhias frequentemente não vêem tecnologias emergentes ou mudanças de mercado que farão seus inovadores produtos, obsoletos. A lição: adaptar-se cedo e regularmente, mesmo que isso custe seus lucros hoje. Escrito com clareza, amplamente documentado, provocativo e desafiador, este livro é indispensável para qualquer um na área de negócios. Após o sucesso nessa publicação, o autor ainda escreveu diversos outros livros, como o baseado em suas aulas, *Innovation and the general manager* (*Inovação e o administrador*) e, em 2003, *The innovator's solution* (*A solução do inovador*), èm que acompanha as melhores estratégias para as empresas romperem a si próprias, antes que algum estranho o faça. Depois vieram *A universidade inovadora* (*The innovative university*), *A inovação na gestão da saúde* (*The innovator's prescription*), O *futuro da inovação* (*Seeing what's next*) e recentemente *The innovator's DNA – mastering the five skills of disruptive innovators* (em português, algo como *O DNA do inovador* – dominando as cinco habilidades dos inovadores). Todos são altamente recomendados.

Outro livro que me marcou foi *Quente, plano e lotado* de Thomas L. Friedman. Havia lido a sua obra anterior, *O mundo é plano*, e foram estes dois livros que me ajudaram a entender o complexo mundo do interrelacionamento entre a tecnologia digital e o capitalismo global. É uma análise oportuna e imprescindível da globalização e seus efeitos. Para ensinar a compreender o futuro energético do planeta e o lugar da humanidade nele, Friedman explica que "quente, plano e lotado" é basicamente o que estamos vivenciando no mundo hoje em dia. Ou seja, estamos presenciando a convergência de grandes eventos tectônicos, como o aquecimento global, com o que ele chama de "achatamento global" (em outras palavras, o crescimento da classe média em vários países do mundo em números nunca vistos antes, como na China, no Brasil, na Índia e na Rússia – classes médias que cada vez mais usam o mesmo tipo de energia e têm o padrão de consumo, demanda e aspirações dos norte-americanos), isto é, o crescimento da população global. Com base em fontes de informação espalhadas pelas principais economias do mundo e de uma visão extraordinária sobre a evolução da economia global, Friedman desvenda a próxima onda de inovações tecnológicas, movida pela escassez de matérias-primas e a busca pela sustentabilidade.

Outro livro que me marcou foi *Wikinomics*. Escrito por Don Tapscott em parceria com Anthony D. Williams, a obra demonstra de que forma conjuntos de pessoas, através da colaboração entre pares, podem participar na economia de uma forma jamais vista. Produzir conteúdos para a televisão, sequenciar o genoma humano, remisturar músicas favoritas, desenvolver *softwares*, encontrar a cura para determinada doença e inventar novos cosméticos são apenas algumas das oportunidades possíveis neste novo mundo.

Hoje, enciclopédias, companhias de aviação, sistemas operacionais como o Linux, fundos de investimento e muitas outras áreas estão sendo criadas por grupos de pessoas que ascendem aos milhares ou até aos milhões. Enquanto alguns gestores ainda temem o crescimento desmesurado das comunidades on-line, a *Wikinomics* – ou a economia *wiki* das multidões inteligentes –, Don prova que este medo é absolutamente infundado. As empresas inteligentes podem e devem explorar a capacidade e o gênio coletivo para estimular a inovação, o crescimento e o sucesso. Posteriormente, ele ampliou a ideia com seu segundo livro, *Macrowikinomics:* reiniciando os negócios e o mundo. Adicionando um "macro" para o título, ele expande o potencial do desenvolvimento colaborativo. Saúde, educação, energia verde, transporte, mídia, governo; não há nada que não possa ser melhorado uma vez que haja um número suficiente de pessoas com ideias comuns conectadas e compartilhadas através da internet.

Outro autor que recomendo, e que também já citei antes, é Chris Anderson, que escreveu dois livros excelentes: *A cauda longa* e *Free:* the future of a radical price. Chris explorou pela primeira vez o fenômeno da Cauda Longa em um artigo na revista *Wired*, na qual é editor-chefe. Ele mostra que a internet deu origem a um novo universo, em que a receita total de uma multidão de produtos de nicho, com baixos volumes de vendas, é igual à receita total dos poucos grandes sucessos. Cunhou então o termo Cauda Longa para descrever esta situação. Na economia da Cauda Longa, o que faz a diferença é a facilidade de acesso a produtos, que, por serem pouco vendidos, não encontram espaço físico no mercado para comercialização, pois demandam lugar nas gôndolas dos supermercados, livrarias ou lojas de música. Estes espaços são caros e, portanto, podemos considerá-los escassos. Em um mercado em que predomina a escassez, o que faz sentido é explorar aquilo que vende mais, ou seja, os "arrasa-quarteirão", os *hits* de vendas, pois vende-se mais por metro quadrado.

Nesse novo conceito de negócios (a abundância da Cauda Longa), o não *hit* acaba se tornando uma parcela importante do faturamento e concorre diretamente com os poucos e efêmeros sucessos do momento. Saber explorar isso tem feito empresas como o Google e a Amazon crescerem vertiginosamente, tornando-as gigantes desta nova era.

Em seu segundo livro, *Free: the future of a radical price*, Chris analisa o crescimento da economia da reputação, explica os diferentes modelos possíveis para liberar o "poder do grátis" e mostra como competir quando seus concorrentes estão distribuindo gratuitamente o que você está tentando vender. Anderson explora muito bem essa ideia radical para uma nova economia global e demonstra como esse preço revolucionário pode ser explorado para beneficiar os consumidores, as empresas e a economia como um todo.

Um livro de destaque é *O cérebro global*, de Satish Nambisan e Mohanbir Sawney, editado pela Editora Évora, no qual tive a honra de escrever o prefácio à edição brasileira. No livro, os autores afirmam que a habilidade das empresas para inovar está obstruída por dois fatores – o ritmo requerido da inovação para manter e aumentar o lucro está acelerado e a produtividade da inovação gerada internamente está em declínio. Esses dois dados conspiram para gerar uma crise de inovação nas grandes companhias. Apesar de contarem com centenas de cientistas e engenheiros contratados trabalhando incansavelmente em projetos de inovação, os gestores estão descobrindo que suas linhas não estão entregando os resultados necessários para sustentar o crescimento. A produtividade da inovação está em declínio, enquanto sobem dia a dia os custos de desenvolvimento de novos produtos. Investir mais dinheiro nos esforços internos de P&D não parece oferecer os resultados desejados. Em sentido contrário, os ciclos de tempo da indústria seguem sendo rapidamente reduzidos. Por exemplo, na indústria automobilística, o padrão do ciclo de desenvolvimento era de 48 meses, e o ciclo de vida de um modelo, seis anos. Mas, atualmente, o prazo do conceito à produção é menor do que 24 meses, e os líderes da indústria, como a Toyota, já falam em um ciclo de desenvolvimento de doze meses. Nos mercados de eletrônicos de consumo (por exemplo, telefones celulares), o ciclo de vida dos produtos passou a ser medido em semanas, não em meses. Adicionado a essa aceleração está o impacto da globalização – mercados globais geraram competidores globais. Companhias como a Samsung da Coreia do Sul (celulares e televisores), a Tata Motors Limited da Índia (automóveis) e a Lenovo da China (computadores pessoais) elevaram a aposta fabricando produtos inovadores com custos significativamente mais baixos, alavancando a comoditização em muitas categorias de produtos.

Essas forças – rápido encurtamento do ciclo de vida de produtos, declínio da produtividade interna em inovação e a competição global – juntas estão criando um efeito devastador no atual modelo de inovação: as empresas são obrigadas a investir mais e mais para manter a posição no mercado.

Os autores propõem, então, aplicar uma perspectiva centrada em redes para a inovação, que definem como uma *Network-centric innovation* (NCI), uma abordagem da inovação com foco externo, que se baseia no aproveitamento dos recursos e capacidades das redes externas e das comunidades para amplificar ou aprimorar o alcance, a velocidade e a qualidade dos resultados em inovação. Excelente leitura.

Recomendo também a leitura de outros dois livros que abordam muito bem os conceitos de redes sociais, o *Redes sociais* de Rob Cross e Robert J. Thomas e *Liderança aberta*, de Charlene Li. O livro de Charlene mostra a importância da empresa ser aberta, transparente e autêntica. Segundo ela, estes são os atuais mantras da liderança no mundo de negócios. Mas muitas empresas resistem a estes conceitos, pois tradicionalmente são gerenciadas com base no controle central. No seu livro, Charlene demonstra aos gestores o melhor modo de navegação pela revolução tecnológica social e como utilizar as mídias sociais para que consigam, ao mesmo tempo, tornarem-se abertos e manterem o controle necessário. Já o livro *Redes sociais* mostra aos empresários e executivos como obter excelência em inovação e atingir os resultados com mais facilidade, por meio do uso inteligente das redes sociais nos seus negócios. Os autores trabalharam ao lado de executivos de mais de cem empresas de alto nível e entidades governamentais e descrevem em detalhes como esses gestores utilizam as redes para incrementar as receitas, reduzir os custos e acelerar a inovação. O livro apresenta diversos *cases* de empresas bem-sucedidas, buscando ajudar o leitor a implementar em suas empresas as ideias, estratégias e ações expostas.

Outro livro que vale a pena ser lido é *A terceira Revolução Industrial*, de Jeremy Rifkin. Nele, o autor mostra como a tecnologia da Internet e as energias renováveis estão se mesclando para criar uma nova Revolução Industrial.

Quando estudamos História, vemos que as grandes revoluções econômicas acontecem quando há convergência de transformações nas áreas de comunicações e de geração de energia. Estamos evoluindo no sentido de ter uma geração de energia disseminada, feita no nível do indivíduo. Essa é a grande transformação no campo da energia. É aí que a revolução nas comunicações converge com a revolução na geração de energia. Já é possível digitalizar a rede de energia — que é unidirecional — e transformá-la em uma rede bidirecional, para que leve energia ao usuário final, mas também receba a energia produzida por ele. Quando milhões e milhões de prédios estiverem gerando energia elétrica e estocando eletricidade — e já há meios para isso —, poderão usar um *software* para vender o excesso entre cidades ou países. No futuro, quando os prédios funcionarem como miniusinas de energia, os carros elétricos poderão ser abastecidos num desses edifícios que geram e armazenam energia, ou seja, em qualquer rua de qualquer cidade.

Finalmente, um livro bem instigante, *The singularity is near*, de Ray Kurzweil. "Por causa da taxa explosiva de desenvolvimento, o crescimento tecnológico no século XXI será equivalente a 20 mil anos de progresso na velocidade atual[7]", diz o autor, que também é inventor e empresário.

A obra debate de forma muito inteligente e instigante o progresso científico. Nenhum dos cientistas que se arrisca a prever o futuro sabe bem o que acontecerá daqui a algumas décadas, mas muitos deles já têm uma palavra para descrever o que vem por aí: "singularidade". A ideia é que tecnologias de várias áreas evoluam cada vez mais aceleradamente, se integrando e mudando rapidamente a realidade. Em um dado momento – a tal da singularidade –, a curva da evolução ficaria tão vertical que ultrapassaria o limite do próprio gráfico. É impossível saber o que

---

[7] SUPERINTERESSANTE. Singularidade: o futuro enlouqueceu?. Disponível em: <http://super.abril.com.br/ciencia/singularidade-444030.shtml>. Acesso em: 20 dez. 2013.

viria depois. O termo "singularidade" foi emprestado da Física. Lá, o termo designa fenômenos tão extremos que as equações não são mais capazes de descrevê-los. Um exemplo são os buracos negros, lugares de densidade infinita, que levam as leis da ciência ao absurdo. Ou seja, a singularidade é um nome bonito que exprime tudo o que está além da nossa capacidade de cognição e previsibilidade. O conceito virou a palavra do momento entre os futurologistas porque muitos acreditam que nosso progresso científico também pode atingir esse grau extraordinário. A ideia surgiu em 1950, com o matemático húngaro John von Neumann, um dos criadores do computador e um dos maiores cientistas do século, que disse que as tecnologias poderiam chegar a um ponto além do qual "os assuntos humanos, da forma como os conhecemos, não poderiam continuar a existir[8]".

Desde então, a evolução rápida de várias tecnologias é um dos argumentos de que a humanidade pode mesmo um dia chegar a esse momento da virada. Essa evolução parece seguir uma lógica. Um dos primeiros a notar isso foi o, já mencionado por mim, engenheiro Gordon Moore, um dos fundadores da Intel, que formulou aquela que ficou conhecida como a Lei de Moore. Mas não é só na informática que os especialistas vêem esse fenômeno. A nanotecnologia, a genética e a robótica têm evoluído em ritmo parecido, fornecendo umas as outras ferramentas para progredirem ainda mais. O que ninguém sabe é que evento desencadeará essa revolução e como ela irá transcorrer, mas vários cenários já foram formulados. É claro que tudo isso é teoria. Há quem ache que nada disso acontecerá. Pode ser que os cientistas encontrem uma barreira tecnológica intransponível. Mas qualquer que seja a alternativa, a única certeza é que a humanidade terminará o próximo século muito diferente de como começou neste.

---

[8] WIKIPEDIA. John von Neumann. Disponível em: <http://en.wikipedia.org/wiki/John_von_Neumann>. Acesso em: 20 dez. 2013.

Contato do autor

ctaurion@editoraevora.com.br

Este livro foi impresso pela Gráfica Paym em papel *Offset* 70g.